本书由教育部人文社会科学重点研究基地“山西大学科学技术哲学研究中心”、
山西省“1331工程”重点学科建设计划资助出版

科学技术哲学文库 | 丛书主编·郭贵春 殷 杰

语境论科学编史学初论

◎ 李树雪 著

科学出版社
北 京

图书在版编目（CIP）数据

语境论科学编史学初论 / 李树雪著. —北京：科学出版社，2020. 1
（科学技术哲学文库）
ISBN 978-7-03-063511-2

Ⅰ. ①语… Ⅱ. ①李… Ⅲ. ①科学史-研究 Ⅳ. ①G3

中国版本图书馆 CIP 数据核字（2019）第 257546 号

丛书策划：侯俊琳 邹 聪
责任编辑：邹 聪 张 楠 / 责任校对：贾伟娟
责任印制：徐晓晨 / 封面设计：有道文化
编辑部电话：010-64035853
E-mail：houjunlin@mail. sciencep. com

科学出版社出版
北京东黄城根北街 16 号
邮政编码：100717
http://www. sciencep. com
北京建宏印刷有限公司印刷
科学出版社发行 各地新华书店经销
*
2020 年 1 月第 一 版 开本：720×1000 B5
2020 年 7 月第二次印刷 印张：18 1/4
字数：260 000
定价：98. 00 元
（如有印装质量问题，我社负责调换）

总　序

认识、理解和分析当代科学哲学的现状，是我们抓住当代科学哲学面临的主要矛盾和关键问题、推进它在可能发展趋势上取得进步的重大课题，我们有必要对其进行深入研究。

对当代科学哲学的现状的理解，仁者见仁，智者见智。明尼苏达科学哲学研究中心在2000年出版的《明尼苏达科学哲学研究》（*Minnesota Studies in the Philosophy of Science*）中明确指出：“科学哲学不是当代学术界的领导领域，甚至不是一个在成长的领域。在整体的文化范围内，科学哲学现时甚至不是最广泛地反映科学的令人推崇的领域。其他科学研究的分支，诸如科学社会学、科学社会史及科学文化的研究等，成了作为人类实践的科学研究中更为有意义的问题、更为广泛地被人们阅读和争论的对象。那么，也许这导源于那种不景气的前景，即某些科学哲学家正在向外探求新的论题、方法、工具和技巧，并且探求那些在哲学中关爱科学的历史人物。”① 从这里，我们可以感觉到科学哲学在某种程度上或某种视角上地位的衰落。而且关键的是，科学哲学家们无论是研究历史人物，还是探求现实的科学哲学的出路，都被看作一种不景气的、无奈的表现。尽管这是一种极端的看法。

那么，为什么会造成这种现象呢？主要的原因就在于，科

---

① Hardcastle G L, Richardson A W. Logical empiricism in North America//Minnesota Studies in the Philosophy of Science. Vol XVIII. Minneapolis: University of Minnesota Press, 2000: 6.

学哲学在近 30 年的发展中，失去了能够影响自己同时也能够影响相关研究领域发展的研究范式。因为，一个学科一旦缺少了范式，就缺少了纲领，而没有了范式和纲领，当然也就失去了凝聚自身学科，同时能够带动相关学科发展的能力，所以它的示范作用和地位就必然要降低。因而，努力地构建一种新的范式去发展科学哲学，在这个范式的基底上去重建科学哲学的大厦，去总结历史和重塑它的未来，就是相当重要的了。

换句话说，当今科学哲学在总体上处于一种“非突破”的时期，即没有重大的突破性的理论出现。目前，我们看到最多的是，欧洲大陆哲学与大西洋哲学之间的渗透与融合，自然科学哲学与社会科学哲学之间的借鉴与交融，常规科学的进展与一般哲学解释之间的碰撞与分析。这是科学哲学发展过程中历史地、必然地要出现的一种现象，其原因在于五个方面。第一，自 20 世纪的后历史主义出现以来，科学哲学在元理论的研究方面没有重大的突破，缺乏创造性的新视角和新方法。第二，对自然科学哲学问题的研究越来越困难，无论是拥有什么样知识背景的科学哲学家，对新的科学发现和科学理论的解释都存在着把握本质的困难，它所要求的背景训练和知识储备都愈加严苛。第三，纯分析哲学的研究方法确实有它局限的一面，需要从不同的研究领域中汲取和借鉴更多的方法论的经验，但同时也存在着对分析哲学研究方法忽略的一面，轻视了它所具有的本质的内在功能，需要在新的层面上将分析哲学研究方法发扬光大。第四，试图从知识论的角度综合各种流派、各种传统去进行科学哲学的研究，或许是一个有意义的发展趋势，在某种程度上可以避免任何一种单纯思维趋势的片面性，但是这确是一条极易走向“泛文化主义”的路子，从而易于将科学哲学引向歧途。第五，科学哲学研究范式的淡化及研究纲领的游移，导致了科学哲学主题的边缘化倾向，更为重要的是，人们试图用从各种视角对科学哲学的解读来取代科学哲学自身的研究，或者说把这种解读误认为是对科学哲学的主题研究，从而造成了对科学哲学主题的消解。

然而，无论科学哲学如何发展，它的科学方法论的内核不能变。这就是：第一，科学理性不能被消解，科学哲学应永远高举科学理性的旗帜；

第二，自然科学的哲学问题不能被消解，它从来就是科学哲学赖以存在的基础；第三，语言哲学的分析方法及其语境论的基础不能被消解，因为它是统一科学哲学各种流派及其传统方法论的基底；第四，科学的主题不能被消解，不能用社会的、知识论的、心理的东西取代科学的提问方式，否则科学哲学就失去了它自身存在的前提。

在这里，我们必须强调指出的是，不弘扬科学理性就不叫“科学哲学”，既然是“科学哲学”就必须弘扬科学理性。当然，这并不排斥理性与非理性、形式与非形式、规范与非规范研究方法之间的相互渗透、融合和统一。我们所要避免的只是“泛文化主义”的暗流，而且无论是相对的还是绝对的“泛文化主义”，都不可能指向科学哲学的“正途”。这就是说，科学哲学的发展不是要不要科学理性的问题，而是如何弘扬科学理性的问题，以什么样的方式加以弘扬的问题。中国当下人文主义的盛行与泛扬，并不是证明科学理性不重要，而是在科学发展的水平上，社会发展的现实矛盾激发了人们更期望从现实的矛盾中，通过对人文主义的解读，去探求新的解释。但反过来讲，越是如此，科学理性的核心价值地位就越显得重要。人文主义的发展，如果没有科学理性作为基础，就会走向它关怀的反面。这种教训在中国社会发展中是很多的，比如，有人在批评马寅初的人口论时，曾以“人是第一可宝贵的”为理由。在这个问题上，人本主义肯定是没错的，但缺乏科学理性的人本主义，就必然走向它的反面。在这里，我们需要明确的是，科学理性与人文理性是统一的、一致的，是人类认识世界的两个不同的视角，并不存在矛盾。从某种意义上讲，正是人文理性拓展和延伸了科学理性的边界。但是人文理性不等同于人文主义，正像科学理性不等同于科学主义一样。坚持科学理性反对科学主义，坚持人文理性反对人文主义，应当是当代科学哲学所要坚守的目标。

我们还需要特别注意的是，当前存在的某种科学哲学研究的多元论与20世纪后半叶历史主义的多元论有着根本的区别。历史主义是站在科学理性的立场上，去诉求科学理论进步纲领的多元性，而现今的多元论，是站在文化分析的立场上，去诉求对科学发展的文化解释。这种解释虽然在一定层面上扩张了科学哲学研究的视角和范围，但它却存在着文化主义的倾向，存在着消解科学理性的倾向。在这里，我们千万不要把科学哲学与技术哲学混为一谈。这二者之间有重要的区别。因为技术哲学自身本质地赋有更多的文化特质，这些文化特质决定了它不是以单纯科学理性的要求为基底的。

在世纪之交的后历史主义的环境中，人们在不断地反思20世纪科学哲学的历史和历程。一方面，人们重新解读过去的各种流派和观点，以适应现实的要求；另一方面，试图通过这种重新解读，找出今后科学哲学发展的新的进路，尤其是科学哲学研究的方法论的走向。有的科学哲学家在反思20世纪的逻辑哲学、数学哲学及科学哲学的发展，即“广义科学哲学”的发展中提出了五个“引导性难题”（leading problems）。

第一，什么是逻辑的本质和逻辑真理的本质？

第二，什么是数学的本质？这包括：什么是数学命题的本质、数学猜想的本质和数学证明的本质？

第三，什么是形式体系的本质？什么是形式体系与希尔伯特称之为“理解活动”（the activity of understanding）的东西之间的关联？

第四，什么是语言的本质？这包括：什么是意义、指称和真理的本质？

第五，什么是理解的本质？这包括：什么是感觉、心理状态及心理过程的本质？①

这五个“引导性难题”概括了整个20世纪科学哲学探索所要求解的对象及21世纪自然要面对的问题，有着十分重要的意义。从另一个更具体的角度来讲，在20世纪科学哲学的发展中，理论模型与实验测量、模型解释与案例说明、科学证明与语言分析等，它们结合在一起作为科学方法论的整体，或者说整体性的科学方法论，整体地推动了科学哲学的发展。所以，从广义的科学哲学来讲，在20世纪的科学哲学发展中，逻辑哲学、数学哲

① Shauker S G. Philosophy of Science, Logic and Mathematics in 20th Century. London: Routledge, 1996: 7.

学、语言哲学与科学哲学是联结在一起的。同样，在21世纪的科学哲学进程中，这几个方面也必然会内在地联结在一起，只是各自的研究层面和角度会不同而已。所以，逻辑的方法、数学的方法、语言学的方法都是整个科学哲学研究方法中不可或缺的部分，它们在求解科学哲学的难题中是统一的和一致的。这种统一和一致恰恰是科学理性的统一和一致。必须看到，认知科学的发展正是对这种科学理性的一致性的捍卫，而不是相反。我们可以这样讲，20世纪对这些问题的认识、理解和探索，是一个从自然到必然的过程；它们之间的融合与相互渗透是一个从不自觉到自觉的过程。而21世纪，则是一个“自主”的过程，一个统一的动力学的发展过程。

那么，通过对20世纪科学哲学的发展历程的反思，当代科学哲学面向21世纪的发展，近期的主要目标是什么？最大的“引导性难题”又是什么？

第一，重铸科学哲学发展的新的逻辑起点。这个起点要超越逻辑经验主义、历史主义、后历史主义的范式。我们可以肯定地说，一个没有明确逻辑起点的学科肯定是不完备的。

第二，构建科学实在论与反实在论各个流派之间相互对话、交流、渗透与融合的新平台。在这个平台上，彼此可以真正地相互交流和共同促进，从而使它成为科学哲学生长的舞台。

第三，探索各种科学方法论相互借鉴、相互补充、相互交叉的新基底。在这个基底上，获得科学哲学方法论的有效统一，从而锻造出富有生命力的创新理论与发展方向。

第四，坚持科学理性的本质，面对前所未有的消解科学理性的围剿，要持续地弘扬科学理性的精神。这应当是当代科学哲学发展的一个极关键的方面。只有在这个基础上，才能去谈科学理性与非理性的统一，去谈科学哲学与科学社会学、科学知识论、科学史学及科学文化哲学等流派或学科之间的关联。否则，一个被消解了科学理性的科学哲学还有什么资格去谈论与其他学派或学科之间的关联？

总之，这四个从宏观上提出的“引导性难题”既包容了20世纪的五个“引导性难题”，也表明了当代科学哲学的发展特征：一是科学哲学的进步越来越多元化。现在的科学哲学比过去任何时候，都有着更多的立场、观点和方法；二是这些多元的立场、观点和方法又在一个新的层面上展开，愈加本质地相互渗透、吸收与融合。所以，多元化和整体性是当代科学哲学发展中一个问题的两个方面。它将在这两个方面的交错和叠加中寻找自己全新的出路。这就是当代科学哲学拥有强大生命力的根源。正是在这个意义上，经历了语言学转向、解释学转向和修辞学转向这“三大转向”的科学哲学，而今转向语境论的研究就是一种逻辑的必然，是科学哲学研究的必然取向之一。

这些年来，山西大学的科学哲学学科，就是围绕着这四个面向21世纪的“引导性难题”，试图在语境的基底上从科学哲学的元理论、数学哲学、物理哲学、社会科学哲学等各个方面，探索科学哲学发展的路径。我希望我们的研究能对中国科学哲学事业的发展有所贡献！

郭贵春

2007年6月1日

序

科学史的合理性重建问题，是当代科学史理论非常关心的一个核心论题，采用何种编史方案实现“科学事件”由叙事和描述层次上升到解释和说明层次，是 20 世纪 70 年代以后科学编史学深入探讨的主流命题，以科学史为研究对象的科学编史学（historiography of science）逐步由隐学变为显学。

本书选取语境论科学编史学进行研究，一方面是想将语境论与科学史的研究实践结合起来，形成一种新的编史学理论；另一方面是推动和丰富国内的科学史基础理论研究。其实质将语境论科学观对科学的本质、特征、价值等的逻辑认知，引入科学史的研究中，形成语境论科学史观，在合理继承传统科学史观优势和合理性的基础上，摒弃它们的缺陷和弊端，提出全新的学术主张以指导科学史的编史实践，实现科学史的合理性重建。

这样一来，不仅为科学史与科学哲学之间的关系解读提供了例证，更主要的是破解了当前科学史在编史方案上的迷失问题。因此，在先后完成博士学位论文和国家社科基金结项成果的基础上，笔者一直在思考如何更好地解决上述问题，试图将博士学位论文与国家社科基金结项成果结合起来，突出问题、面向科学史实践，经过一年多的修改和完善，尝试从微观角度入手，解决一个宏观层面的科学史理论问题。

于是，本书首先从语境论出发，在框定其概念的基础上，阐述了语境论科学观的内涵及其编史学意蕴，进而形成对应的科学史观，即语境论科学史观，语境论科学史观对传统科学史进行重新认识与反思，产生新的科学编史方法或方案，主导形成语境论科学史学，通过一系列对科学史的性质、学科内涵、特征等方面新的认知，对具体的科学事件、科学史学家的思想等进行分析研究，实现由传统的描述层次上升为解释层次，达到科学史的合理性重建。诚然，这只是一个角度的思考与分析，今后还可以进行更高层次的哲学反思，所以本书命名为“语境论科学编史学初论”，以期今后的进一步研究。

通过本书的研究，笔者发现，进入21世纪的科学史研究，由于科学哲学、科学社会学及不同哲学思想对科学史的不断渗透，科学史的研究呈现出纷繁多彩的格局，科学史的研究特征不再像20世纪前半期那么明显，传统特色在不断迷失，而新的风格却一直没有形成，需要探讨多元的文化解释或说明路径。

其一，需要重新反思传统的研究范式，构筑科学史研究新的逻辑大厦，在逻辑起点上克服传统的内史论、外史论等思想，提出全新的研究范式，以指导未来的科学史研究。

其二，需要提供各个科学编史学学派间论争的语境平台，为各学派打造一个相互交流、对话、渗透与融合的机会和场合，这个平台可以是一个国际性的学会或研究会。

其三，需要深入探讨传统科学史研究方法的优势与弊端，以实现相互交叉、相互补充并产生新的理论生长点，这个生长点是未来科学史研究的核心点。

本书的研究没有解决这三点所涉及的全部问题，只是在一定程度上解决了其中的一些问题。对上述全部命题进行分析与论述，需要从哲学层面进行全方位的反思，这也为今后的相关研究预设了空间。不过，语境论科学史观以及语境论科学史学研究纲领的确立，虽然是一种初步探索，但也具有一定的学术价值。

第一，深刻揭示了科学史的历史是一部批判的历史，并非一成不变的，随着语境要素的不断丰富，会出现新的观点与思路，在语境平台上实现各学派间的交流、对话。

第二，语境论科学史观是合理的。语境论把“语境中的行动”作为根隐喻，在这个框架下描述和表征科学事件的变化和发展，不对世界的构成或本原做任何假定，只对科学事件在特定语境下做过程与意义的叙事和认知，这是科学史研究新的逻辑起点。

第三，语境分析方法引入科学史研究是可行的，可以消解内史与外史研究方法的各种论争，对于任何科学事件，都可以从语形—逻辑结构、语义—认识言说对象、语用—事件的后果及意义这三个层面展开，不仅考察科学事件的主体，也分析认识世界的客体；不仅从科学事件的“有理性”去论证，也从它的“有理由”的角度去分析。

基于这三个结论性的价值体现，本书的核心价值就在于对科学史的理性思考：在本体论上，超越科学史研究的静态图景，走向语境实在的动态分析；在认识论上，站在整体与可修正的立场上，在事实、意义与事件关系的网络中，合理理解科学发展的真实内涵，揭示真正意义上的科学的发展历程；在方法论上，走向语境分析的研究方法，在语境基底上，构筑科学史研究新的学术大厦。

是为序。

李树雪

2018 年 8 月 6 日

目　录

绪论

科学史的合理性重建以及科学哲学与科学史的关系问题，是由科学的叙事方式与理解认知的两难问题导致的，也是科学哲学界与科学史学界的持续研究中见仁见智的理论和实践命题，对这两个问题研究的角度不同会产生不同的哲学思想。不同的科学哲学家或科学史学家基于自身的研究实践，大多是从宏观角度对这两个问题进行分析的，得出了一些较为合理的结论，但也存在很多缺陷，以至科学史的合理性重建问题得不到很好的解决。所以，科学史的合理性重建是一个科学哲学问题，或者说是一个科学史哲学问题，即科学编史学（historiography of science）问题，况且国外的学科界定是，科学编史学归属于科学哲学。不同的哲学思想会形成不同的科学编史思想，如实证主义科学编史学、历史主义科学编史学，而本书从语境论科学观的角度去研究科学编史学，可以说是从更微观的层面去分析和研究科学史的合理性问题，其理论与实践意义是非常明显的。

第一节 为什么选择这一领域研究

科学观与科学史观实际上都是在谈论科学，只是前者是从哲学的角度谈科学的，而后者是从历史的角度去谈科学的。但科学的历史叙事与哲学理解在某种程度上的失衡，使之处于两难境地，造成科学史与科学哲学的关系始终难以说清。本书试图从微观领域的科学观入手进行分析，通过科学观之于科学史的指导作用，来分析科学哲学对科学史的指导意义，以形成语境论科学编史学（实现科学史的合理重建，解决当前国内外都关心的科学史的理论与实践问题）。

一、创新科学史理论

本书在掌握国际研究前沿问题的基础上，首次对语境论科学观的编史学意义进行了研究，科学史理论是从科学观之于科学史观的指导作用这一微观层面来诠释科学哲学与科学史的关系的，旨在将这种微观诠释程度最大化与最优化，同时创新一种科学的叙事方式和认知模式，以实现科学史的合理性重建，这是本书的核心目的。

因此，本书研究的内容既不是科学发展的历史，也不是科学的哲学问题，而是研究如何借鉴科学哲学的理论指导科学史的写作实践。本书主要以“科学史的合理性重建问题”为研究对象，将这一问题化解为不同的元理论问题，从理论上着力探讨与解决这些科学史的元理论问题，试图从语境论的角度提出科学史研究的学术规范。之所以基于这样的考虑，是因为传统的内史论、外史论、综合论及社会建构论等科学编史思想都没有达到科学史的合理性重建。所以，寻求一种较为合理的科学编史方法成为科学史学界理论研究的重要方面。

（一）传统的科学史观存在不合理性

纵观科学史的整个发展历程，不难看出，在经历了由科学家撰写的学科史之后，真正意义上的科学史才开始出现。1837 年，英国的 W. 惠威尔（W. Whewell，1794—1866）出版了科学史发展史上的第一部系统的综合性科学史著作——《归纳科学史》，这部著作或多或少地受到了 1830 年出版的孔德《实证哲学教程》思想的影响；1913 年，美国著名科学史学家 G. 萨顿（G. Sarton，1884—1956）创办的第一份权威的科学史杂志《爱西斯》（*ISIS*）在比利时开始发行；1924 年，萨顿创办了美国第一个科学史学会（The History of Science Society）；1929 年，在巴黎召开了第一次国际科学史会议。到 20 世纪三四十年代，科学史已发展成为一个公认的独立学科。在这期间，萨顿做了大量的工作，他也因此被后人称为“科学史之父”。萨顿主张“科学必须人性化”的新科学主义思想，并为后人留下了气势恢宏的三卷本巨著——《科学史导论》。遗憾的是，该巨著只写到了 14 世纪，而科学是在中世纪以后才逐渐冲破宗教的束缚得到大力发展的。《科学史导论》没有继续写下去的主要原因可能是，当面对浩瀚无边的关于科学发展的资料时，连萨顿这样的大师，也难以做到合理地取舍，他感到无法继续组织学者写下去。萨顿的学术地位，导致后来的学者也没有人敢下定续写下去的决心。

萨顿主张科学与人文的结合，即新人文主义，这可以说萨顿的科学史思想具备了哲学思考。萨顿认为："科学史并不只是对发现的描述。它的目标就是解释科学精神的发展，解释人类对真理反映的历史、真理被逐步发现的历史以及人们的思想和偏见逐渐获得解放的历史。发现只是昙花一现，因为实验室不久会被更好的发现所取代。历史学家不应只是描述转瞬即逝的发现，而应在科学中发现那些永恒的内容。"①由此不难看出，萨顿研究科学史的出发点就是要体现科学与人文的融合，力争在综合分析的层面上考察科学精神和文明的发展。

与萨顿先生具有不同研究思路的柯瓦雷（A. Koyré，1892—1964），也许是受到了萨顿的启发，提出了一种新的科学史研究方法——概念分析法。与萨顿百科全书式的大综合相比，柯瓦雷的概念分析法是以科学思想为线索去展现科学史的，从而使科学史研究具备了极强的思想魅力，吸引了一大批学者转向科学史研究。由于柯瓦雷出色的"内史论"思想，他也被称为"内史大师"。他认为，"科学思想史旨在把握科学思想在其创造性活动的过程本身中的历程，为此，关键是要把所研究的著作置于其当时的思想和精神氛围中，并依据作者的思维方式和好恶偏向去理解；此外，还要在科学思想史中纳入该思想理解自身以及它与先前思想和同时代思想之关系的方式"②。所以说，柯瓦雷虽然是从概念分析的角度研究科学史的，但其学术主张还是认为科学本质上是对真理的不懈追求、科学的进步还是体现在概念内涵的不断演进上的，科学的发展有着自身的逻辑，即内在逻辑。柯瓦雷的"内史论"思想的不足之处是没有考虑到科学在发展的过程中还受到社会、文化、军事、政治等因素的影响，这些因素影响着科学发展的方向、速度和内容，其"观念论"编史思想也存在一定的缺陷。

无论是萨顿的实证主义科学史，还是柯瓦雷的观念论科学史，都因其强烈的内史论思想而受到学界的质疑，虽然在一段时期内有一定的合理性，

① 乔治·萨顿. 科学的革命. 刘珺珺译. 北京：商务印书馆，1987：18.
② 亚历山大·柯瓦雷. 牛顿研究. 张卜天译. 北京：北京大学出版社，2003：362-363.

但是在科学社会学方法的不断渗透下形成的科学社会史研究，使得实证主义科学史没有成为科学史合理的编史纲领。那么科学史研究的合理进路到底是什么？鉴于此，外史论的研究范式逐渐在科学史研究中显现出来。

1931年，苏联科学史学家、哲学家赫森（Hessen）在伦敦召开的第二届国际科学史大会上宣读的《牛顿〈原理〉的社会和经济根源》一文，成为马克思主义科学社会史纲领造就的第一个有影响的成果，在当时不仅引起了巨大反响，更主要的是产生了很大的示范作用。该论文主张，牛顿力学中起主导作用的抽象概念的根源，都可以在当时的物质生产力状况中找到，这种由社会学解释自然科学的方式，标志着科学史研究开始由传统的“内史”研究转向“外史”研究，也即科学史的研究由注重“科学发展的内在逻辑”转向“外部因素的综合考察”。1938年，美国的科学史和科学社会学家罗伯特·默顿（Robert K. Merton，1910—2003）发表了他的博士论文——《十七世纪英格兰的科学、技术与社会》，在挑战传统观念认为宗教对科学的发展有消极影响的背景下，默顿用清教伦理对当时英格兰工业的发展进行了理性分析，从军事、经济、社会等多方面解释了英格兰的科学为什么在17世纪突飞猛进。在解释中，默顿几乎收集了当时对科学发展有影响的所有史料，比如军事、政治、航海等方面，深刻解释了17世纪英格兰的科学、技术与社会（science，technology and society，STS）的关系问题。这种解释模式也被后人称为“默顿命题”，同时也彻底打开了科学史“外史”研究的大门。虽然默顿的研究范式为美国20世纪五六十年代科学社会学的全面兴起奠定了坚实的基础，但其主要关注的还是科学体制和方法，他本人并不认为科学的内容也可以被纳入社会学所涉猎的范围内。

（二）新兴的科学编史方法也不能实现科学史合理性重建

科学社会学在科学史研究中的渗透使科学史的研究产生了极大的分化，不仅在研究内容上产生了变化，而且在研究方法上也出现了不同的学术主张，以至在后续的研究中，随着对科学史认识的不断深入，科学史向科学编史学不断地提出本体论、认识论和方法论的诉求。

科学编史方法的建构主义取向，是伴随着科学史内史论的不断衰微和外史论的不断兴起而产生的。传统的科学史观主张科学是理性的、真实的对客观世界的反映，在此基础上写就的科学史是一系列抽象的、与主体无关的真理的积累史。这种科学史观主要是受实证主义的科学观影响而形成的，近一百年的实证主义科学观造成了科学史的研究一直处于实证主义的框架下，学科史的研究与上述萨顿、柯瓦雷的编史方法无不说明这一点。而建构主义的科学史观主张，要突出强调科学主体——人在科学发展中的主体地位，从而使科学史的研究对象从抽象的观念体系转向对观念与实践的双重考察。但是，建构主义的科学史观主要的考察对象是科学实践，比如对科学的认识，即历史上是否存在现代意义上的科学。这个问题曾一度是科学史与科学哲学所关注的核心问题。在内史论的科学史中，这个问题是无法解决的，而建构主义的科学史从实用主义和相对主义的实践立场出发，认为可以先假设“有”，然后再将其放到当时的历史和社会情境中加以考察。这就是建构主义的“对称性假定”（symmetry postulate）。从这个假定出发，建构主义科学编史学就把“科学”与“非科学”、“好科学”与“坏科学”等问题从科学实践的角度区别开来，其“强烈”的拟经验性，再加上典型的案例研究，使科学史的研究题材极大地丰富起来。

事实上，将建构主义的编史思想引入科学史研究的代表人物是夏平（S. Shapin，1943—），在其1982年发表的著名的《科学史及其社会学重构》[①]一文中，夏平综述了库恩（T. S. Kuhn，1922—1996）之后的科学史研究状况，从科学知识社会学（sociology of science and knowledge，SSK）的研究纲领出发，论述了自己的编史学主张。夏平认为，科学史首先应该吸取科学哲学与科学社会学的合理成分，并成为科学社会研究的一部分；其次是重构科学的历史实践，运用历史学的技术，对科学史的叙述加以细化，用社会学解释的方法对科学知识的发生、发展得出社会学形式的结论。从这里可以看出，夏平的科学史观有其一定的合理性，他主张从科学哲学与科

① Shapin S. History of science and its sociological reconstructions. History of Science，1982，(20): 157-211.

学社会学中汲取有效的理论指导，他还认为对科学事件的处理应该放在文化领域或更广泛的社会实践中，才能有所“洞见”，因为只有借助于文化的相对性理念才能谋求非辉格式科学解释的合理性。然而，这种单纯地、一味地强调社会建构的相对主义，势必会导致科学史的研究失去“科学内在逻辑”的味道，因为科学史的研究更需要历史的实在。

所以，从传统科学史的研究来看，怎样才能从科学哲学中汲取营养？如何才能达到科学史的合理性重建？科学史新的研究范式是什么？后现代视域下的科学史观是什么？如此一系列问题成为科学史基础理论研究的核心内容，也成为当代科学史学家着力研究的问题。本书从语境论科学观对科学史观的指导作用出发，尝试去解决上述的问题，提出语境论科学史观，进而形成语境论科学编史方法。因为语境论作为一种横断科学的方法论，在语境的基底上，形成语境论科学史观并采用语境的分析方法重新审视科学史研究中的一系列元理论问题，可以弥补传统编史方法的不足，在语境研究范式的本体论和认识论层面得出合理的结论，结合国内外的研究，最终形成语境论的科学编史纲领，以此作为科学史研究的有效路径，从而达到科学史的合理性重建。其一方面从宏观上解决了科学史的合理性问题，另一方面从微观上实现了科学哲学对科学史的指导作用，必然会产生深远的历史意义与社会意义。

二、本书的研究意义

近代以来，科学发展的态势及其作用发生了巨大的变化，科学家和科学史学家对科学的反思越来越深刻，科学哲学的发展过程中产生了不同的流派，导致科学史的研究也走向多元化。特别是20世纪以来，科学哲学在西方的研究中发生了“三次转向”，其研究视域也变得更宽泛。在科学哲学和历史哲学的影响下，科学史的研究也经历了“三次转向”，即内史向社会史的转化、外史向综合史的转化、综合史向通史的转化，从而使得科学史学家不仅对科学发展的内在逻辑进行研究，更重要的是对科学史已写就的文本进行哲学层面的反思，这就产生了关于科学史基础理论研究的科学编史学。一些科学史学家借鉴科学哲学家提出的科学观和方法论，提出了不同的科学编史思想，但都有其合理或不太合理的地方。因此，认真地梳理科学编史方法不同流派的合理性与弊端，找到一种科学史的合理性重建的模式，具有突出的学科、理论和现实意义。本书立足于语境论科学观，建立语境论科学史观，探讨一条实现科学史的合理性重建的路径，具有一定的理论意义。

（一）学科意义

20 世纪末，科学史的研究面临着来自学科内外的巨大挑战：一方面，面对日新月异的科学的新发展，随着科学社会学对科学史研究的不断渗透，人们对科学的认识在不断加深，已突破了传统的实证主义和历史主义认识论框架，使科学史的研究疆域得到了极大的扩展，同时向科学史提出了新的要求和问题——科学史应该如何研究才能实现合理性重建。这是当前国际科学史学界关注的中心问题。另一方面，当前的科学史研究在主流路径、学派脉络、基本旨趣上，不再像 20 世纪前半期那样明朗和集中，呈现出多元和不稳定的状态，有些学者主张内史论，回归科学史的实证传统；有些学者主张从社会、文化、政治等多层次探究科学的发展历程。为此，只有通过深刻反思科学史在 20 世纪后半期，特别是 80 年代以后的基本逻辑和演变特征，在一个新的平台上重新确立 21 世纪发展的主流路径，才能规范科学史学科的发展。

这一任务对于中国科学史的研究来说尤为迫切和必要。在当前国内科学史理论研究相对比较受冷落的现状中，隐藏着深刻的学科边缘化危机，必须通过对国际科学史发展趋势的把握，借鉴科学哲学的核心理论，特别是科学观的最新理论，以科学史学科规范性的建设为目标，把中国科学史的研究引入一个全新的境地。只有这样，才能形成和创建科学史研究的独特风格，使中国的科学史研究早日跻身于世界先进行列。因此，深刻反思和全面探索当代科学史的发展路向与基点，以学科的规范性建设来避免边缘化的危险，是本书最突出的旨意所在。

（二）学术意义

合理地批判传统的科学编史方法及科学史观，构建语境论的科学史观与编史方法，具有很重大的学术意义。语境论科学编史思想可以在厘清科学编史思想的发展脉络的基础上，充分把握科学编史主流思想的逻辑路径，认真分析传统科学编史思想的利弊，深刻总结科学史的发展特征，探索面向未来的演变趋势，寻求科学史理论研究的发展基点，建构科学史理论研究的新领域——语境论的科学编史思想，并形成语境论科学史。

1. 实现科学史实证研究方法基础上的升华

实证主义的科学史研究，是受实证主义科学哲学影响的，从一开始就为科学史的研究戴上了难以挣脱的枷锁，并在科学哲学与科学史之间划定了难以逾越的鸿沟。这和科学史的历史属性有很大的关系，因为在科学史成为一门独立的学科之前，科学史的研究是以学科史的形式出现的，有很大的经验性和实在性，离开实证便没有了学科史。建立在科学家行为基础上的学科史研究有很强的不规范性，因为科学家关注的只是某一门学科的发展历史及其内在逻辑，一般不会考虑与该学科发展相关的人文因素与社会因素，因此他们撰写的学科史必然带有非常强烈的个性色彩，这就是经验研究。而综合性的科学史所关注的是探讨科学史（尤其是通史）写作中的共性问题，这种实证主义的经验研究方法就显得苍白无力了。在库恩之后，历史主义的兴起为科学编史思想注入了新的活力，也拓宽了科学史的研究视域。特别是科学社会学的全面兴起，极大地丰富了科学史的研究内容，使科学史的研究由内史转向了外史。也正因为如此，科学史的研究产生了极大的分化，形成了内外史共存的研究格局，尤其是建构论的科学观使得对科学的认知由科学内部转向了社会建构，更加削弱了科学史研究的本真。

语境论科学编史方法研究基于一个崭新的视角，站在21世纪全面反思科学史基础理论的高度，从语境实在的基点出发，基于语境实在的本体论立场、语境范式的认识论范畴、语境分析的方法论视角，给出一系列关于科学史研究中传统方法难以解决问题的诠释，力求达到对传统科学史理论研究进行全面升华。比如，李约瑟（Joseph Needham，1900—1995）在研究中国科学技术史时，把中国古代的科学技术放在一个大的文明背景下去描述，提出了著名的“李约瑟难题”。李约瑟难题的提出，才使我们把目光转向中国古代科学发展之外的视野。其实这就是一个语境的转换问题，只是当时人们没有意识到而已。

2. 对当前科学史的研究有突出的指导意义

没有理论指导的学科发展是不规范的。由经验研究上升为理论研究，是从经验到理论的升华，那么它必然对以后的研究有指导作用。语境论科学编史思想是对科学史全局性研究的总结，是在深刻反思传统科学史研究的经验基础上，结合语境论科学观与语境论科学史观形成的高度抽象、概括性的理论或方法。语境论科学编史思想能够发现当前科学史研究中的不足，进而为以后的研究提供方向和指南。因此，在中国开展科学编史思想的研究，不仅仅是与国际研究进行对接的问题，更主要的是可以利用全新的研究方法重新审视中国古代科技史的研究。吴文俊先生对中国古代数学史的研究，充分说明了研究方法的重要性。吴文俊先生在中西对比的研究方法中，深刻阐明了研究规范的重要性，正是这种学术规范使“中国古代数学那种繁而易的机械化算法体系来代替西方的巧而难的证明体系，为公理系统与数量关系之间的沟通做出有益的尝试，并找到了数学的公理化演绎与机械化算法会通与换算的可能与方法，同时这也正是吴文俊基于中国传统数学的现代创新所在”①。语境论科学编史思想必将为今后的科学史研究提供全新的学术规范的指导。

3. 是完善科学史理论研究自身的需要，并对推动其应用研究具有重要意义

科学编史学所面对的是由科学史、科学社会学、科学哲学等学科群提出的问题，也就是说，随着对科学史认识的不断提高会出现一系列新的问

① 郝新鸿. 吴文俊数学史研究方法论及启示. 淮阴师范学院学报（哲学社会科学版），2009,（3）: 294.

题，比如，科学史的分期问题、层次问题、学科性质问题、语义分析问题以及学术结构问题等。这些问题的出现是科学史学科本身发展的需要，因而科学史不断地向科学编史学提出方法论、认识论和本体论的诉求。语境论科学编史学的主要功能就是对科学史的研究进行指导：从理论的角度去指导科学史的实践，构建一套合理的科学编史学理论体系，在对现有的科学史著作进行评判的同时，为今后的科学史写作提供理论支撑。因此从语境论的角度去解决上述问题，将对科学史的应用研究有很强的指导意义。

4. 可以消解科学史的辉格式解释，为科学史的实践研究提供方法论支持

科学史的研究已越来越倾向于对科学事件进行解释，而不是对科学事件的线性记述。科学史的解释是难以达到中性的，因为不管什么人写历史，都会或多或少地掺杂一些个人的主观判断、个人旨趣、社会阅历、政治环境等非理性因素。因此，中性的科学史解释是语境论科学编史学追求的目标，不论采用哪种编史方法，只能是无限逼近，而不能确定其解释就是中性的。在出现历史的辉格解释后，早在 1931 年，巴特菲尔德（H. Butterfield，1900—1979）就在著名的《历史的辉格解释》一书中认为，这种直接参照当前的观点与标准来进行选择和编织历史的方法，对历史的理解是一种障碍。因为所谓的科学史的辉格式解释，就是从现在的观点和立场出发，把科学发展的过程描绘成朝着当前目标一直前进的历史，把科学史上的人物或影响科学进步的因素分成推动进步和阻碍进步两类，通过选择进步的科学家和科学事件来编写科学史。巴特菲尔德认为，辉格史因为过分注重现在，反而忽视了过去，忽视了真正意义上的历史。这种科学史解释自然是不可取的，因为今天的现实不一定是过去的理想和目标，科学家或科学共同体及其科学事件只有放在当时的环境和条件中，着眼于当时的理想和目标，才可能得到真正的理解和说明。应该在语境的框架下，去努力寻找过去与现在的不同之处，而不应该去刻意地追求过去与现在的相似之处，换句话说，只有发现过去和现在的不同之处越多，对科学史的理解才能

越深入。

因而，如何消解科学史解释的辉格解释和反辉格解释就摆在了科学史学家的面前。语境论的科学编史方法将一切有争议的命题都放在语境的基底上，通过语境的多重实在分析，既看到了科学精英对科学发展的贡献，同时又看到了非科学精英对科学发展的贡献；既研究当下认为是“科学”的一面，也分析当下认为是“非科学”的一面，在语境的平台上给出这些“人”或“事”的多重说明。

（三）现实意义

从语境论科学观的角度去研究科学的编史方案，是比较现实的一个角度，具体地讲具有以下几点意义：其一，有助于修筑与传统编史方法进行对话的平台。语境论科学编史思想并不是否认传统的编史方法，而是吸取传统方法的合理性，同时吸纳语形、语义、语用的综合性，在科学史的研究中引入语义的分析方法。科学史中内史论与外史论的争论还将持续一段时间，并不是在语境论出现后，这种争论就结束了，因而在语境的框架内，不仅要完善自身理论的构建，而且要为各种争论搭建一个对话平台，让一切有争议的命题都在这个平台上得到合理的解决，促进科学主义与人文主义、绝对主义与相对主义、本质主义与基础主义的真正融合，提出一种新的科学史观。其二，增强科学史基础理论的生命力。目前，科学史的研究处于一种“受冷落”的状况，从国内外科学史的研究现状来看，从事实证科学史研究的人相对多一些，从事理论研究的人相对较少。尤其是国内，由于受到经费、生源、政策等各方面的影响，过去研究科学史基础理论的学者大多转向了应用研究或其他方面的研究。而越是在低谷，我们就越应该重视进一步规范科学史的学科建设，加强科学史核心理论的研究，避免边缘化。其三，有利于促进中国科学史研究与国际的交流及合作。一般地，由于科学史独特的地域性特征，一个国家或地区的学者所从事的主要是对本地的科学史的研究。当然也有跨国界的科学史研究，诸如李约瑟的中国古代科学技术史研究、剑桥中国科学史研究，以及劳埃德（G. E. R. Lloyd）

的古希腊科学史和中国古代科学史比较研究等，但为数不多。由于所研究的内容不一样，他们就很难在相同的领域进行对话，而理论的科学史研究，只要对科学史的研究有所指导，就很容易形成对话。所以语境论的科学编史学研究将有助于中国的科学史研究走向世界。

第二节　目前国内的研究态势

本书所涉及的研究领域是科学编史学，是广义的科学哲学，研究语境论科学观的编史学意义，旨在将其当作一种方法论与认识论来指导科学史观的形成。因此题目的设计主旨就是阐述语境论科学观如何对科学编史学产生意义，重点是在科学编史学上，而题目中为了避免重复出现“科学”二字，就将科学编史学写作编史学，实则在此就是指科学编史学的意义。所以，本领域的研究在国内的研究中属于理论前沿研究，主要是在语境论科学观的层面上展开，同时结合科学编史学的研究，因为没有这个铺垫直接研究语境论科学观会很突兀。

目前，科学编史学的研究主要集中在两个层面上展开：一是科学史的元理论问题研究，主要从哲学的角度探讨科学史与科学哲学的关系，科学史的学科性质及其意义，科学史观和科学史学科独立性、科学史分期的原则、科学史与社会诸因素关系的分析，以及由科学史、科学社会学、科学哲学和科学学等学科群提出的问题，这些问题属于本体论和认识论范畴；二是科学史的方法论研究，包括内史方法、外史方法、内外史综合方法和社会建构论等诸多理论，到目前为止，没有一种理论能够全面、系统和合理地对科学如何编史给出说明。

一、国内的研究者相对比较少，还需要在理论上有所突破

国内对科学编史学的研究只是在为数不多的学者中进行，还没有形成群体研究的态势。到目前为止，国内的科学编史学研究基本上是在译介国

外相关研究的基础上展开的，还没有学者提出一些能够在国际上被交流与探讨的理论，但有些结合我国的研究实际提出的观点仍然具有一定的指导意义。

（一）科学史的元理论问题研究

真正意义上的科学史，是随着近代科学的创立而产生的。17 世纪以后，实验科学的兴起，使得人们对科学产生了浓厚的兴趣，科学不再笼罩在宗教神学的阴影下，科学的发展取得了自主权。为了争取科学的更大的空间，西方开始陆续出现一些科学史专题研究著作，如瑞典学者武尔茨（P. Wurtz）的《伽利略后期》（1649 年）、英国学者斯普拉特（T. Sprat）的《皇家学会史》（1667 年）、肖（P. Shaw）的《波义耳著作》（1725 年）、斯图尔特（R. Stuart）的《蒸汽机的历史和轶闻》（1824 年）等。到 19 世纪前，科学史还是以学科史的形式出现的，直到 1837 年才出现综合性的科学史。这标志着科学史具备了初步的学科态势。进入 20 世纪后，自然科学取得了很大的进步，科学史的研究也走向深入，特别是在五六十年代以后，美国的科学史研究走向职业化，使得科学史的研究建制化和学术化更加成熟，关于科学史的基础理论研究也趋于热烈。此后，学者开始对科学史的学科性质、研究内容、分期原则、方法论等问题从哲学层面展开研究，也即科学史的元理论问题研究。

郭贵春和邢润川等对科学史的元理论研究进行了有益的尝试。邢润川自 20 世纪 90 年代初开始，从科学史的基础理论入手，论述了自然科学史分期理论的探讨[①]、自然科学史的基础理论研究意义[②]，以及自然科学史的属性、自然科学史的功能和定位等问题，这些研究在国内产生了很大的影响。

郭贵春在 1992 年发表的《科学史学的若干元理论问题》中，从科学史最基本的概念“历史”出发，对其进行了语义结构分析，深刻阐释了科学

① 邢润川，孔宪毅. 关于科学史分期理论的探讨. 科学技术与辩证法，1991，（2）：44-49.
② 邢润川. 自然科学史基础理论研究的意义. 科学技术与辩证法，2003，（1）：72-75.

史学科体系的理论性、拟经验性、经验性、实在性和多层次性，回答了科学编史学的学科性质问题。郭贵春是从事科学哲学研究的，他的文章是基于科学哲学的思路去分析科学编史学的一些问题的，思考非常有深度。《科学史学的若干元理论问题》一文揭示了科学编史学应有的历史理性重建特征，阐释了史学研究的客观性及其价值标准，说明了科学编史学的相对自主性，归纳了限定于科学编史学研究方法的批判性、可操作性、模型化和测量化等具体特征，分析了进行科学编史学元理论问题研究的重要意义。①这篇文章深刻阐明了科学编史学元理论研究最基本的一些问题，具有很强的指导意义。唯一遗憾的是，后来郭贵春没有在科学编史学元理论方面继续研究，而是转向了科学实在论。但从这里可以看出，科学编史学的属性问题，正好介于科学史与科学哲学之间，史实多一点就是科学史，哲学思想多一点就是科学哲学。

王大明和郭继贤的文章也很有代表性，《走向开放的科学史研究——关于科学史学科性质的思考》从科学史应具有的历史学的学科性质和特征出发，突出其强烈的交叉和跨学科性质，阐述了科学史应该是一个开放的研究领域，不但要对历史学开放，而且要对其他的科学和文化研究领域开放。②所以说，科学编史学所研究的内容是受科学哲学与科学史二元影响的，有时只是程度不同而已。

20 世纪 90 年代以降，国内科学史学界出现了第一次对科学编史学进行系统研究的专著——《克丽奥眼中的科学：科学编史学初论》，该专著是刘兵先生集自己多年的研究成果写就的。这本专著系统地介绍了西方科学编史学的意义，对科学编史学一些最基本的问题，如科学编史学的概念、历史的辉格解释与科学史、科学哲学与科学史的关系，以及科学编史学的研究方法等进行了阐述。但是，是否还有一些其他的重要问题如科学史的哲学思考，以及怎样继续深入地研究这些问题，还有待我们做进一步研究。③之后，

① 郭贵春. 科学史学的若干元理论问题. 科学技术与辩证法，1992，(3)：6-13.

② 王大明，郭继贤. 走向开放的科学史研究——关于科学史学科性质的思考. 自然辩证法研究，2002，(12)：33-35.

③ 宋正海. 科学编史学是提高科学史整体水平的重要途径之一——读《克丽奥眼中的科学》. 自然辩证法研究，1997，(8)：69-71.

刘兵等还对科学编史学的一系列问题做了分析和研究，发表了《科学史研究中的“地方性知识”与文化相对主义》等相关论文。袁江洋在 1997 年发表的《科学史编史思想的发展线索——兼论科学编史学学术结构》一文中，勾画了科学史编史思想的发展线索，并以此为基础，就科学编史学的性质及学术结构进行了再界划和分析。[①]后来刘兵等于 2015 年又出版了一本著作——《科学编史学研究》，该著作主要是对以前发表过的论文的整理。

在科学史的哲学问题研究方面，刘凤朝在 1993 年发表的《科学编史学的思想源流与现代走向》中，把科学史、科学哲学和科学社会学纳入科学发展研究的总体框架内，从编史学的角度追溯了它们的思想源流，探讨了其现代建构过程[②]。在此基础上，他还分析了 20 世纪科学编史学的文化背景和思想脉络[③]，对劳丹（L. Laudan）、拉卡托斯等科学哲学家的科学编史学思想进行了评述，并在《科学史的层次划分及其编史学意义》一文中，从理论上讨论了科学编史学与科学哲学研究中的几个重要问题。[④]另外，李醒民对迪昂的编史学思想进行了研究，论述了迪昂不同的科学史观形成的不同编史学纲领。[⑤]

正是通过对科学史元理论问题的研究，学者们才对科学史的研究内容有了深刻的反思，更重要的是将科学哲学的一些理论渗透到科学史的研究中，这是一种最大的创新，打破了传统科学史与科学哲学不相往来的局面。袁江洋在《科学史：走向新的综合》[⑥]一文中，通过反思当代科学史研究，总结出科学史应该走向一种新的综合——内外史的综合，并试着从广义科学编史学的角度对于实现这种综合的有效进路做了初步分析。之后，出现了赵万里等关于科学主义及其编史学问题的分析和研究[⑦]，以及对建构主义

---

① 袁江洋. 科学史编史思想的发展线索——兼论科学编史学学术结构. 自然辩证法研究，1997，(12)：34-41.

② 刘凤朝. 科学编史学的思想源流与现代走向. 自然辩证法研究，1993，(12)：31-35.

③ 刘凤朝. 20 世纪的科学编史学：文化背景和思想脉络. 科学技术与辩证法，1995，(1)：40-43.

④ 刘凤朝. 科学史的层次划分及其编史学意义. 自然辩证法研究，2002，(1)：34-37.

⑤ 李醒民. 略论迪昂的编史学纲领. 自然辩证法通讯，1997，(2)：38-47.

⑥ 袁江洋. 科学史：走向新的综合. 自然辩证法通讯，1996，(1)：52-55.

⑦ 赵万里，赵玉泉. 多重视角中的科学主义及其编史学问题. 科学技术与辩证法，1998，(5)：35-40.

科学编史学的述评[①]。赵万里等在对科学编史学进行哲学思考的过程中，对西方相关研究进行了评述。赵万里对夏平的建构主义科学编史学思想的研究也引发了其他学者的研究兴趣，如出现了《社会建构主义与科学史》[②]《夏平科学编史学思想探微》等论文。由此我们可以看出，社会建构主义的研究纲领对科学史的研究产生了很大的影响，科学史的研究已不再是单纯的历史描述，其研究内容应涉及科学争论、科学家身份的形成、科学知识的生产场所、科学话语、仪器设备等诸多方面。这种新范式，即社会建构主义的科学史研究的出现，向传统的科学史提出了挑战，为内外史的消解提供了研究进路。

（二）科学史的方法论研究

目前，在科学史的方法论研究方面，国内学者的研究基本还处于对国外方法的引进阶段，如内史方法、外史方法和内外综合方法等，尚未形成国内学者自己关于科学史研究的独特方法，因此还难以与国外的学者在方法论的研究上进行对话。例如，历史语义分析方法是西方研究科学哲学与科学史的一种方法，但是对中国科学史的研究，尤其是对中国古代科技史的研究，还停留在线性描述阶段，没有从历史语义分析的角度去构建。1990年，邢润川与郭贵春在《历史语义分析方法在科学史研究中的重要作用》一文中，首次将历史语义分析方法作为科学史研究的方法论，并把它作为一种描述、解释及建构科学史的元方法。这不仅深化了科学史理论的方法论研究，还在科学编史学的研究中越来越显示出其存在和运用的必要性。

将语境分析方法引入科学史研究，是近年来科学史学界比较赞同的方法。魏屹东在《科学史研究的语境分析方法》中，结合国内外科学史研究的方法论现状，阐述了科学史研究在经历了最初的内史方法和过渡时期的外史方法后，从20世纪80年代开始走向综合化和整合化的语境分析方法，从而使语境分析方法的形成，标志着科学史的研究走向了一个新

① 赵万里. 科学知识的社会史——夏平的建构主义科学编史学述评. 科学文化评论，2004，(3)：42-54.

② 杜严勇，吴红. 社会建构主义与科学史. 科学技术与辩证法，2005，(6)：84-87.

的发展阶段。[①]

李醒民在《科学编史学的“四维空时”及其“张力”》一文中，详尽而深入地论述了由实证维、理性维、直觉维、境维组成的科学编史学的“四维空时”的含义，把科学史的研究放在“四维空时”框架内去研究、探讨、审视、辨析、理解和编撰，论述了如何在各个维度之间保持必要的张力。[②]这篇文章既考虑到了科学史撰写过程中的实证研究，也看到了科学史研究过程中的其他诸多人为因素和社会因素，因此“是一个颇有新意的、行之有效的科学史研究和编撰纲领”[③]。

科学计量方法的引入是科学史统计研究的一个很好的方法。正是由于这一方法的应用，魏屹东发现了自 20 世纪 80 年代以来科学史发生了内史学向外史学的转向以及外史学向综合史的转向。科学史的计量方法对科学发展中重大事件的统计研究有突出的意义，而对于科学事件的定量描述，科学史的传记方法不失为一种很好的方法。任定成翻译的《科学史学导论》（*An Introduction to the Historiography of Science*）（克拉夫著，1987 年）对这两种方法做了详细的分析，该书也是到目前为止，国内外介绍科学编史学最普及的著作，书中对科学史的一些基础理论和方法都做了比较全面的介绍。

中国学者对科学编史学的方法论研究，也是结合西方的研究成果展开的，到目前为止还没有形成中国的研究风格，这需要我们根据中国科学发展的特点总结研究方法，去撰写中国古代、现代的科学发展历程。因此深入开展适合编撰中国科学史方法的元理论研究就突显其意义了。

通过对内史论与外史论两个层面的线性描述可以看出，真正意义上的科学编史学研究还不多，大多是零散的、没有系统的研究，从语境论的角度切入，有些文章涉及了但没有综合地研究，可以说，真正从哲学层面对科学如何编史的研究，现在还没有出现。

---

① 魏屹东. 科学史研究的语境分析方法. 科学技术与辩证法，2002，（5）：62-65.
② 李醒民. 科学编史学的“四维空时”及其“张力”. 自然辩证法通讯，2002，（3）：64-71.
③ 李醒民. 科学编史学的“四维空时”及其“张力”. 自然辩证法通讯，2002，（3）：64.

近年来，国内的科学编史学会议也多了起来，2015 年在北京举办了首届“全国科技编史学论坛”，是由当时北京大学的吴国盛教授主办的；第二届“全国科技编史学论坛”是 2016 年在广西民族大学举办的。从这两次会议参加的人数来看，每次会议都在百人以上，这说明了一个现象，即从事科学编史学研究的学者多起来了，这是对科学史研究进行理性反思的最好见证。希望从事这方面的人越来越多，这样学科才能繁荣发展，科学史与科学哲学的研究也会更上一层楼。

一言以蔽之，近 10 多年来，国内关于科学编史学的研究进展，不仅体现在研究者开始逐步反思科学史学家自身的责任与使命，同时也体现在研究内容的转变，即由最初的译介转向对科学史学科本身的性质、意义和内容的研究，以及对科学编史学研究方法论的探讨，而对认识论与本体论层面的研究则相对弱一些，所以说科学编史学的研究还没有真正达到史学哲学的高度。

二、国外的研究也集中在为数不多的一些学者中，但是其所提出的思想具有思考性

国外对科学编史学的研究，是在多视角、多层次、多学科及多元化方法的相互渗透的基础上展开的，预示着科学史研究正由离散走向整合。国外在“史”与“论”研究的结合方面做得相对好一些，他们往往结合历史学和历史哲学的最新成果，创造性地将其引入科学史的研究中，形成了一些科学编史学思想。国外的研究现状主要表现在以下几个方面。

（一）科学史的方法论和认识论的研究

20 世纪 90 年代后，科学史的研究开始由过去的分化走向整合，这种整合不同于惠威尔的归纳研究，也有别于萨顿和柯瓦雷等人的实证研究，它是科学学、科学哲学、历史学、科学社会学等在科学史领域的交汇，是对科学编史学的方法论和认识论层面的系统反思。

在对 20 世纪 60 年代以前的实证主义进行反思的过程中，一些学者发

现了传统科学史研究方法的不足。他们对科学史研究严重偏向内史而忽视科学发展的社会因素感到不满，同时也对 20 世纪 70～80 年代科学史重心由内史向外史的转向、由一个极端走向另一个极端的趋势感到担忧。①内史和外史不是两种相互独立的历史，而是各自代表了科学史研究的一个侧面。内史论和外史论之间并不存在真正的冲突，这两种研究传统都是科学史所需要的，只是如何取舍的问题。米库林斯基（C. P. Микулинский，1919—1991）也强调内史论和外史论都不可能单独解释科学的发展，必须在一种新的水平上处理二者之间的争论。②

科学史的研究方法由极端化转向了多元化，主流科学史中内史与外史、移时史与历时史等研究方法互补及融合的趋势日趋明显，科学史方法论的研究正由离散走向新的综合。有的学者主张将科学放在文化中去理解③，这一点约瑟夫·阿伽西（Joseph Agassi）也表示赞同，他在《科学与文化》一书中全面阐释了科学与文化的关系。④阿伽西认为科学不是人类文化中孤立的岛屿，而是文化的一个内在组成部分。他既坚决反对科学主义，也坚决反对相对主义，而是倡导一种深思熟虑的多元论批判理性主义，从多元文化的角度研究科学发展的历史，这也构成了他的新的科学史学纲领，正如国际科学史刊物《爱西斯》第六任主编罗森博格（C. Rosenberg）在 1987 年的主编致辞中所言的，不理解内史与外史的联系，我们就无法理解现代社会和现代科学，只有在彼此的相互作用与联系中才能理解科学的产生与发展。⑤对于这一点，劳丹在其成名作《进步及其问题》⑥的第一部分提出了“研究传统”这一概念，并以此为中心建立了科学进步的一种新模式，进而对科学史做出层次划分，并以此为基础探讨了科学编史学问题。在该书的

① Freitas R S D. What happened to the historiography of science? Philosophy of the Social Sciences，2002，32（1）：92-106.

② 张明雯，孙忠艳. 米库林斯基与科学编史学. 自然辩证法研究，2005，(4)：105-108.

③ Smocovitis V B. Contextualizing science：from science studies to cultural studies. PSA：Proceedings of the Biennial Meeting of the Philosophy of Science Association. Symposia and Invited Papers，1994，(2)：402-412.

④ 约瑟夫·阿伽西. 科学与文化. 邬晓燕译. 北京：中国人民大学出版社，2006.

⑤ Rosenberg C. Wood or Tree? Ideas and actors in the history of science. ISIS，1988，79（4）：565-570.

⑥ 劳丹. 进步及其问题. 刘新民译. 北京：华夏出版社，1990：152.

第二部分，劳丹对科学编史学的几个重要的理论问题进行了较之前更为系统和深入的阐述。劳丹对科学史和科学哲学的关系、科学思想史的性质、科学社会学研究的层次性等重要的编史学问题进行了较为系统的阐述。

将人类学引入科学史的研究，是从著名的印度学者恰托帕德亚亚所著的《人类学与科学编史学》开始的，其就人类学和科学编史学进行了专门的论述，对人类学和历史学的关系提出了一些独到的见解，其用人类学方法来理解和研究科学技术史，为科学编史学的研究提供了一个新的视角。

所以说，越来越多的学者认识到科学的发展不是由单一的因素决定的，内史和外史解释都有其合理性与局限性，二者应该由对立走向互补。特别是科学社会学向科学史的渗透，使科学史的理论疆域得到了极大的扩张。夏平主张社会建构科学史，以达到科学史的合理性重建。其主导思想就是当今在科学史学界占主导地位的科学知识社会学。这个 20 世纪 70 年代在西欧出现的 SSK，将曼海姆（Mannheim）的知识社会学推广到自然科学领域，认为自然科学知识也是受社会性因素影响和制约的。该学派中的一些领袖人物认为科学知识是建立在科学事实基础上的，科学事实是在实验室中得出的，而实验室本身就是一种人工环境。一个实验室使用哪一种仪器、使用什么材料、使用何种检测或表征手段，所有这些都是人为的结果，带有很大的偶然性。建立在这些人为因素上的科学事实只能是人工事实，而建立在科学事实基础上的科学知识也只能是人工制造、构造，甚至建构出来的。SSK 研究的目的不过是想要在社会知识大环境中，揭示自然科学作为其中的一个子知识系统是如何发生和发展的、与其他知识系统又有什么区别和联系、受到过哪些社会因素的影响，等等，试图还科学以历史的本来面目。这样处理似乎有一些道理，但当面对古代科学，尤其是中国古代科学时，就难以合理地处理了，因为中国古代科学的发展由于更多地体现了官方的意志，而偏向经验技术的开发，不是从社会需要出发的，所以不可能由社会来建构。

另外，采用 SSK 方法研究科学史，其结果必然是科学知识绝对权威地位的丧失，使科学知识降级为与其他知识平等的知识体系。SSK 学者过分地夸大了社会维度在科学知识形成过程中的影响，对科学研究事业的发展构成了威胁。因此，采用这种方法编写科学史是否可取，值得商榷。与 SSK 方法不同，拉卡托斯提出了科学史合理性重建的科学编史学研究纲领，在其论文《科学史及其合理重建》[①]中，他认为科学史学家的科学哲学观点是作为一种方法论的指导而起作用的，每一种方法论都构成了一个编史学纲领。此外，在此方法论的指导下编写的科学史反过来又可以检验其方法论本身是否合理。在论文中，拉卡托斯还从科学研究纲领方法论的角度对内史和外史的划分以及二者的关系进行了研究，他把内史与外史划分为科学发展的内部因素和外部因素。

苏联科学史学家和科学哲学家米库林斯基在 1988 年出版了《科学思想发展史概论》，这是他的代表作，也是他多年研究成果的汇编。书中对科学发展理论、科学史的编史学和本国科学家及科学史学家的编史思想都有专门的研究与论述。米库林斯基在科学编史学领域既汲取和借鉴了西方的研究成果，又不拘泥于他们所设定的框架，他倡导综合论的研究路线，摈弃了绝对对立的观念，在追求“真实的历史”与“重组的历史”之间、内在论与外在论之间保持了一定的张力，是对西方科学编史学的一种超越。他提出的重新理解科学史的思想在认识论和价值论方面具有一定的启发意义。

真正从语境方法论入手研究科学史的是 20 世纪的科学史巨匠——科恩（I. B. Cohen）。[②]他既继承前人又立足于创新，是一位集科学史学家和科学活动家于一身的伟大人物。他的社会活动背景使他对科学史的研究走向语境化，他认为科学史论题必须放入理论、历史、社会等语境中综合地被解释才能被人所理解，社会语境、文化语境、历史语境等是科学理论形成的主要因素。因此其研究方法逐步从内史向外史和综合史过渡，研究内容逐步从科学文本扩展到文化、历史、政治、社会等文本范畴中。但科恩的

---

① Lakatos I. History of science and its rational reconstructions. Proceedings of the Biennial Meeting of the Philosophy of Science Association，Chicago：The University of Chicago Press. 1970：91-136.

② Cohen I B. Present status and needs of the history of science. Proceedings of the American Philosohyical Society，1955，99（5）：343.

语境方法论中的语境是一种广义语境，在某种意义上说与“背景”所包含的内容相当，这样的处理得不到科学史学界的认可，其原因是没有对语境从语义学上进行分析，没有上升到科学史哲学的高度，因此，应该从语境要素的层面上展开科学史的研究，即从语义、语形和语用的集合体上进行研究才是真正意义上的语境研究。

（二）科学史本体论层面的研究

科学史本体论层面的研究相对来说比较抽象，是一种理论探讨的方式。国外对科学史在本体论层面的研究要比国内的研究深入一些，但也没有专门的论述，只在一些著作和文章中涉及了这方面的内容。1963 年阿伽西出版了《走向科学编史学研究》①，这本书从归纳哲学出发，写到了科学史的归纳功能，以此作为基础，论述了科学编史学的一些基础理论问题，可以说这是对科学史本体论层面论述较为全面的著作，已上升到科学史哲学的高度，如科学理论的连续、科学史的比较方法、科学史的解释、新事实发现的障碍等问题。这本书是在号召科学史学家要走向科学史学的基础理论研究，但很不系统。可以说这部书指导意义很强，但不是一本科学编史学方面的权威著作。

最具真正意义的综合性的科学编史学著作是《科学史学导论》。这本小册子是较为系统地介绍科学史研究的基本观念、方法和范式的概论式著作，其主要从科学史的本体论入手，去阐述科学史理论研究中的一系列问题。该书作者着重沟通科学史与一般史学之联系，介绍了史学理论在科学史研究中的应用。此外，书中重点讨论了科学史学中的一些基本问题，如分期问题、意识形态的影响等，也以大量的篇幅介绍了科学史研究的一些方法。然而，这部书虽然没有在具体的研究中出色地表明历史视角的转换，但为科学史研究打开另一片天地，显然这本书不是最权威的，只是其内容比较宽泛。就在 2003 年任定成教授将其译成中文版时，连作者本人也说 20 年

---

① Agassi J. Towards an Historiography of Science. London：Mouton and Conpany，1963.

后的当时“几乎仍然没有系统涵盖这个科目的书”[①]。

1996年，阿伽西在《科学编史学的形而上学地位》[②]一文中，从科学史的历史与方法论背景入手，论述了科学史与观念史及其关系、作为社会发展状态的划界科学、伪科学及其陷阱、科学史新的研究规范等问题，可以说，这篇文章深刻总结了科学史作为一门学科以来的发展，从本体论上对一些科学史研究的基础问题做了系统的分析。

2008年，阿伽西出版了《科学及其历史——科学编史学的再评价》[③]一书，这本书并没有系统地研究科学编史学的基础理论，而是针对前述的一些观点对别的学者进行了回应，也是对科学史相关理论的再一次反思。这本收集了作者近50年学术论文的专著，从四个部分归纳了作者自己的学术主张：第一部分主要对以前学界对他的批评一一做了回应；第二部分是对1963年出版的《走向科学编史学研究》的修订，通过18篇不同形式的学术论文，对归纳主义的思想、科学史的比较方法、科学史料的取舍、科学史解释等问题进行了论述；第三部分对编史学的相关论文进行了整合，共6篇，分别是回顾、科学编史学的形而上学地位、合理性、哲学社会及历史视角、在科学哲学与科学史之间、科学的分歧和库恩的方式；在第四部分的8篇历史论文中，作者从亚里士多德写到培根，对理性的追求、场论等问题做了分析。

因此，科学史的本体论决定了科学史的研究题材是包罗万象的，这是科学史自身发展的要求，也为科学史的职业化研究奠定了基础，这种包罗万象的科学史就是科学通史，科学通史不像科学专史，有碍于历史事件的深入研究。因为通史著作包揽了大量资料，不可能有更多的精力对这些史料进行详细的研究，使其在科学思想的主流中得到整理和诠释，即使作者有超人的学识也难以把所有进步都编织在一部连贯的历史叙述之中，这就

---

① 赫尔奇·克拉夫. 科学史学导论. 任定成译. 北京：北京大学出版社，2005：iii.

② Agassi J. The place of metaphysics in the historiography of science. Foundations of Physics，1996，26（4）：483-499.

③ Agassi J. Science and Its History—A Reassessment of Historiography of Science. Toronto：Tel-Aviv University and York University，2008.

造成了现存科学史著作中许多内容的缺失，不是对科学发展历程的诠释。因此，一些论文开始探讨应将科学史的研究题材由包罗万象转向专狭领域①，对某一历史时期、某一学科或某学科的某一问题分别进行深入细致的研究，只有这样才能展示一个个较为清晰的历史片段，所有片段联结在一起就是一部真正的科学史。

总的来说，国外关于科学编史学的研究比较零乱，几乎没有什么论文是成体系地介绍科学编史学的方法论、认识论和本体论等方面的内容的，其只是从片段中去归纳一些编史思想，尽管阿伽西出版了与科学编史学相关的三本书，但没有一本是结构性地从科学史的基础理论入手、逻辑地去剖析科学编史学中的一系列问题的，这不能不说是一种遗憾。

综合以上的现状分析，国外对科学编史学的研究到目前为止还没有权威、系统的著作或论文出现，科学编史学的研究现状也是一个缤纷驳杂的局面，尽管有不同的科学编史思想，但也不是系统的、完整的。那么从语境论科学观的角度、基于语境的基底、用语境的分析方法去透视科学史的一系列元理论问题，进而系统地构建语境论科学编史学，解决科学史的合理性重建问题，不失为一种有效的尝试。

第三节　本书的创作思路及方法

一、明确研究思路

正是基于上述国内外研究态势，本书设计了如下研究思路。

（一）找到问题的根本所在

不论是科学史与科学哲学的关系，还是科学史的合理性重建问题，国内外的一些学者都从不同的角度做了研究，但为什么得不到学界的认可

① Geison G L. Research schools and new directions in the historiography of science. Osiris，1993，8（1）：226-238.

呢？这是最根本的问题。要深刻认识这个问题就要从 historiography of science 这一词组入手分析，该词组中文译作“科学编史学”（传统译法）或“科学史学”（任定成先生的译法），其本质都是对“科学”的编史研究，而不是对“科学史”的编史研究，所以其核心是“科学”，而不是“科学史”。然而，对科学的认识会出现各种各样的观点，在不同的思想框架下对科学的认识是不一样的，有的甚至是完全不同的。不同的人由于对科学认识的不同，所以对其发生、发展的过程描述肯定也是不同的，这就会导致编史方案不同。比如，对于同一时代发生的“科学革命”的认识，库恩与科恩得出的结论是截然不同的，为什么会出现不同，就是因为解释者各自所站的立场和所持的观点不同。

那么，面对科学史学界编史方法的不同主张，如何才能实现科学史的合理性重建呢？能否建立一个共同的解释基底，在这个平台上，消解一切有争议的命题或论题？这些问题很现实地摆在了科学史学家或科学哲学家的面前，无疑是当代科学史工作者亟待解决的问题。本书选择从语境论科学观的角度出发，解析传统科学编史学所遇到的一系列问题，其视角是基于科学哲学对科学史的指导。

（二）从科学史研究的内外因素入手分析为什么要重建科学史

从科学史的发展来看，内史论与外史论是研究科学史的两条路径，最终也形成了科学史研究的两大阵营，到目前为止也是如此，本书试图打破这种框架，通过语境论科学史观实现二者的融合。

内史论的进路可以很好地反映科学发展的内在逻辑；外史论又对科学的发展做了方向、内容、速度等方面的解释和说明。它们对科学史的写作来说似乎是和谐的，但由于它们之间主张不同，二者在科学史的写作中不能兼顾，所以它们之间的争论不可能休止，因为它们都是在一定程度上对科学发展的真实反映。虽然综合论主张内外史之间保持适度的“张力”，但怎么保持才是正好呢？这又难以把握。建构论试图用科学的社会建制来消解内外史，但把一切科学全归于社会建构的处理也是不合理的。拉卡托斯的“研究纲领”也只是换“内史”与“外史”的概念为科学的“内部因素”和“外部因素”，从实质上讲，也难以在内外因素之间保持适度的张力。其实，内、外史论对于科学史研究的实践来讲，都已经选择了“语境”的立场，只是程度不同，实证主义的内史传统也考虑到了语境的因素，只是很少；而外史论的方式却将语境的功能放大到背景的程度，似乎影响科学史的一切因素都是语境，科恩就是一个典型的例子。他的泛语境化科学编史学是一种广义的语境，几乎将影响科学发展的社会、文化、政治、历史等因素全部归结为语境，这样泛化的语境，对处理一个典型的案例来说也许是合理的，但对于寻求共性的科学编史学，这样的语境处理是不合理的，建构论也是如此。但从语境论的视角出发，为科学史寻求合理的编史方案，进而达到科学史的合理重建，是可取的，无疑是恰当的选择，只是看从语境的什么角度去解决。所以，通过语境论科学观，形成语境论科学史观，进而构建语境论科学编史学，则可以从学理上实现科学史的合理性重建。因此，能否在内外史之间做到合理地调和，这是科学史合理性重建的关键。

（三）怎样通过建立新的科学编史方案实现科学史的合理性重建

无论哪一种理论，其对科学史的渗透都是在具体的科学编史方法上实现其指导作用的，上述几种编史思想虽然都考虑到了语境的使用，但都没有从语境的本真出发去研究科学史，就是说没有从语境作为语义、语形、语用的集合体，在语境的基底上，去分析科学史目前面临的诸多问题。不能把“背景”当作“语境”去处理，否则就会得出一些与其他学者不同的结论来。这是因为，科学史是用语言来描述的，这是最根本的，有语言，就有语形，有语形，就有语义，有语义就能实现语用，而这一切只有在特定的语境中才能实现，离开语境的语言是没有意义的。那么对科学史的描述和说明，离开特定的语境是难以获得准确的意义的，这就是说，科学史的研究是最需要语境的。因为科学史的合理性重建，重点并不是对一个个科学事件的记录，而是对事件背后所隐含意义的说明或揭示，只有在语境中，语言才有特定的意义，才能达到对科学事件的深刻诠释。因此，返回到“语境实在”的本真含义上去求解科学编史过程中的一系列难题，不仅可以创新语境论科学编史学，而且也是修正“泛语境化”在科学史中的应用的一次大胆尝试。

二、研究方法

基于上述思路，本书的研究方法主要采用以下几种。

1. 语境分析方法

研究语境论的核心方法是语境分析方法。不论科学概念、科学定律还是科学理论的产生都是基于一定语境的，科学史研究就是对上述内容的历史梳理，所以对于科学史研究的困境分析也是有其语境的，包括科学内外史的争论、科学编史方法的合理性等都可以用语境分析方法去进行研究。

2. 历史和逻辑相结合的方法

科学的历史叙事与理解两难问题，本身就是一个历史与逻辑相统一的问题，不能仅从历史角度去研究，也不能仅从认知与理解的角度去研究。尤其是对语境论科学观之于语境论科学史观的作用，更要从历史与逻辑的角度去分析及研究语境论科学观在构建科学史观中的必要性、可行性和必然性。

3. 历时与共时相结合的比较方法

深入评析传统科学史观与科学编史方法的合理性和不足，通过语境论科学观构建语境论科学史观，提出语境论科学编史方法，就是一个历时与共时最好的见证。

4. 理论分析与案例考证相结合的方法

提出一个重建科学史的合理性方案，是否具有合理性不能仅以理论论述为主，应该用具体的案例来进行佐证。因此，本书选取了有代表性的阿伽西的科学史观的形成过程等三个案例进行评析，指出了语境论科学编史学的巨大优越性，从实践层面阐述了语境论科学观的编史学意义。

第四节　本书的主体结构及内容

一、逻辑结构

依托上述研究思路与研究方法，确立了本书的主体逻辑结构由以下几个部分构成：第一章引出为什么要对科学史的合理性重建问题进行研究，这是前提和基础。针对科学史的研究实践出现的困境，解析其为什么是由科学的历史叙事与认知理解的两难问题造成的。所以，第二章自然过渡到解决这个困境需要科学史观的指导，科学史观又需要科学观的指导，这样又自然过渡到对语境论科学观的内涵、特征与优势的分析，作为一种认识论与方法论，可以形成语境论科学史观，语境论科学史观则会主导形成语境论科学编史方法，基于这样的方法就会形成一系列的科学编史思想，这些思想有效地克服了传统科学编史思想的不足，回应了科学史研究实践的理论诉求，实现了科学史的合理性重建。这是第三章与第四章紧密结合的一种论述，所以说前四章的逻辑自洽形成一个闭环，非常严密。第五章的例证，实质是对语境论科学编史思想的佐证，也即实践应用。结束语部分对科学史的未来建设做了语境论科学史的构建。从这样的逻辑结构看，可以说，本书是从语境论科学观的角度解决传统科学编史学所遇到问题的一次大胆尝试，为解决科学史的合理性重建问题提供了较为合理的路径。

二、主体内容

依据上述研究内容的逻辑结构，在内容安排上，本书首先将语境论引入科学哲学的研究中，形成语境论科学观；其次通过语境论科学观指导语境论科学史观的形成，又通过语境论科学史观指导语境论科学编史方法的形成；最后实现对科学发展叙事方式的创新，以达到科学史的语境重建。

1. 语境论科学观

语境论科学观是将语境论引入科学观的研究中而形成的理论，与其他科学观相比，具有以下鲜明特征：第一，科学是人类在一定的语境下对物质世界认知的程度，其可以用“逼真度”去表征，科学是可错的、可修正的；第二，科学研究的方法与手段是多样性的，是语境依赖与敏感的，是由具体的语境所决定的；第三，主张科学的中立性与相对性，一切有争论的问题都应该放在同一个语境基底去研究，不在同一个语境下的争论是无意义的。

2. 语境论科学史观

基于语境论科学观形成的语境论科学史观，是一种全新的科学史观，对科学史的合理重建起到至关重要的作用：第一，科学史是科学主体在特定语境下对世界认知程度的表征史，这个表征在特定语境下是真理，在另一个语境下就是错误，因此承认真理的相对性；第二，组成科学史的科学事件是语境依赖的，科学史的语境依赖决定了科学发展的不连续性与地域性；第三，科学的进步不能替代人类文明的进步，科学史不是真理史，但科学的发展与真理的发展共存于同一个语境中，科学的发展是理论与实在在特定语境下接近真实程度的不断提高。

3. 语境论科学编史方案

以语境论科学史观为核心形成的语境论科学编史方案，不同于实证主义的编史方案，也不同于历史主义的编史方案，其是基于语境分析方法与语境平台的科学合理的编史方案。第一，其是科学史合理重建的必然选择，只有科学的历史叙事与哲学理解有机地统一在科学语境的框架内，才可以实现真正意义上的重建；第二，其是史料重新解读的必要手段，科学史料的误读只有让其回到当时当地的语境才能被真正理解，失去语境平台的史料解读是不可靠的；第三，其是修正科学史文本的有效工具，科学的发展有时是错误的理论代替错误的理论，传统科学史文本会以现代的立场选择史料，造成结论的不真实，而语境论编史方法可进行有效的修正；第四，其是解决科学史争论的合理途径，科学的历史叙事充满争论，语境论科学编史方法从具体的语境入手，在语境的基底上重新认识一切争论的起源、过程及后果，通过合理的途径解决所引发的问题。

第一章 科学史的困境及诉求

综合意义上的科学史研究，在百年后的研究实践中遇到了困境，怎样对科学事件进行理性诠释成了一个问题，即科学史的合理性重建问题。传统的科学编史学出现了困境，不仅科学编史的具体方法存在一定问题，而且更为严重的是，科学编史思想存在一定的不合理性，从而造成了科学编史学的困境。其具体表现就是，科学史的写作实践，不论是学科史还是通史都遇到了同行的质疑，那么怎样才能更好地描述一个科学事件呢？什么样的科学哲学才能对科学史的研究形成指导？等等。一系列对科学史实践问题的理论思考都摆在了科学史学家与科学哲学家的面前。

第一节　科学史困境产生的文化根源

在 20 世纪的中后期，“科学”的概念被持有不同思想的学者“颠覆”，科学不再是一种以累积和进步的方式发展的理性主义观点被认可之后，不同科学哲学家对科学有了多重定义。不同的科学观对科学产生了不同的看法，有些学者是从肯定的角度以“科学是什么”的方式来定义科学的，有些学者是从否定角度以“科学不是什么”的方式来限定科学的。不论从什么角度去定义科学，这样的科学观都给传统的科学史研究带来了难以克服的困难，因为科学的定义不同，科学史的研究内容也会有很大的差异，而科学史研究内容的变化，会给科学编史方法带来巨大的冲击。因此，从历史的角度去梳理科学史研究实践的困境，就显得尤为必要，这也为今后的研究进路提供了理性基础。

要真正理解科学史的研究困境，就要先从科学编史学的历史困境研究入手。因为科学编史学作为一种对科学史的理论思考，并没有随着科学史的不断发展而发展，其总存在滞后的一面。从科学编史学经历的不同发展阶段也可以看出这一点，而且不同的社会文化对科学的认识不同，这导致其对科学史的认识也不相同，因而科学编史学的文化根源也不同。

一、科学史的简史

在对科学史的研究困境进行分析之前，我们需要对科学史的简要历史有个了解，这就使科学史困境产生的基础与实践被理解起来容易很多。科学史的发展大致经历了三个主要的发展阶段或者说三种风格：一是学科内史，二是综合科学史，三是分化的科学史。

（一）学科内史

科学史最初形式是以学科史出现的，是由科学家写作完成的，向前追溯的话可以到古代，就是说，不论是中国还是西方都有学科史出现的影子，只是由于语言不同所以形式不同而已。对于西方来说，比较正规的学科史著作是在 17 世纪出现的，之所以说比较正规是指其不像以前的著作那样是以零散的方式记载的，而是较为系统的著作。比如，1668 年丹麦化学家和医生博瑞修斯（Borrichius）的《化学史》，这部著作对 17 世纪以前的化学发展状况进行了描述。此外还有一些学科史著作分别对不同的学科发展情况进行了描述，在此不一一列举。

学科史的出现并不是偶然的，而是伴随着当时某一学科的发展，人们发现可以通过文献记载整理的方式将某一学科的发展历程描述出来，这有助于未来这一学科的发展，于是在科学家中首先出现了学科史著作，这是一种自觉或者说自发的行为，而并不是一种有组织的职业行为。另外，本书在后面的论述中也会提到，当时一些学科史著作的写作是基于科学家对这一学科社会地位的确定或提升的目的而为。

后期的学科史出现得更为具体或细化，出现了一些电学、代数学等各具体学科的分支学科的历史，如英国数学家沃利斯（J. Wallis）1673 年完成的《历史的和实用的代数学》等，这充分说明当时的一些科学家已不仅仅局限于一门宏观的科学史研究了，从这样的具体学科分支出发的学科史研究更具备了科学史的基本特征。到了 18 世纪以后，随着近代科学的发展，人们对科学的关注多起来，对学科史的关注也随之多了起来。当时，人们普遍认为科学是推动人类历史前进的唯一事业，科学所做的一切事情都是对人类有贡献的事情，那么将以往科学上发生的情况记录下来，也是很有用的，会让人们更好地认识科学。因此，这时的科学史的研究方法主要是选取一门学科，以编年史的方式，记录该学科在什么时间、什么地点发生了什么事情，这也标志着学科史的基本成形，但这时人们还没有对科学的发展做出全盘的考虑。在此值得一提的是一本学科史的经典著作。

1883 年由著名的科学家、科学哲学家和科学史学家马赫（E. Mach）完成的《力学及其发展的批判历史概论》（简称《力学史评》）堪称一部非常经典的学科史著作，是一部集史、论、哲于一体的著作，所以可以称为经典。该书于 1883 年首次出版，共出了 9 版德文版，在 1912 年之前已陆续被译为英文、法文、意大利文和俄文，后来又有日文、中文等译本问世。在这部经典著作中，马赫基于“静力学”和“动力学”概念的分析，以及力学原理的历史发展及其经验根源的探讨，从经验论的观点出发，批判了牛顿的绝对时空观和绝对运动观，揭示出力学逻辑体系与其历史发展的矛盾，从而认为没有充分理由断言一个原理比另一个原理更科学。他以相对加速度为出发点，重新定义了质量比和力，认为两个物体的质量比等于它们的相对加速度的负反比，力等于质量和加速度的乘积，于是他重新表述了力学。由此可以看出，同样的公式 $F=ma$，但是其内涵已经变了。所以，马赫通过对牛顿力学的历史考察以及物理学方法等的认知分析，对牛顿的绝对时间、绝对空间的批判以及对惯性的理解，对爱因斯坦建立广义相对论起到了积极的作用，成为后者写出引力场方程的依据，对物理学的发展产生了深刻的影响。

可以想象的是，在牛顿的《自然哲学的数学原理》出版将近 200 年后，以这样的方式进行评述的马赫还是第一个人，可见其意义非凡。在书中，马赫还引用了心理学的一些认知来分析牛顿的物理学原理，也引用了当时的社会学知识来分析科学思想的社会经济根源，所以说这部著作是科学史的经典著作。当然，其之所以经典也与马赫是一位物理学家有关，没有对物理学的认知也不可能完成这样一部著作。

（二）综合科学史

综合科学史出现，是从 1837 年惠威尔撰写的《归纳科学史》开始的，这是科学史学界公认的第一部综合性的科学史著作，而且比 1883 年的《力学史评》等著作要早。但是这部著作已不再局限于某一具体学科，而是以整体科学的布局来书写科学史，所以说这部著作的意义正在于此。从年代来讲，可以说科学史在 19 世纪进入了学科史与科学史并行发展的阶段。

虽然科学史与学科史存在并行发展的局面，但是作为过渡时期的科学史研究，综合性科学史的出现标志着科学史的研究走向了较为成熟的阶段。为什么在此只能说是较为成熟呢？这是因为当时的科学史研究还没有进入解释层次，还处于一种描述层次。惠威尔的科学史著作的出现对于后期科学史的研究风格影响很大。其实，从马赫的《力学史评》来看，他的写作风格已与他前期的研究有很大的不同，因为他已经到达了解释层次，或者说是在解释中进行了评述，在评述中实现对绝对时间、绝对空间的批判。那么，综合性科学史的出现，从科学史的学科本身来讲是一种完善。惠威尔通过这本书对归纳科学的历史进行了说明，对后期法国的另一位科学史学家坦昂里（P. Tannery，1843—1904）给予了很大的启发，也使其成为当时世界上最伟大的科学史学家，先后出版了《希腊几何学》（1887 年）和《古代天文学史研究》（1893 年），并于 1929 年在巴黎主持举办了第一届国际科学史大会。坦昂里的科学史研究无不渗透着一种思想——科学史是一般人类历史的一个内在组成部分。科学史涉及科学的社会环境、各学科之间的关系、科学家的传记、科学的交流等内容，并不仅仅是各门学科史的一种汇总或合集。

20 世纪后的科学史研究，更是由学科史走向综合科学史研究，职业化倾向越来越明显。1903 年，科学史学家坦昂里作为第一候选人竞争法兰西科学院的科学史教授席位，最后由于各种原因没有成功，但是科学史的职业化与学科化几近完成。

在坦昂里竞争科学史教授席位 10 年后的 1913 年，萨顿创办了科学史的专业杂志《爱西斯》，并积极主张综合科学史的研究。萨顿的科学史研究主要是实证的综合科学史研究，他的代表性成果是《科学史导论》，不过写到 14 世纪的科学史后就没有再继续下去了，但是其在科学史上的地位是非常高的。1936 年，萨顿创办了《俄赛里斯》，这也是一份国际的科学史杂志，直到现在这两份杂志都是科学史研究中最权威的杂志。萨顿还有一份对美国科学史的贡献就是促成了美国科学史学会的成立。更为重要的事情是，经过多年的努力，科学史在哈佛大学受到了重视。当时哈佛大学的校长柯南特（J. B. Conant）非常注重通识教育，1936 年推出了科学史博士研究生计划，萨顿成了博士研究生导师，默顿与科恩都是萨顿的博士研究生。1966 年科恩成了哈佛大学科学史主任，而默顿却由科学史走向了科学社会学研究。1940 年哈佛大学又为萨顿设立了科学史教授席位。柯南特当时在哈佛大学开设三门科学史课程，其中两门分别由科恩和霍尔顿担任，当时科恩是萨顿的博士研究生。另一门由其本人与库恩共同担任。后来的事实也证明，正是柯南特让库恩讲授物理学史，库恩才从物理学专业转向物理学史，也成就了其《科学革命的结构》在科学哲学与科学史学界的地位，科学哲学的历史学派也因库恩而形成，也引起了科学史外史研究的兴起。

正是由于萨顿主张综合性的科学史研究，所以默顿的科学史选题没有按实证主义的科学史模式去选择一个需严格考证的题目去做，而是选择了 17 世纪英国的科技与社会关系来做，从这个选题就可以看出其探讨的核心是科技与社会互动的关系，他用了集体传记的方法，以计量的方式讨论了科学技术的发展与社会一些因素的关系，他从事研究非常聪明的一点是把“科技”置于“黑箱”，而不是讨论当时的科技内容是什么，或者说是什么因素刺激了哪一方面的科技发展，这是他的可取之处。

再返回来看当时科学史的外部环境。前文已述，当时的主流科学史学家是由科学家来担任的，进入 20 世纪之初仍是这样的格局。但是在科学史职业化之后，哈佛大学有了科学史的教授席位，一些学生在 20 世纪 30 年代末入学，经过 10 多年的学习与研究，他们并不是科学家出身的科学史研究风格逐渐显现出来。特别是默顿的博士论文在50年代后重新受到人们的青睐，科学史的研究格局变得多元化了。所以说，30年代美国科学史的职业化态势，使科学史的研究给自组织形态发展的传统风格注入了理性的思维与分析。其实，引发科学史分野的最大力量来自库恩的科学哲学的历史流派，其造成了后期科学史的分化。

（三）分化的科学史

这里称科学史的分化，实质上也是科学史研究的分野或者说异化。在库恩1962年的《科学革命的结构》出版以后，不论是科学哲学还是科学史都受到了很大的影响。

科学史的研究风格在《科学革命的结构》出版前后发生了巨大的变化。之所以这样说，是因为在此之前主要受实证主义科学哲学的影响，科学史是以实证传统为特征的，其格局几乎没什么变化。20世纪60年代以后，随着科学社会学的不断渗透以及职业科学史学家的不断增多，原本科学家撰写的科学史风格特征不再是主流，而是发生了三次大的转向：第一次是学科史向通史的转向，第二次是内史向外史的转向，第三次是外史向综合史的转向。[①]事实上，科学史虽然表面上看起来是发生了三次这样的转向，其实到了20世纪80年代后期已处于一种多种形式并存的局面，这主要体现在编史学思想的不断分化与整合中，新的科学编史学思想不断出现，对科学史的研究造成了很大的影响。这一点从科学编史学的简要发展中就可以看出来。

二、科学编史学发展简史

拉卡托斯在他的《科学史及其合理性重建》（*History of Science and Its Rational Reconstructions*）中论述道，不同的方法论指导，导致了科学史不同种类的“合理重建”。纵观科学编史学的历史演进，我们可以清晰地发现，科学编史学经历了三个主要的发展阶段。

① 魏屹东. 20世纪科学史的三次转向. 自然辩证法通讯，1999，(3)：3-4.

1. 内史方法主导阶段

这个阶段大约是从 20 世纪初期到 50 年代。20 世纪早期的科学史研究，受逻辑经验主义和实证主义的影响，内史方法占有绝对的优势。科学史从正统的、典型的内在主义出发，试图回答“科学是什么”的问题。由于当时的科学史学家大多是科学家出身，因此他们以科学发展的内在逻辑为起点，不过多地考虑科学发展的外部因素去描述科学的发生与发展。在构造科学史的内容时，他们持有较大的选择权，省略了一切在他们的理论看来不合理的东西。尤其是以柯瓦雷为代表的内史学派，把这样的思想发挥到了极致，他的概念分析法把他认为不合理的部分全部剔除出去了，是一种单纯的内史方法研究。然而随着对科学史认识的不断深入，这样的编史方法受到了很大的批判，这样写就的科学史只是一幅静态的画面，失去了科学史生动的一面。

2. 外史方法主导阶段

20 世纪 50 年代以降，伴随着一批美国的职业科学史学家的出现，内史方法的主导地位逐渐被动摇，而外史方法研究得到了长足的发展。学界对科学史的研究不再以关注科学发展的内在逻辑体系为主，而是在科学与社会的互动关系中去探求科学的产生、发展，以及不同国家科学发展的差异等问题。当时的科学史研究已经正规化、建制化，也从过去的业余研究转向了职业化研究。然而，“由于当时大多职业科学史学家不是科学家出身，他们对科学的理解更多是从文本中获得的，再者因受社会意识形态的影响，文化传统、专业背景又存在着很大的差异，因此不可避免地使他们逐步走向分化状态”①。

这样的一种分化状态，主要是受到了科学观的很大的影响。在科学哲学实现了“三大转向”以后，科学观发生了很大的变化，直接或间接地对科学史观产生了极大的作用，而科学编史方法与科学史观有直接的关系，因此可以说，科学观间接地丰富了科学史的编史方法。不同主义的科学哲学思想建

---

① 李树雪. 语境论科学编史思想初探. 科学技术哲学研究，2009,（4）：78-83.

构了不同的科学史观，从而使科学史的编史理论得到了长足的发展，尤以外史研究为长，从而形成了外史占主导地位的科学史研究的新局面。

这个阶段主要的标志是科学社会学的方法论对科学编史方法的渗透。默顿的《十七世纪英国的科学、技术与社会》完全打开了科学史外史研究的大门，使科学史学界认识到科学史仅仅追求科学史的内在逻辑是远远不够的，也使人们认识到科学发展的外在原因对科学的发展起到的不可低估的作用，在科学发展的方向、速度、动力等方面，政治、文化、军事、社会等各方面对科学发展的影响是非常大的。这样的科学史研究也有一个缺陷，即过分强调科学发展的外部因素，导致内部因素有一些消解。因此，外史方法的很多思想后来受到了不同程度的批判。

3. 综合史方法阶段

20 世纪 80 年代后期兴起的社会建构论逐步向科学史的编史理论渗透，占据了科学史研究突出的地位。其主旨是结束科学史的内外史之争，寻求消解内外史的研究进路，使科学史在社会建构中得到合理性重建，淡化内史和外史，对科学史进行综合，这标志着科学史研究进入综合方法的研究阶段。在社会建构论看来，科学知识并非由科学家“发现”的客观事实组成的，它们不是对自然界的客观反映和合理表达，而是科学家在实验室里制造出来的局域知识，是可以不断修正的。其只是通过各种修辞学手段，将这种局域知识说成是普遍真理。因此，科学知识实际上负载了科学家的认识和社会利益，它往往是由特定的社会因素塑造出来的。它与其他任何知识都一样，也是社会建构的产物。因为内外史之分，仿佛科学史可以得到合理性的重建，但它是对科学的片面认识，比如古代的科学，好多知识点与社会无关，完全是个人的研究成果。①

其实，这样的一种方法论，势必会走向极端的相对主义思想，认为所有的科学知识都是社会建构的，虽然表面上看似是消除了科学的内在逻辑性，但是它无法摆脱相对主义的立场，只好把科学史与政治史、艺术史等

① 赵万里. 科学的社会建构——科学知识社会学的理论与实践. 天津：天津人民出版社，2002：2.

人类文化史等同起来，因而忽视了科学史自身的特点。再者，如前所述，科学史的二重属性是科学和历史，过分强调科学发展的社会学维度、忽略科学和历史的维度、突出强调科学发展的非理性因素，都会使科学失去理性的光芒，因此这样的科学史肯定是一部失去“科学味道”的科学史，同时也会造成科学史研究方向的迷失。

从科学编史方法的三个演进阶段来看，内史方法、外史方法以及综合史方法都存在一定的问题。因为科学史学家为了使自己的科学编史学方法论得以成功，会有目的地挑选科学史客观存在的事实去佐证其方法论建构的“合理性”，因而不可避免地带有片面性和功利性。

以上分析是建立在时间递进的基础上的，今天的科学史学家已不再像过去的科学史学家一样，拥有一种共同的思想基础或编史方法。随着科学哲学、科学学、科学社会学等对科学史的不断渗透，科学编史的思想和方法出现了很大的分歧，这种分歧使得科学史的研究有种无所适从的感觉，以至于在中国，如果一个研究生要进入科学史的研究领域，首先要确定的一个问题是做实证研究，还是外史研究，抑或是理论研究。似乎科学史的研究只有这几种形式，这不能不说是中国科学史研究在理论研究上的一种遗憾。其实科学史研究的实证风格已引起西方科学史学界的质疑。以下两种研究思想足可以证明这一点。

第一种是所谓的传统科学编史思想，其主要代表就是实证主义思想。实证主义的编史特点是只考虑科学发展内在逻辑的线性描述，不考虑其背后的意义、文化、理念等其他因素。这样的一种思想也许与实验科学的启迪有关。在近代，自然科学从自然哲学的母体中分离出来后，由于哲学思维的惯性，自然科学要发展，就必须摆脱自然哲学思辨的束缚，尽管这比较困难，但如果自然科学不脱胎换骨是难以有所发展的，因此实验科学的引入、倡导求真的实证正好迎合了自然科学的要求。那么由此发展起来的科学史必然只是效仿自然科学的实证精神，只做如实的记录，不做意义的评述，只对所掌握的史料进行收集、整理、考证，然后在此基础上进行写作，尽量不带有个人色彩和偏见。这样的科学史一定就是以年代写就的编年史，但当面对越来越多的史料时，实证主义者的这种“无偏见性”选材就难以把持，就会无法再现过去实际发生的事情，更无法对过去发生的事件给出一个真实的描述，这正是萨顿先生没有完成《科学史导论》的主要原因。因为没有偏见的历史是不可能的，不管什么样的学者都难以做到“中性”研究，因而其必然会受到理性主义的批判。

第二种是理性主义的科学编史思想。这种思想的突出特点是认为科学史不仅要对科学的发展历程进行描述，更重要的是要对科学事件做出解释，科学史就是一部科学发展的诠释史，科学史学家或科学哲学家要做的事就是为科学史的合理性重建寻找方法论的支持。这样一种科学编史学思想集中体现在科学哲学和科学史的内部，比如库恩、拉卡托斯、劳丹、夏平等学者身上。库恩在《必要的张力——科学的传统和变革论文选》一书中说：“历史所叙述的事件总是受到历史学家自觉不自觉掌握的自然规律和社会规律的支配……如给定了叙述这一开始所获得的条件，也给定了覆盖律的认识，就能预测这一叙述中某些核心部分的未来进程。”[①]这就是说，从理性主义的角度出发，其解释也是有边界的，是在一定条件下的一种解释。正如劳丹承认的：“如果我们赞成通常的解释模式，并把它运用到思想中去，我们就有可能认为任何充分的解释者必须包含一些普遍规律和一些初始条件陈述，这两类陈述可以共同推导出阐明我们所希望解释的一个信念境况的命题。”[②]

这样做的目的，其实就是用现代的方法去解释过去的科学事件，试图为科学知识的合理增长提供一个可理解的解释方式。然而，不同的方法论会产生不同的解释结果，不同的方法论编纂的科学史肯定不同，这样的理性科学史看起来是理性的，但实质还是不理性的，因而其构建的编史方法也不是最合理的，难以达到科学史的合理性重建，必然要受到来自学科内

① 库恩. 必要的张力——科学的传统和变革论文选. 范岱年，纪树立，等译. 北京：北京大学出版社，2004：14.

② 劳丹. 进步及其问题——科学增长理论刍议. 方在庆译. 上海：上海译文出版社，1991：197.

外的批判。

综合以上分析，科学史要达到真正的合理性重建，就要寻求一种合理的编史方法，用这种方法去统领科学史的研究。近年来，随着语境论在诸多学科的不断渗透，语境论的编史方法不失为一种科学的、合理的科学史研究方法，语境论的编史思想不会有目的地选择科学事实，而是在一个共同的语境平台上合理性地重建科学史，将一切有争议的问题置于语境的基底上去分析，用语境的范式认识科学史，用语境的分析方法去编史。因此，面对未来科学编史方法的研究，从语境论的基底出发，可能引出下列引导性论题：第一，重铸科学史学新的逻辑起点，这个起点要超越内史论、外史论、科学研究纲领、社会建构论等理论，从语形、语义、语用的内涵出发，创建语境论科学编史学的研究新范式，从语境论的角度去阐释科学史的本质、学科结构、分期、功能、编史方法等内容；第二，构建语境论科学史学方法论与其他编史理论或流派之间的相互对话、交流、渗透的平台，以使语境论科学史学在评析相关理论时寻求新的突破；第三，探索语境论科学史学的有效进路，弘扬科学编史的理性批判精神，坚持回归科学史研究的本真，构筑语境论科学史学新平台，以真正揭示科学发展的规律、内涵、特点及其与诸因素的关系。

三、科学史实践困境的文化根源

当人们对当前的事情感到困惑时，往往会从历史中去寻找可资借鉴的经验，因为有些问题是历史地形成的，所以只能从历史中去寻找答案。科学编史学的兴起与发展有深厚的社会文化根源。

1. 科学理解与认知演进的社会基础

进入20世纪以后，科学技术的飞速发展给人类创造了日益丰富的物质财富和精神财富。然而，人类在享受这些财富的同时，各种欲望也在膨胀，比如，20世纪前半期的两次世界大战，足以证明人类在某些方面的扩张欲望与不满足。这两次战争，一方面是国家经济实力的较量，另一方面是国家军事实力的较量，这两方面都是以科学技术的发展为支撑的，是科技推动了社会的发展，战争手段是科技发展的一种产物，尤其是第二次世界大战中原子弹的使用，更是科学技术实力的表现。由此，人类不得不反思：科学技术已不再是过去单纯地改造自然的事情，而是渗透到了人类生活的各个方面，人们已离不开科学技术的发展，但科学技术到底要将人类带向何处呢？至此，人类对科学的认识产生了科学技术是“双刃剑”的观点，其一方面给人类带来益处，另一方面又有害处。那么人类应该如何控制科学技术的发展呢？怎样才能使科学技术向着人类需要的方向发展呢？科学研究怎么样才能做到合理应用？科学到底是什么？对这些问题的不同认识造就了科学技术研究角度的不同，同时形成了不同的学科。以逻辑经验主义为主的科学哲学、以实证主义为主的科学史等学科在原有的基础上蓬勃发展起来。[①]对于科学哲学来说，主要是通过逻辑推理来回答“科学是什么”，但要准确回答这一问题，没有对科学技术发展历程的考察，显然是不够的。

在对科学发展历史的考察中，人们越来越发现，仅仅单纯地记录一些历史上的科学事实的纯编年史，对人类后期的启发作用不是很大，真正的启发作用是在一个科学事实的意义阐述上，只有这样，历史才能作为一面镜子，使后人有所借鉴。正因如此，20 世纪的科学史研究摒弃了近代科学史简单罗列事实的形式，“广泛吸收了自然科学、社会科学、人文科学的研究方法，从而形成了一个以科学史、科学哲学和科学社会学为主体的科学发展研究的学科群”[②]。这样一个学科群的建立，使得学科之间相互渗透、相互融合，对科学发展的说明和解释变为立体交叉的网络，进而从更高的层次，向科学史展示了广阔的发展前景，同时也对如何理解科学史、如何编史提出了更高的要求，这要求我们对新出现的问题，特别是理论问题做出更为系统、综合的阐述，以提高科学史发展的总体水平。

2. 科学事件的多元文化解释

20 世纪 60 年代之前，实证主义的科学史观占据了科学史研究的主流。在实证主义的科学哲学视野中，科学是脱离社会的、文化的、纯粹的、理

---

① 注：这两种对科学的研究方式是在 20 世纪初期形成的，只是在后来都得到了长足发展。

② 刘凤朝. 20 世纪的科学编史学：文化背景和思想脉络. 科学技术与辩证法，1995，(1)：40.

性的、抽象的和价值中立的智力活动，由科学活动产生的科学知识是系统的、实证的和绝对正确的，因此，科学史就是对人类不断进步的、趋向真理的科学发展的描述，这样一幅静态的“图景”在人们的心目中根深蒂固，使得科学史研究实践陷入了困境。然而，随着后现代思潮对科学史研究的不断冲击，这样的格局很快就被打破了。尤其是在库恩、费耶阿本德、拉图尔、夏平、柯林斯等人开创性的工作之后，科学的客观性和价值中立性受到了集中的批判。科学史的研究，从内史转向了外史，在外史层面，可以从社会、文化、历史、经济等各个方面加以解释，学者试图从不同的角度对科学发展的描述做出不同的解释，从而使科学史产生了极大的分化，科学的传播理念、教育途径、发展模式等也出现了多元的立场和视角，尤其是基于人类学、女性主义的理论视角，更是增进了对传统科学史的批判，造成了多元文化共存的局面。

但这种文化的多元性恰恰冲淡了对科学史的正统研究。这种“多元”的背后，有可能存在着“多元标准”，从而陷入一个“无标准”的无政府主义状态。那么科学史还是不是真正意义上的科学史呢？每一个科学事件都要从文化、社会、经济等环境因素去解释的话，科学史怎么写？谁还能写出真正意义上的科学通史来？我们知道，科学史的研究不能按当代人对科学的理解去衡量古代人的标准，不能说古代科学与今天的科学背离的部分就是迷信的，那么从古至今，文化也是在不断变迁的，各地的文化都不相同，且差异很大，怎样才能做到趋同，以对科学的发展做出合理的解释呢？这就对科学史的编史方法提出了新的挑战，成为科学编史学发展的文化基础。

第二节　内史论科学史及其困境

人们对于“传统编史方法”的提法，存在一定意义上的争论。实证主义的科学史研究是传统的，萨顿提倡的科学主义与新人文主义的融合也是传统的，柯瓦雷的概念分析法也是传统的，这些都构成了科学史研究的内史论阵营。直到“默顿命题”出现后，科学史的研究才出现了分化，逐渐转向了科学的社会研究，形成了外史论阵营。尽管科学史出现了内史向外史的转向，但在科学史的研究中，内史方法还将长期存在。本节将着重讨论内史论科学史的历史发展及其困境，至于如何走出困境将在本书第三、第四章中展开研究。

一、内史论科学史及其历史

内史论的科学编史方法一贯主导着科学史的研究，是科学史研究的主要方法，由这样的编史方法形成的科学史就是内史论科学史，其方法论主张对科学的理解应从科学的内部逻辑去把握，科学的发生、发展有其自身内在的逻辑，是置身于社会其他要素之外的一个独立的知识系统。本部分列举几个有代表性的内史论科学编史方法，并对这些方法进行评述。

（一）实证主义方法困境

科学史离不开实证，这是人们最初在进行学科史研究时首先想到的一点，而且几乎所有的学科史都是按照这样一种思路写下去的，从不对为什么会产生这样的学科去评论。孔德主张的实证主义是建立在实证科学的基础上的，采取了一种与形而上学不相容的态度，认为只有完全建立在事实之上，科学的确认性才能得到普遍认可。人们通过对科学的逐步认识来使非科学的东西慢慢消失，所以科学能够应用假说手段把与之相关的一切基础事实结合起来，从而科学的事实必须通过合乎科学规律的严格观察才能够被确定。通过对现象的观察，就可能发现事物诸现象之间经常、重复出现的规律，这样，人们对于事物现象的认识也就必然会更加深刻。因此，孔德主张人类的科学知识产生主要分三个阶段：神学阶段、形而上学阶段及实证阶段。在神学阶段，人类主要以信仰超自然的力量为主，用神的意志来统治万物，此时所有的知识都是虚构的；形而上学阶段是一种理性的阶段，在本质上与第一个阶段是一致的，只是人们在追求世界的本源、本性和终极原因时采取了与前一个阶段不同的态度，人类想要获得绝对知识；第三个阶段是人类最高级的阶段，这个阶段主要以科学为基本特征，尊重经验和事实，依靠观察和理性的力量，研究现象之间的关系，探求绝对的真理，科学就是在不断地探求真理的过程中前进的，科学史就是对这些规律、这些认识发现过程的描述，因而其拒斥形而上学。

以这样的一种方式编史，科学史必然是一部真理史，其中的生动性和波折性一定会慢慢消失，所以到萨顿时，科学史的研究转向了新人文主义的风格。

（二）萨顿综合的难度

萨顿是一位内史论者，也是一位弱外史论者，虽然从他指导的默顿的博士论文来看，可以说他是一位外史论者，但从他的学术主张看，他却是一位彻底的内史论者。萨顿的综合主要体现在他将科学史看作是人类文明史的支柱，主张科学史应该是一部全世界的、完整的综合史，并应证明科学、自然界和人类社会的统一性，尤其是要充分反映科学中深邃的人性，以促进新人文主义即科学人文主义的发展，促进人类的团结和进步。①萨顿的科学史观到今天也有重大的理论和现实意义，但其过于强调科学的细节特征，把科学史变成了“剪刀加糨糊的历史”，这种实证主义编史方法，难免会有种种缺陷，没有对材料进行合理取舍，导致他本人设计的科学史成为一项无法完成的、浩瀚无边的创作工程，其最终也未能完成一部体现新人文科学主义的科学史著作。

然而，萨顿对科学史的贡献是非常大的，当他论述到科学史的作用和价值时，他说：“科学史的重要性，并不仅仅在于它自身是关于人类最高级的活动中的一种历史，在更重要的意义上，还在于它是科学哲学当然也是任何实证哲学的基础。”②这里很清楚的一点是，科学史在萨顿的理解中是科学哲学也是实证哲学的基础，因此后人也批评这样的一种观点导致了科

① 黄瑞雄. 萨顿“人性化的”科学史观评析. 科学技术与辩证法，2002，(6)：44.

② Sarton G. Introduction to the history of science. ISIS，1921，4(10)：25.

学史成为科学哲学的注脚，这是不可取的。但有一点是值得我们推崇的："我们要掌握最高级的知识，就必须知道它的进化过程，就必须将之置于其适当的历史背景以及其适当的科学背景中。以这种观点看，就可以清楚地看到，科学史甚至比早已作为独立的学术分支获得认同并已达到了高度组织化的宗教史或艺术史更有意义……一旦认识到这一点，我们就可以说，科学史就变成了整个知识建筑上的拱顶石。"①

萨顿以这样的方式对科学史进行理解，实际上是考虑到了人类科学精神的全部变化和文明进步对人类生活所产生的全部影响。他把科学史看作是人类文明的进步史，他的新人文主义思想就是要科学史能够促进科学人文化，通过科学史发现人类的真、善、美，人类的发展就是追求这三者的高度统一。这样的思想表面上看起来不无道理，似乎是正确的、没有缺陷的，但如果从人类发展的历史来看，人类追求这三者的统一没错，关键是科学的发展在促进这三者的统一时，并不是一帆风顺的：在探求真理的过程中，有非真理的一面，但在当时是以科学的形态存在的，对于这一特殊的存在，科学史应该怎么考虑？这种质疑是有道理的。比如，在"日心说"替代"地心说"占据统治地位时，当时"日心说"就是科学的，是"真理"，连布鲁诺也为捍卫这样的"真理"而被烧死，但后来证明"日心说"也是错误的，因为太阳和地球一样，也不是宇宙的中心。那么这样的科学事件应不应该在科学史中出现呢？答案当然是肯定的，但按照萨顿的思想是应该抛弃的。这就是其缺陷，因而造成了科学史实践的困境。

（三）柯瓦雷内史的局限性

不可否认，萨顿为科学史的发展奠定了坚实的基础，但是却未能为科学史的职业化道路指明方向。反倒是在萨顿去世后不久，一大批职业科学史工作者本着追随柯瓦雷的想法，参与到科学史的研究中。这并不是因为在科学史的研究中柯瓦雷比萨顿更吸引人，而是因为柯瓦雷的思想是反对一切形式的实证主义，他提倡观念论，将观念论的思想引入科学史的研究

① Sarton G. Introduction to the history of science. ISIS，1921，4（10）：26.

中，他的《伽利略研究》和《牛顿研究》给人耳目一新的感觉，所以吸引了一批人去从事科学史研究，其编史方法传入美国，成为美国职业科学史研究的引路者，这也显示了法国科学史研究传统的深厚底蕴。

其实，柯瓦雷在本质上与萨顿是一样的，都主张科学史要揭示科学的进步历程，其同样持有综合科学史的理念。但柯瓦雷与萨顿的不同之处在于，他将科学思想作为科学史研究的本体，突出强调科学思想史的研究价值，并将概念分析法引入科学史的研究中。这是柯瓦雷的创举，他说："科学思想史，就我的理解以及我据此努力实践的而言，旨在把握科学思想在其创造性的活动过程本身中的历程。为此，关键是要把所研究的著作置于其思想和精神氛围之中，并依据其作者的思维方式和好恶偏向去解释它们。"[①]柯瓦雷的这一思想，实际上保留了逻辑实证主义对文本的语义分析的思想，但又超越了这一思想，他没有对文本进行语义分析，而是将文本置于当时的思想和精神氛围之中，并根据作者的，而不是科学史学家的思想去解释，这样的科学思想史在当时确实是很新颖的。从这一点可以看出，柯瓦雷的内史论科学史实践是具有一定的语境意义的，只是没有从语境论的角度去分析而已。

所以，柯瓦雷的内史思想集中体现在他的概念分析法上，而任何科学概念都是有语境的。他在《科学思想史研究方向与规划》一文中，突出强调要在科学思想的历史中纳入该思想对自身的理解，以及与其前后科学思想的对比分析。这种方式的变革具体就体现在概念的演变上，对概念进行分析，不仅使我们可以理解前人的工作，而且对后人的启发也很大，但主要的是可以更好地理解过去发生的一系列史实。因为"我们不再生活在牛顿观念的世界，甚至也不再生活在麦克斯韦观念的世界中了，由于这一事实，我们将能够同时从里面和外面看待这些思想，分析它们的结构，洞观它们衰落的原因"[②]。所以，他认为我们站在今天的立场其实可以更好地对发生在过去的科学思想在借助概念的基础上做出更好的分析。

① 孙永平. 柯瓦雷：科学思想史研究方向与规划. 自然辩证法研究，1991，7（12）：65.
② 孙永平. 柯瓦雷：科学思想史研究方向与规划. 自然辩证法研究，1991，7（12）：65.

由此可以看出，作为内史论的代表人物，柯瓦雷的科学史实践与萨顿的主要区别就在于，它不再是实在素材的蔚为大观的陈列，而是更值得回味的观念史和思想史的表述，同时也在结合当时当地的语境。现在我们返回来再去看柯瓦雷的《伽利略研究》和《牛顿研究》，就不难理解为什么当时柯瓦雷的科学史会那么精致，虽然以这种方式写就的科学史不会包罗万象，但是我们从中再次看到了一种理性的力量和哲学的思辨。

二、内史论科学编史学的困境

从以上内史论的主要代表人物的研究实践可以看出，受实证主义科学哲学的影响，内史论占有绝对的统治地位。科学史从正统的、典型的内在主义出发，试图回答“科学是什么”的问题，科学史学家以科学发展的内在逻辑为起点，不过多地考虑科学发展的外部因素去描述科学的发生与发展，只是线性地描述科学发展的过程，就拿内史大师柯瓦雷来说，他的科学思想史的魅力主要还是在对人物的研究上，而不是在具体的科学事件上。

一般意义上的内史论，有强内史论和弱内史论之分。[①]强内史论认为科学史的研究只注重科学发展的内在逻辑，科学知识就是积累起来的实证知识。内史大师柯瓦雷就是典型的强内史论者，他认为科学史就是人类进步的历史，社会诸因素对科学的影响不是科学史的研究对象，当个补充还可以，因此他可以对牛顿从事炼金术的研究视而不见，但他在规范自己的科学史的研究时明确表态：“人们应该以与研究成功那样同等的精力研究错误和失败。一位笛卡儿或伽利略的错误，一位波义耳和胡克的失败不仅富于启发，它们也揭示了他们必须克服的困难以及必须超越的障碍。”[②]那么这样看来，他也许认为牛顿的炼金术研究不属于失败，但至少属于错误，可是柯瓦雷在当时并没有给出答案，这也许就是由他在科学史研究过程中材料选择的自主性所造成的。这正是其核心缺陷之一，而且这种缺陷会影响到科学史的研究实践。

---

① 魏屹东. 科学史研究为什么从内史转向外史. 自然辩证法研究，1995，(11)：27-28.

② 孙永平. 柯瓦雷：科学思想史研究方向与规划. 自然辩证法研究，1991，7(12)：65.

萨顿也可以说是一个强内史论、弱外史论者，弱外史论考虑社会因素对科学的作用，但认为是次要的，所以萨顿也是“冒着削弱自己论据的危险，并不否认在非科学领域也存在进步的实际情况”[1]。萨顿提倡科学与人文的融合，其本身就主张在实证的基础上，要有一点社会的因素，他的综合也体现了这一思想，不然他也不会指导默顿从广博的社会、文化、经济、军事、航海、政治等多方面去考察17世纪英国的科学技术。因此也可以说，萨顿的综合思想在默顿的身上有了一定的表现，只是也由此出现了科学史的外史研究。这也从另一方面证明了萨顿实证主义编史思想的困境。

由此可以看出，内史论的主要困境是忽视了社会是人类存在的必然前提。如果将科学理解为理论形态的知识体系，只探讨科学发展的内在逻辑与内在动力，并以此作为筛选史料的基础前提去书写科学史，那么得到的必然是一幅静态的、孤立的历史图景，失去了科学的生动性，因而是不全面的，这样的编史思想必不可取。因为人类发展的历史表明，科学的发展始终离不开社会背景的变化，其是一定语境下的产物，科学固然有其自身发展的内在逻辑，比如，物理学的发展与化学的发展肯定是不一样的，因为它们的逻辑结构就不一样，但如果仅强调其内在的逻辑，那么科学中心的转移该做何解释？也就是说，科学在发展过程中的速度、方向等都要受到社会的影响，失去社会诸因素影响的科学史研究必是没有活力的科学史研究。比如，关于中国古代科学史，压根儿就无法采用纯内史方法进行研究，因为中国古代科学的发生、发展与当时统治阶级的意志有极大的关系，所以中国古代科学的发展表现出一种时断时续、时高时低的特点，只有放在当时的社会历史和文化背景下去解读才能体现其价值。因此，李约瑟将他对中国古代科学技术的研究命名为“中国的科学与文明”（science and civilization in China），其确实是将中国古代科学技术发展放在古代文明大背景下进行整体把握，没有这一点设计，他是无法理解中国古代的科学技术发展的。

---

① 乔治·萨顿. 科学史与新人文主义. 陈恒六，刘兵，仲维光译. 上海：上海交通大学出版社，2007：18.

第三节　外史论科学史及其困境

在内史论逐渐受到质疑、陷入困境的同时，外史论的研究伴随着美国职业科学史学家的出现逐步成为科学史研究的最强音，这也与波普尔的证伪主义对实证主义的评析与理性批判有关。尽管现在有人还在批判科学的外史研究有失去“科学”的危险，但还是有很多学者在为外史论做着各种辩护。这表明，随着科学哲学的逻辑经验主义的逐步衰落，科学观发生了根本性的变化，也极大地影响了科学史观的变革。苏联科学史学家黑森和默顿各自的博士论文，都极大地拓宽了科学史的研究领域。科学史学界发现，科学的发展历程可以从科学的外部因素去考察，因此“外史是在内史研究的基础上随着科学对社会的影响增大而非研究外史不可的地步时才逐渐从内史中生长出来的”[①]。特别是到了 20 世纪五六十年代，随着一批美国的职业科学史学家的出现，外史研究得到了长足的发展。其主要标志就是 1962 年库恩的《科学革命的结构》的出版，这导致了库恩的历史主义科学史、劳丹的新历史主义科学史、夏平的社会建构主义科学史、科恩的语境主义科学史等一些广义外史论的代表观点的出现，他们的思想对科学史的研究产生了很大的影响，但大多处于一种孤芳自赏的境地。这是因为当时大多职业科学史学家不是科学家出身，他们对科学的理解更多的是从文本中获得的，再加上社会意识形态的影响，文化传统、专业背景又存在着很大的差异，因此他们不可避免地缺乏科学背景，写出来的东西科学味道不是很浓，因而逐步走向分化状态。比如，“默顿学派”形成的科学社会学，反过来渗透到科学史的研究中，形成了外史的编史思想，主张科学是一个有条理的、客观合理的知识体系，是一种制度化了的社会活动，科学的发展情况及其速度会受到社会历史因素的影响。[②]

---

① 魏屹东. 科学史研究为什么从内史转向外史. 自然辩证法研究，1995，(11)：28.

② Merton R K. The Sociology of Science：Theoretical and Empirical Investigations. Chicago：University of Chicago Press，1973：267.

这样一来，由于外史论本身没有编史思想，其思想是由后期发展起来的相关学科反渗透形成的，而且主要是从科学、技术与社会的角度考察科学的发展历程的，所以必然导致其过分地强调社会因素对科学的作用，而不注重科学发展的内在逻辑，这是其理论的根本缺陷。与内史论正好相反，以这样的思想编写科学史会陷入社会史的旋涡，无法形成科学史的整体画面。但不论怎么说，广义的外史论代表了科学史研究的新方向，对当代科学史学家颇具吸引力。

表面上看起来似乎是这样的，但如果我们对它们的历史做一个深刻的剖析，就会发现，不论是默顿式的外史论，还是库恩范式的历史主义，抑或强外史论的社会建构主义，它们在编史方法上都有合理的方面，同时也会陷入一种困境。

一、历史主义科学史的困境

默顿开创性的外史研究并没有给萨顿式的将科学史看作是客观知识的理性积累的实证主义编史方法带来挑战，因此，在 20 世纪 60 年代以前，科学史研究几乎是在一种很平静的态势下进行的，内外史之间虽说有不同的方法论路径，但它们之间的争论并不是很激烈，直到 1962 年库恩的《科学革命的结构》出版以后，“范式”理论影响不断扩大，不仅在科学哲学领域产生了巨大的影响，而且在科学史领域也掀起了巨大的波澜。此后，科学史的研究状况发生了非常大的变化，呈现出了纷繁复杂的局面。

库恩在 1947 年攻读物理学博士学位时，有幸得到时任哈佛大学校长柯南特的邀请，让他作为一名教学小组的成员，参加哈佛大学一、二年级新生的“自然科学之四”课程的备课工作。正是这份工作，使他重新研读亚里士多德的有关自然科学的书籍。尤其是读到物理学的力学部分时，他发现了在当时看来相当错误的问题，可其在亚里士多德的著作里却是“科学”的东西。以至于“我读得愈多，就愈感困惑。亚里士多德当然会犯错误，对此我并不怀疑，但是怎么能想象他会错得那么显眼呢”[①]？从库恩这样的

① 托马斯·库恩. 必要的张力——科学的传统和变革论文选. 范岱年，纪树立，等译. 北京：北京大学出版社，2004：3.

自述中，我们不难理解他的困惑，他是在把现代物理学与亚里士多德的物理学做比较，从中发现了古代物理学只凭借观察而得到的科学理论，其在当时是合理的，但同样的事情在当代就变得不合理，这个转变过程肯定有一个被人接受的过程，这个过程到底是怎样实现的呢？科学合理性是如何被人接受的？至此，库恩开始考虑科学的合理性问题，从而他的研究由物理学史转向了科学史。

库恩转向科学史的研究后，首先研究的就是柯瓦雷的科学史著作，因为当时柯瓦雷的科学史研究代表了法国研究的风格，是当时最兴盛的科学史研究。在回忆这段历史时，库恩在《科学革命的结构》中写道："我在这些年的部分时间花在真正的科学史上，尤其是继续研究柯瓦雷的著作……在一个科学思想的准则与今日所流行的准则大相径庭的时候，科学思维会是怎样的。"[①]这样，受柯瓦雷研究方式的启发，库恩发现，亚里士多德的物理学中尽管有好多概念或术语与现代物理学同词异义，但该如何理解亚里士多德时代的物理学概念呢？库恩后来想到的就是要回到"当时当地的语境"中去考虑。于是库恩提出了自己的历史主义观点，确立了自己的"不可通约"的范式理论。他认为，科学发现是人的思维与行为的产物，是可以被理解的，因而也是有意义的，当我们用现在的观点去理解过去的科学时，我们必须从它发现的实际过程中，结合当时具体的情境去理解，在理解当时境况的基础上给出科学发现的重要意义。这种观点的出发点是完全合理的，但当库恩将这个过程进一步用"范式"去解释时，就显现出其困境了。比如，如果用库恩的范式理论去解释中国古代科学的发生与发展，就显得非常困难了。

当然，就库恩的理解，"范式"是一个观念结构，为词语意义、科学标准、世界观提供了规定性，但确切地给出一个定义，连库恩本人也没有做到，他只是在不同的范式间用"不可通约性"来区别。这是库恩的思想后期遭到质疑的主要原因。从他的科学革命的发展模式来看，库恩认为，在

① 托马斯·库恩. 科学革命的结构. 金吾伦，胡新和译. 北京：北京大学出版社，2003：2，151.

范式的规定内，一种范式的科学革命是常规的，另一种范式的科学发现就是革命的，两种范式之间具有不可通约性。对于同一个概念，不同范式间的意义、内涵是不一样的，范式间的转换没有一套固定的规则和程序，相互间没有承接关系，更没有累积关系，这就与实证主义提倡的科学知识是累积的观点截然不同了。在库恩看来，范式转换的唯一根据就是科学共同体的主观价值判断。“科学共同体说是合理的、科学的，就是合理的、科学的，除此之外没有答案可寻。”①这种观点太绝对了，因为科学的发现是客观的，科学共同体的研究是主观的，范式也是主观强加的，事实是不是这样，还有待于考证，比如，对待科学革命是否存在的问题，迪昂与柯瓦雷就有针锋相对的观点，如果范式只是一种受制于科学共同体的主观判断，而没有超越科学共同体的客观依据，那么这还是在逻辑经验主义的泥淖中挣扎，还没有跳出这个圈子，因为对于全部科学来说，实证主义是非本质主义的，对于范式来说却是本质主义的，这势必又会陷入另一个相对主义的困境中。

从库恩身上，我们又一次看到了科学哲学与科学史相互结合的影子，这与萨顿当时的构思有相似之处，但也有所不同，库恩的科学史研究是其科学哲学研究的案例基础。不过也正是库恩的贡献，使得在 1967 年召开的国际科学史大会上，学者对科学史与科学哲学之间该相互学点什么做了严肃而正式的论辩，这是又一次探讨科学哲学与科学史关系问题。然而，最终库恩并没有在科学史与科学哲学间建立起一种真正的、相互交流的关系，他所做的工作是试图在科学哲学与科学史混合、复杂的关系中，通过“范式”确立一种“张力结构”。为此，他不得不给予范式异常丰富的含义，通过这种宽泛的认识使自己具有更宽阔的科学史与科学哲学视野，以至于到最后，“范式”是什么连他自己也无法确定了，所以他不得不在 1986 年承认：“对于科学如何运作以及科学革命是什么，我们简直不再有任何管用的

① Kuhn T S. The history of science：diverse worlds for diverse audiences. Academe，1986，72（4）：33.

概念。”[①]这也正是库恩历史主义科学史面临的最大困境。

二、新历史主义科学史的困境

从以上分析可以看出，逻辑经验主义走向了衰落，历史主义也受到了一定程度的质疑，面对这些困境，新历史主义的代表人物劳丹试图探寻一条逻辑与历史相结合的中间道路，尝试在规范和描述之间、在形式和非形式之间找到最好的立足点。劳丹在其成名作《进步及其问题》中将“研究传统”作为理解和评价科学进步的基本工具，对科学进步的合理性模式进行了深入的研究，这为科学编史方法再一次注入了新的活力。此外，劳丹对科学编史学的有关问题做了较之前更为系统、深入的论述，为探求科学史的合理性重建又提供了一条路径。

劳丹的科学编史方法思想主要体现在三个方面：一是科学哲学与科学史的关系；二是系统分析了科学思想史的性质、目的、方法和作用；三是从社会学的角度对科学发展的研究进行了分析。这三个方面从不同的视角对如何编史做了详细的分析，劳丹试图借鉴前人的学术思想，构造自己新的编史原则和方法。

传统的科学哲学与科学史的关系，用一句比较经典的话来说就是，“没有科学史的科学哲学是空洞的，没有科学哲学的科学史是盲目的”[②]。这就是说，科学史和科学哲学具有内在的统一性，都以科学为研究对象，科学史为科学哲学的理论建构提供思想基础，而科学哲学又为科学史的研究提供理论指导，这似乎把科学哲学与科学史的关系描述得很清楚了，“如果科学史的撰写预设了一种以其作为依据的科学哲学，而科学哲学又得根据它是否能揭示出被认为是隐含于在它指导下写成的科学史中的合理性获得证实，那么，这二者互为因果”[③]。但现实情况往往是“一项虽属基本但却极为重要的区别，即科学史本身（可初步近似地看作是按年代排列的以往科

① Kuhn T S. The history of science：diverse worlds for diverse audiences. Academe，1986，72（4）：32.

② Lakatos I. History of science and its rational reconstructions. Proceedings of the Biennial Meeting of the Philosophy of Science Association，Chicago：The University of Chicago Press. 1970：101.

③ 刘凤朝. 劳丹科学编史学思想析要. 自然辩证法研究，1994，（5）：4.

学家的种种的信念）与关于科学史的著作（历史学家对于科学所进行的描述性和说明性的陈述）之间的区别”[①]。正是看到了这一区别，劳丹首先对科学史的层次进行了划分，他建议使用 HOS_1（history of science 1）来指实际的科学史，用 HOS_2（history of science 2）指称科学史学家写定的科学史，这其实是借用了传统的历史 1 和历史 2 的一种划分。实际的科学史是一种历史实在，写定的科学史是对历史实在的一种描述和说明，这二者之间存在着一定的差距，HOS_2 永远不能还原为 HOS_1，但对其可以无限地逼近。因此，HOS_2 又具有两个层次：一个是描述层次，就是要回答历史“有什么”的问题；一个是说明层次，主要解释科学史“为什么”的问题。这样，劳丹就为自己的科学合理性的建立设定了前提和基础。HOS_1 的某些事例可以为科学哲学的研究提供案例支撑，从这些案例中找到隐含在人类历史和逻辑中的先验的合理性标准，并可以为科学哲学处理相似的具体问题提供历史的借鉴。而科学哲学在总结科学合理性标准的基础上，为 HOS_2 的进一步说明提供方法论的指导。

关于科学史的外史研究，由于其与内史研究的长期争论，因此也受到了劳丹新历史主义的重视。劳丹认为，要对科学发展的动力、机制和运行模式进行研究，阐明社会因素在科学发展中的作用，首先要对科学社会学的两种形式进行划分。因此，他把科学社会学划分为科学认识社会学和非科学认识社会学，并通过对科学认识社会学的适用范围、逻辑前提的讨论，阐述了科学发展的社会学研究的可能性及实现条件[②]，为科学史从社会学的角度进行研究指出了新的路径。

但是，如果从劳丹对科学史的两个层次的划分的本质出发去考察他的编史思想，就会发现其不足之处：其一，将 HOS_1 看作是科学发展的本体，且仅仅理解为以往科学家的种种信念，即科学共同体的某种行为规范，这样的科学合理性不一定能够真正得到科学史的认可，同时也容易产生科学史只是一部思想史的错误认识；其二，对于 HOS_2 也没有从理论上进一步

① 劳丹. 进步及其问题. 刘新民译. 北京：华夏出版社，1990：152.
② 刘凤朝. 劳丹科学编史学思想析要. 自然辩证法研究，1994，（5）：4.

规划怎样才能达到说明的层次，比如对科学发展与社会进步、思想演进与文化变迁等相关因素如何处理；其三，劳丹在处理科学的社会学研究时，是从科学认识社会学和非科学认识社会学的划分开始的，这势必会导致对科学认识与非科学认识划分的又一标准的确立，这也是新历史主义科学编史学所面临的困境。

第四节　综合论科学史的困境

在内史论与外史论科学编史学相互争论期间，学界自然就会想：能否找到一条中间道路，可以满足不同的理论或实践诉求？因此，综合论科学史出现了，而且逐渐显出了它的优势。具有代表性的综合论科学编史学思想主要有两种：建构论科学编史学和广义语境下科学编史学。

一、建构论科学编史学的困境

与其说20世纪的科学史研究的发展是先由内史转向外史，又由外史转向了综合史，还不如说是由实证主义转向了历史主义，又由历史主义转向了后现代主义。因为内外史是指一种研究风格，而各种主义是指一种思潮，思想的影响往往比风格对世人的影响更大。随着这三种思想在不同时代的渗透，科学史研究的主题已经发生了很大的变化。实证主义科学史所研究的主题是如何在理解科学的逻辑结构的基础上，突出科学是唯一体现人类进步的历史，科学史就是真理的发展史，而其他的可以一概不述；历史主义科学史所关注的主题是从理解科学的历史发展的角度看，科学史就是一部科学理论不断更替的历史，科学史要更多地关注科学发展的社会、历史和文化背景及其影响与作用，强调科学并不是价值中立的，那么科学史也不是价值中立的；后现代主义者所强调的主题则更加宽泛，它将科学置于文化的大背景下，视科学为一种文化，考察科学文化与其他文化的相互关系，那么科学史所关注的就是，在社会、文化、历史、经济、政治等背景下，科学是如何发展的。

这样一来，社会建构论作为一种后现代主义思潮影响下的思想，随着外史研究的不断兴起，迅速发展起来，成为当代科学史研究中一支强有力的劲旅。特别是以夏平为代表的社会建构论学派，对当前的科学编史的方法研究影响最大。

夏平作为科学知识社会学阵营中爱丁堡学派的主要成员，他没有从传统的科学哲学入手，而是以科学史的研究作为切入点，从科学知识产生的实验方法、科学知识产生的信任度、社会建制等方面，基于自身科学史研究的实践，运用科学知识社会学的理论和方法，结合科学史研究中难以克服的辉格式解释问题，对传统的科学史观进行了深入的反思。夏平的难能可贵之处就在于，他没有从内外史的划分入手，而是从内外史如何消解着眼，他认为，内史论的主要缺陷就在于把科学活动产生过程中的科学思想看作是自由飘浮在概念间的理想化的东西，而忽视了这一概念产生的广阔的历史文化和社会背景。因此，夏平在批判柯瓦雷式的内史主义的时候，认为“这一传统的作者从未注意过争论发生的社会和政治环境”[①]。这样的批判，使人们往往认为夏平会转向外史主义，但是他在《理解默顿论题》一文中，又对外史论者做了评判，指责默顿式的科学史有一种社会学进路的不彻底性，因为“默顿从未关心过用社会因素去解释科学知识或科学方法的形式或内容……他事实上只是（为学界）提供了（一种）可能保护科学知识进一步不受社会学审查的资源”[②]。

从这里我们可以看出，夏平的社会建构论，既不同意内史论的研究特色，也不赞成外史论的研究风格，而是在穿越内外史争论的空间中，寻找自身的立足之地。因此，夏平说：“内外史之争论的一个明显特征是将（科学发展的）外部因素与社会因素等同起来。”[③]这样的进路显然是一种缺乏

---

① Shapin S. Of gods and kings：natural philosophy and politics in the Leibniz-Clarke disputes. ISIS，1981，72（2）：187-215.

② Shapin S. Understanding the Merton thesis. ISIS，1988，79（4）：594-605.

③ Shapin S. Discipline and bounding：the history and sociology of science as seen through the externalism-internalism debate. History of Science. 1992，（30）：333-369.

创新的思想，因为“在科学家的实验室内部和外部有同样多的社会因素，而它们对于科学知识的产生同样是内在的”①。这里不难看出，夏平受到了库恩思想的影响，由原来科学发展的逻辑实证转向了“实际的科学”。这种实际的科学就是要运用历史主义方法和SSK的对称性原则对历史上的科学事件做对称性处理，这样就会克服传统实证主义提倡的科学知识是线性积累的研究方法的弊端，以对科学史的辉格式解释做出消解。夏平通过对实验室的工作及实验方法的考察，直指实验事实的实质，认为实验产生的客观事实是一种人工产品，而不是传统观念认为的是自然界的产物，不具有客观性。比如，他对波义耳的空气泵进行考察后认为：“物质技巧，包括空气泵的建造和使用；文学技巧，使用空气泵和产生的现象让那些并未见证的人所熟知；社会技巧，包括实验哲学家在彼此相处和做出知识声明时的约定。”②这种约定就是一种社会建构。正是夏平对实验室的考证，激发了他对真理问题的理解，那就是，“对任何共同体来说，什么被认为是真知识是一项集体事业和一项集体成就，真理就是一种社会建制，因而是社会学家研究的适当主题”③。既然真理都是社会建构的，则其他知识更是社会建构的。但如果我们用这种观点去考察中国古代的科学史，比如杨辉三角是不是社会建构的，答案是不言而喻的。

简言之，社会建构论的科学编史思想集中体现在夏平在科学史研究中的学术主张，其核心主旨是结束科学史的内外史之争，使之在科学知识的社会建构中得到科学史的合理性重建。在SSK看来，科学知识并非由科学家“发现”的客观事实组成的，它们不是对自然界的客观反映和合理表达，而是科学家在实验室里制造出来的局域知识。通过各种修辞学手段，人们将这种局域知识说成是普遍真理。科学知识实际上负载了科学家的认识和社会利益，它往往是由特定的社会因素塑造出来的。它与其他任何知识一

① 夏平. 科学革命——综合性的批判. 徐国强，袁江洋，孙小淳译. 上海：上海科技教育出版社，2004：9.

② Shapin S. Leviathan and the Air-Pump：Hobbes，Boyle，and the Experiment Life. Princeton：Princeton University Press，1985：25.

③ 史蒂文·夏平. 真理的社会史. 赵万里，等译. 南昌：江西教育出版社，2002：4.

样，都是社会建构的产物[①]。

虽然SSK从表面上消除了科学史研究的内外史之分，仿佛科学史可以得到合理性的重建，但这样的编史思想同样存在很大的缺陷：其一，不能摆脱相对主义的立场，比如，把科学史与政治史、艺术史等人类文化史等同起来，忽视了科学史自身的特点；其二，以牺牲科学史的科学维度为代价，科学史具有两种基本属性，一种是科学，另一种是历史，过分强调科学发展的社会学维度，忽略科学和历史的维度，肯定会造成科学史研究方向的迷失；其三，忽略或否定科学的客观性，主张科学是社会建构的产物，就会强调科学发展的非理性因素，从而失去科学的理性光芒，按这样的思想进行编史只会产生失去“科学味道”的科学史。

二、广义语境下科学编史学的困境

将语境分析方法引入科学史的研究，科恩所做的贡献最大。1985年科恩出版的《科学中的革命》比较系统地将语境分析方法引入对科学事件的研究中，该书是其广义语境分析方法的集中体现。[②]科恩认为，“对科学思想史实现更好理解的途径是站在当时当地的语境中去考察不同时期的科学，而绝不要将它们看作是现在科学的绊脚石”[③]，这是科恩思想的真实写照。科恩用理论语境分析了“革命”这个词引入科学中的一些概念问题；用历史语境分析了科学革命发生的阶段性特征等内容。比如，他在如何消解科学史的辉格式解释的问题上，谈到了失败的科学革命，他认为，“一次成功的革命可以为将来的科学活动建立纲领，如牛顿革命、达尔文革命、拉瓦锡革命等等，但失败的科学革命也是革命问题的一个方面”[④]。科恩从理论语境、社会语境和历史语境等语境入手，建立了证据法，分析了科学革命的一系列问题。综合一般的语境分析方法，广义的语境主要有以下三

---

① 科恩．科学中的革命．鲁旭东，赵培杰，宋振山译．北京：商务印书馆，1998：15.

② 科恩．科学中的革命．鲁旭东，赵培杰，宋振山译．北京：商务印书馆，1998：26.

③ Sharrock W，Rupert R. Kuhn：Philosopher of Scientific Revolution. Manchester：Blackwell Publishers Inc，2002.

④ 科恩．科学中的革命．鲁旭东，赵培杰，宋振山译．北京：商务印书馆，1998：15.

种分析方法。

1. 情景语境的分析方法

情景语境（context of situation）是指言语行为发生的实际情况，它决定了在特定的场合下，说话人所传达话语的实际意义。情景语境的方法重点是考察科学发生的主体，即科学家或科学共同体的情境。情景语境注重科学发展的内在关联性，主要体现为：在科学史上发生的任何事件，都与前面的事件以及后面要发生的事件有着不可分割的关系，任何因素的割裂都会造成科学发展的不连续性。正如牛顿所说的，他之所以取得成就是因为站在了巨人的肩膀上。通过分析科学家的行为，可以揭示科学发展的内在关联性，因此，情景语境分析显得非常重要。比如，中国和古希腊都对天文学的研究做出了重大贡献。中国人和古希腊人观察天文现象是相同的，但其研究的根本目的、基本内容、理论与方法等，却大相径庭。在古代中国，讲的是天人合一，最高统治者是皇帝，百姓福祸由皇帝代上天决定，其德行还应当体现天地宇宙的和谐，预测天象是国家的头等大事，所以天文观察由统治阶级主管；而古希腊的天文研究则不同，研究者不为统治阶级服务，而是以自己能够发表不同凡俗的观点来吸引大众，他们在公开的讲演与辩论中，建立自己的声望，吸引学生，确立自己的学术地位，所以并不寻求国家的支持。因此说两个国家对同一个学科进行研究的情景有很大的不同，如果不对当时的情景语境进行分析是难以把握的。

2. 文化语境的分析方法

阿伽西对科学史的研究进行了40多年的反思，写作了三本书，即《走向科学编史学》《科学与文化》《科学及其历史——科学编史学的再评价》。阿伽西通过科学编史学的考察历程，说明了科学史的研究离不开对文化语境的分析，否则难以揭示真正意义上的科学。

科学史的文化语境分析方法，是一种从文化学角度研究科学的发生、发展的方法，以阐述科学的文化多样性。因此科学史的文化语境就是要分析“什么样的文化土壤会产生什么样的科学”。其主要讨论社会文化因素对科学家信念的影响，因为科学家的信念决定了他的研究旨趣，科学家的研究会影响科学知识的产生，所以科学的发展要受到占统治地位的文化的影响，通过对文化进行考察就可以阐述科学知识的发生和发展。这样，科学依赖于文化，科学只是解释经验世界的方式，不是现实中的实体。东西方科学的不同是由其文化底蕴不同所导致的，科学的发生与发展离不开其背后的文化支撑，要研究科学史而不进行科学的文化语境分析，是不合理的、不全面的。

3. 社会语境的分析方法

科学与社会是一种互动的关系。科学的发生和发展只有在社会历史的背景下进行考察，才能得到说明和解释。社会语境的分析方法就是从社会因素出发，通过对政治、经济、军事、教育等综合因素进行分析，来考察科学与外在的社会因素之间的相互作用关系，以探讨科学发展的速度、方向和目标。社会语境的分析方法在对社会因素的考察上有一个权重的问题，是一种动态的洞察，而非一种静态的描述。一个地区或一个国家的科学史研究模式不能一成不变，而要根据影响程度不同做到合理取舍。所以说社会语境的分析方法就是将科学的发展放在社会语境中去说明与解释科学发展的速度、方向和目标等。

总之，传统语境分析方法认为，在"什么样的科学"这个平台上，三种方法有机地统一在一起，交叉融合，共同说明"科学为什么会是这样"，同时也对"怎样去研究科学"做了分析，似乎是体现了语境论科学编史思想的内涵。这样的语境分析方法固然有其合理性的一面，但其内涵却过于"广义"，使人想到有什么背景就可以在后面冠一个"语境"的概念，当作一个语境去看待，这样的处理使人对语境的概念不好整体地去把握，因此必然会陷入致命的困境，集中表现在以下方面。

其一，脱离了语境的本真含义。"语境"一词来源于英文 context，不论你怎样理解语境，也不能脱离这个词的本真含义，即上下文的关系，引申一下也就是上下事件的关系。因此，如果赋予语境更多的意义，而不从语义、语形和语用方面去研究，也会大大失去语境的真实意义。

其二，使人们对科学事件的解释无边界。科学史的研究内容由过去的单一描述发展为现代的立体解释后，需要对科学事件做出全方位的解释。从传统的语境分析方法去解释的话，涉及的每一个背景就是一个语境，这样的解释会导致解释的因素相当多，且不同人的理解也不一样，最终会陷入不确定性的泥淖，解释也会无边界，想怎么说都可以。

其三，广义语境的使用是语境分析方法的最大困境。采用传统的语境分析方法似乎是找到了说明和解释科学事件的最佳角度，但实际上，将背景的概念替换为语境，表面上看是一种语境意义上的实现，事实上是一种语境的绝对化，因为如果将传统语境分析方法中的“语境”一词使用“背景”做替换，同样可以达到解释的目的。因此广义语境的使用，会使科学在编史时没有一个可操作的方案，在理论上是行得通的，但在现实中是无法操作的，因而是不可取的，必须回归语境的本真意义，这样才能真正地使用语境去解释。

综上所述，单纯的内史研究、外史研究、社会建构论和传统语境分析方法的编史思想都不能客观、真实地反映科学发展的真实面貌，不能使科学史达到合理性的重建，那么“未来的科学史研究应走向一种新的综合。这种‘新的综合’意味着对内史与外史之分、思想史与社会史之分的某种超越……重建适于作为未来科学史研究之基础的科学观、科学史观以及可行的科学编史学纲领”[①]。语境论的科学编史学正是迎合了科学史的最新发展趋势，成为实现科学史合理性重建的有效途径，走向语境论科学编史学是科学史的历史必然，是一种逻辑与历史的统一。

---

① 袁江洋. 科学史：走向新的综合. 自然辩证法通讯，1996，(1)：52.

第二章
语境论科学观

既然传统的科学史研究出现了困境，那么就需要新的理论来规避传统科学史观的困境或不足，即需要创新科学史理论。应将语境论引入科学哲学中，从语境论的角度去反思科学，形成全新的语境论科学观，对科学认知、理解与叙事等提出一系列全新的学术主张，对科学进行重新认识，克服传统视角看待科学的弊端，立足语境分析方法，将科学理论不再看作是终极真理，而是人类对认知世界的逼真程度，不同时期的科学只是对世界认知的逼真度不同。科学观对应着科学史观，科学史观对应着科学编史方法。每一部科学史都对应着一种科学编史思想指导下的方法，不同时代的科学史著作都是当时语境下的一种科学史实践。正是这种科学史实践反过来作用于科学史的理论研究，不断刺激着科学编史思想的发展。科学编史思想的发展离不开对科学史观的理论诉求，而科学史观又是直接与科学观发生作用的，没有科学观的指导就没有科学史观的形成。事实上，科学哲学家始终关心着科学史的发展，甚至有的学者认为科学史是科学哲学的注脚。所以说，科学观的编史学意义就集中体现在一种对科学史的认识论与方法论的指导，或者说提供一种方法论的说明、提供一种合理性的示范，在研究程序、研究范式、研究内容的选择等一系列问题上，为我们如何解决科学史的理论与实践问题提供一种理据。那么，语境论科学观就是为前述的科学史观与科学编史思想的产生方面提供一种经济的、哲学的、逻辑的与历史的认识论思考。

第一节　语境及其理论

“语境”是一个比较复杂的概念，自其概念被提出后，有关语境及其理论的研究传统已有近百年，而且不同的学者对其有不同的认识，不断赋予其深刻的内涵。对于科学来说，一些学者甚至认为离开语境就无法对一个概念、定律、理论进行分析和研究，所以说语境是一个很宽泛的概念。

一、语境的基本内涵

“语境”一词本身就是一个“舶来品”，简言之就是语言环境或语言情景，但是用在科学哲学或是科学史的研究中，其内涵就发生了实质性的变化，而且这种变化使语境变得难以琢磨，变得“抽象”起来。之所以这样抽象，就是因为人们“人为”地规定了语境要素，以确定语境概念，以便于理解语境。

一般来说，中文中的“语境”对应于英语单词context，而context一词本身就有两个方面的含义，其在牛津词典中的基本解释是这样的：一是words that come before and after a word，phrase，statement，etc.helping to show what its meaning is；二是circumstance in which sth. happens or in which sth. is to be considered。[①]这两种解释基本代表了其他一些词典的解释，从这两层意思来看，第一种解释就是指词语在前后词、短语或陈述中的意思，更关键的是“帮助”理解该词的意思，即通常简单理解的“上下文”；第二种解释则重点关注circumstance，circumstance的主要意思是环境与境遇，即一件事情发生的环境或其在这个环境中怎样被认知。所以把这两者结合起来，翻译为“语境”是一种非常准确的译法，因而被人们所接受。不过，有些学者将其译为“与境”，当然也有其一定的理论依据，更多地强调了第二层意思，尤其是有了一定程度上的动态性。

“语境”概念的确立与语言的具体运用有关，所以语言只有在特定的语境中才有意义，或者说语境框定了语言的意义。这一点正如亚里士多德所言的，“要是谈到不恭敬或是可耻的行为，措辞就应显出难堪和谨慎；要是谈到可赞颂的事物，就应有喜悦的措辞”[②]。所以说，中国古代科学技术发展的语境与古希腊对自然哲学的研究的语境是完全不同的，中国古代将人与自然作为一个整体来研究和分析，而古希腊是将自然与人分开来考虑的一种研究，这使得科学的语境在不同的地区有不同的理解，因此古代中国

---

① 李振华，杨广育. 最新牛津现代高级英汉双解词典. 太原：山西人民出版社，1989：318.
② 苗力田. 亚里士多德全集（第九卷）. 北京：中国人民大学出版社，1994：198.

与古希腊在科学发展中走向了不同的道路。

二、语境的历史演进

最早对“语境”概念有所理解与认识的是德国语言学家维格纳。早在1885年，他就将语境作为情景的概念来理解，在其方言学的“情景理论”研究中就有所阐述，只是当时他没有使用语境的概念，而是从“明显情景”和“记忆情景”两种情景出发去研究情景的，这两种情景其实与上述语境的两层含义本质上是相同的，只是用词不同而已。从这一点来看，语境与情景是结合在一起来被认识的，从时间上来看距今也就只有100多年，但是经过这100多年的发展，现在的语境理论（contextual theory）已经非常丰富了。

真正对语境有现代意义上的认识的是英国人类学家布伦尼斯洛·卡斯帕·马林诺夫斯基（Bronislaw Kaspar Malinowski）。马林诺夫斯基是功能学派的创始人之一，1884年生于波兰，1942年卒于美国，他在24岁时以全奥地利最优异成绩获得物理学和数学博士学位，从这一点可以看出他是一位非常聪明的学者。他的父亲是杰格隆尼大学（Uniwersytet Jagielloński）的语言学教授，是斯拉夫语言研究的先驱，而马林诺夫斯基作为一名数学与物理学的博士却从事了语言学方面的研究，所以马林诺夫斯基后期关于语境的研究肯定与其父亲有很大的关系。他将对语言学的敏感性应用于人类学的研究中，做出的最大贡献是创新了民族志的写作方法。他认为只有参与聚落的生活，使用当地的语言，最好是与当地人建立友谊，这样才能真正了解他们的文化以及他们的语言使用。自马林诺夫斯基后，几乎所有的人类学家都接受了他的倡议，在自己所研究的文化部落住上一年半载，与他们同吃同住同劳动，体验当地人的生活，这样才能真正理解和掌握他们的文化。从这一点来看，马林诺夫斯基所倡导的方法到今天仍有现实意义。

经过多年的积累，马林诺夫斯基在为《意义的意义》一书所补写的材料中，首次使用了“语境”的概念，这是他在1923年提出的，这篇经典的文献后由我国几位学者将其翻译发表出来。[1]在这篇文献中，他总结了自己在语言的实地调查中的发现，认为对原始语言的理解和认识仅依靠语言本身是不够的，必须将其与相应的社会和文化相联系，才能达到对语言意义的理解。所以，他将语境分为情景语境和文化语境（context of cultural），从而很好地将文化与情景通过语境结合在一起，使得人们对文化的理解变得简单起来。所以他认为语言研究的目的是解释语言活动和人类活动之间的关系，那么要理解这种关系就要体会到话语者在说话时所处的情景，离开这个情景进行理解是不完整的，这正是语境的独特之处。从目前来看，尽管马林诺夫斯基提出了“语境”的概念，为解释文化现象的产生以及社会性的理解提供了一定意义上的方法性原则，但他并未提出一套完整的语境理论，没有进一步论述语境由什么构成、语境具有什么样的功能和性质、语境如何构建等一系列的理论问题。所以说马林诺夫斯基的“语境”概念是一种狭义上的语境，在后期的发展中不断丰富，以至拓展到了“不可把握”的地步。

正是由于语境的难以把握，弗斯（J. R. Firth）在马林诺夫斯基语境思想的基础上，批判性地吸收了他的部分思想，结合语言的意义实现，提出了关于“意义”的语境理论（contextual theory of meaning），即“意义的语境理论”，简要地说就是当时的“语境论”。但在此需要说明的是，这个翻译的“语境论”与英语的 contextualism 还存在一种理解上的差异就是，语境理论的重点在“理论”这个词上，而语境论的核心词是语境，所以它们从汉语上译出来是同一个词，但是其内涵是不一样的。那么，弗斯在创新了初期的语境理论后，将语境的内涵或语言的意义进行了放大，语境由过去的“语言与语境的文化性”发展到了“人们的话语不能脱离它在其中起作用的那个社会复合体”[2]。这样的处理，人为地扩大了语境的社会意义，不仅涉及语言，而且涉及社会、文化等人类的其他活动，进而“语境”成

① 布伦尼斯洛·马林诺夫斯基. 原始语言中的意义问题. 赵肖为，黄涛译. 温州大学学报（社会科学版），2013，(2)：11.

② Firth J R. Papers in Lingustics，1934-1951. London：Oxford University Press，1957：91.

了一个社会各种因素的“复合体”。这样一个复合体便具有了抽象的意义，不再是当初马林诺夫斯基认为的一种“情景”了。这样的一种突破，在某种意义上说，为后期语境理论的发展打开了大门。

对马林诺夫斯基语境理论进行继承的还有一名学者，在此需要一提，那便是丹·本-阿默斯，他在继承马林诺夫斯基理论遗产的基础上，将语境分为两种类型：其一是文化语境（context of culture），其二是场景语境（context of situation）。这样在他的分类中，中心词都是语境了，他认为所谓的“文化语境”包括了讲述者共享的一切知识、行为习惯、信仰体系、语言体系、讲述类型、历史意识、道德标准与价值判断原则等；而“场景语境”则是特定民俗表演最狭义的、最直接的语境。①从这里我们可以看出，他的这种划分是比较模糊的，尤其是对于文化语境的划分，几乎将一个人的一切个人信息都包含在内，那么要形成一个实际的研究是非常困难的，所以不好把握或把控。后来，针对上述情况，理查德·鲍曼进一步深化了这一工作，他首先把“语境”划分为两种大的类型，即文化的语境（cultural context）与社会的语境（social context），在此需要说明的是，在英语中使用了定语的形容词，而不是以名词用 of 连接，这说明中心词是有变化的，着重强调语境。鲍曼认为，文化与社会语境主要是指以下六个方面的语境：意义语境、体制性语境、交流体系语境、社会基础、个人语境与场景语境。事实上，从这六个方面就可以对语境进行具体的研究，从而揭示所研究对象的本质。

以上这几位语境论研究者，主要是对文化与民俗等方面进行了研究，所以他们在语境要素的选择上是有所考虑的，那么对于科学及其历史的考证性研究，肯定离不开语境，而且与语境休戚相关。阿伽西作为一名科学哲学家与科学史学家，他从语境的角度认为，科学史就应该是一个个的故事，而不能写成文献史。在这一点上，他的思想是有一定的深度的，因为科学是科学家从事的事业，而不是一般性的研究，那么研究的过程一定是

① 王杰文.“语境主义者”重返“文本”. 青海社会科学，2013，(3)：190.

一种“故事”（story）型的过程，如对诺贝尔关于炸药的发现的好多研究就是这样一种故事的叙述，这样就可以增加科学史的可读性。这样一来，科学史的故事与文本（text）之间就需要一种“协调”，在这一点上，需要提到的语境论学者是凯瑟琳·扬（Katharine Young），她从语境的角度区分了故事与文本的差别，她认为故事并不等于文本，故事永远离不开语境，语境是多元的、可细化的与构成性的。[①]那么从她的观点来看，这种多元的语境就不是单一的语境，而是从不同的情景中抽取出来的可以进行具体研究的语境，所以她将语境细化为当下的语境（present contexts）与遥远的语境（remote contexts）。对于当下的语境来说主要是指故事讲述现场的语境，而后者指的是过去的故事，讲述传统与记忆。这一点对于科学哲学与科学史来说，有很大的现实意义，尤其是对于科学史来说，更体现了科学观的编史学意义。因为科学史是由科学事件组成的，科学事件就是一个个故事，而且这些故事是迷人的，但是在进行研究、写就文本时，不同的学者则会有很大的不同，造成这种不同的原因就是当下的语境不同。不过，凯瑟琳·扬把当下的语境区分为输入的语境（imported contexts）与遭遇的语境（encountered contexts），或者是内在的语境（internal contexts）与外在的语境（external contexts），这一点是值得商榷的，因为对于同一种语境，是内在的就不是外在的，不能处于同一个矛盾之中。不过，将语境理解为内在的语境与外在的语境是有一定的合理性的，即是言内语境和言外语境互相理解的一种方式，这一点在第三章的论述中会有所提及。

随着对语境及其相关理论认识的不断提高，不同学者对语境研究的立足点不同，研究的视角不同，对语境概念的建构也就不同，根据不同的需要将主观的与客观的、历史的与现实的、逻辑的与演绎的等诸多语境要素综合起来，构成了繁杂多样的语境理解，从而语境的定义也变得复杂起来。但不管怎么样，“一切语境，不管政治的、经济的、社会的、心理的、历史的，还是神学的，都成为文本间的关系，传统成为互文性”[②]。这里的“互

① Young K. The notion of context. Western Folklore，1985，(44)：116.
② 萧莎. 德里达的文学论与耶鲁学派的解构批评. 外国文学评论，2002，(4)：135.

文性”用在科学史的研究上就是“科学史的文本解释”与“社会文化诸要素”的相互关系，“语境作为一个多向度的科学知识背景，它是几个文本间的相互阐释或是相互消解的构成要素”①，这正是科学哲学与科学史研究中能将语境作为各种学术争论平台的基本理论诉求，也是不同语境论形成的前提与基础。

三、语境论的类型

为了更好地理解语境论，从不同的视角对语境论进行研究就会有不同的结论，从而形成不同的语境论。从人类认知语境的角度看，语境论具有四个非常明显的优势：一是基于语境分析人类“智识”产生的真值条件（truth-conditions），具有方法论优势；二是语境论的根隐喻是“历史事件”，在科学哲学上就体现在对科学的不同主张，在科学史上就是科学事件，具有穿透性、辐射性，凸显语境认知的本体论优势；三是语境的动态性体现在对科学事件进行分析时不是静止的，而是动态的，是随着语境认知的不断发展而发展的，具有人类科学认知的认识论优势；四是语境绝非一个单纯的、孤立的实体，而是一个具有复杂内在结构的系统整体，具有系统优势。②因此语境从时间和空间的统一上整合了一切主体与对象、理论与经验、显在与潜在的要素，并通过它们的有序结构决定了语境的整体意义。③语境论的这些优势，可以把人类的一切行为和思维作为一种普遍存在，在各种因素语境化的基础上做出全新的解释。依托这一方法论优势，语境论的分析方法可以在不同的向度上展开，形成不同的语境论。

1. 历史语境论④

其核心主旨是将语境论与历史主义相结合，以文本为核心，对其置于文学、政治、经济、文化等要素下进行重新解读。其方法论主张是对

① 苏勇. 质疑“真实的语境”. 涪陵师范学院学报，2006，(5)：57.

② 本刊记者. 语境论的科学哲学研究纲领——访郭贵春教授与成素梅教授. 哲学动态，2008，(5)：6.

③ 李树雪. 论语境论科学史学的合理性. 科学技术哲学研究，2014，(6)：70.

④ King P. Historical contextualism：the new historicism. History of European Ideas. 1995，21 (2)：209-233.

已经清楚的科学史实不做语境分析，对必须“论争”的历史事实才进行语境分析，使文本与语境有机地联系起来。主张历史语境论（historical contextualism）的人物，他们的思想也会有所不同，现以斯金纳（Q. Skinner）的历史语境论来简要说明历史语境论的一些学术主张。斯金纳是一位很有影响力的研究政治思想史的学者，他用历史语境论的观点去研究和分析政治思想，取得了很大的成功。他以语言哲学为思想基础，结合言语行动理论与历史研究方法，形成了以历史语境与政治修辞为核心的历史语境论的方法论原则。他在《政治的想象》这一著作中这样写道：

> 我认为，如果我们希望以合适的历史方法来写观念史的话，我们需要将我们所要研究的文本放在一种思想的语境和话语的框架中，以便于我们识别那些文本的作者在写这些文本时想做什么。用较为流行的话来说就是，我强调文本的语言行动并将之放在语境中来考察。我的意图当然不是去完成考察已经逝去久远的思想家的思想这样一个不可能的任务；我只是运用历史研究最为常用的技术去理解概念，追溯他们的差异，恢复他们的信仰以及尽可能地以思想家自己的方式来理解他们。[①]

这段话深刻表明了斯金纳的学术主张，即要将所研究的文本放在一种思想的语境和语言行动的语境中去考察，而且运用历史研究最为常用的技术去理解概念，这里需要真正掌握的是什么是历史研究中“最为常用的技术”，这种技术就是历史语境。所以，他的第一点核心主张就是“历史语境是政治思想研究的逻辑基础”。

他认为，历史语境就是指政治思想赖以产生的社会和知识语境。当然，他是以政治思想为研究对象的，那么对于研究科学哲学或是科学思想史来说，就是这些科学思想产生的社会和知识语境，因此其有很大的借鉴意义，在某种意义上说，完全可以将这一方法论引入科学史与科学哲学的研究中来。

---

① Skinner Q. Visions of Politics，Vol.1. Cambridge：Cambridge University Press，2002：VII.

他的第二点核心主张是“语言行动是政治思想的实践维度”。这种语言行动主要是指一些政治思想家进行政治思考时的意图是什么、他们的言语表达体现了他们的什么思想，也就是说，要真正理解政治思想，不仅要理解文本，还要理解当时思想家的意图是什么。这种思想对科学哲学的研究有同样的启示意义，对于一位科学哲学家来说，他的学术观点与他当时提出这一观点时的意图有很大的关系，所以这一方法体现了一种实践性的维度。

其第三点核心主张是政治修辞是分析模式。对于这一点，斯金纳认为，作为语言固定属性的修辞，在政治思想中也体现得很多，政治思想就处于修辞文化之中，要理解政治思想就必须回到当时的修辞文化中去。

从上面的分析可知，斯金纳的历史语境论主要是强调与分析政治思想的方法和角度问题，他以这一方法论为基点去研究政治思想，得到了与别人不同的观点，也得到了学界的认可，有学者称这是一种政治思想史研究中的“斯金纳革命”[①]。

2. 描述语境论[②]

描述语境论（descriptive contextualism）是一个变相的历史叙事方式，它以寻求科学知识的特性、个性、时空局限性和短期性为基础，通过对整个事件参与者和事件特征的描述，达到对预设目标复杂性的理解。这种观点与历史的叙述主义主张相关，强调历史叙述过程中的语境分析。

3. 功能语境论[③]

描述语境论基础之上的功能语境论（functional contextualism），是将科学哲学和语境论相结合，在传统经验的概念和规则基础上，对所设立的目标事件进行精度、范围和深度等方面的预测，并分析事件产生的影响，像

---

① 凯瑞·帕罗内. 昆廷·斯金纳思想研究. 李宏图，胡传胜译. 上海：华东师范大学出版社，2005：3.

② Michael S J，Merrill D M，Bishop M J，et al. Handbook of Research on Educational Communications and Technology，third edition. New York：Taylor & Francis E-Library，2008：56-65.

③ Michael S J，Merrill D M，Bishop M J，et al. Handbook of Research on Educational Communications and Technology，third edition. New York：Taylor & Francis E-Library，2008：62-65.

科学理论一样，从一般、抽象、时空限制等方面寻求科学知识的构造。

4. 利益语境论[①]

从社会建构论的角度出发，科学活动是受利益影响的，因此，利益语境论（interests contextualism）认为，科学知识产生的真值条件的归因与否认大部分决定于归因者的利益和目的，而且也与归因解释的对话语境有关。这样，科学活动中的利益与科学的认知从目的上似乎接洽了，但是科学研究具有无私利性，不能受利益驱使，所以在某种程度上利益与目的是互否的，所以在某种意义上其有一定的不合理性。

关于描述语境论、功能语境论与利益语境论这三种学术主张，只是一些学者提出了这样的观点，正如在参考文献中所列的，其影响力不是很大，所以在此不做详细的分析。

5. 认知语境论[②]

将认知科学的一些原理与语境的分析方法结合在一起所形成的认知语境论（epistemic contextualism），是一种较为规范的语境论，着重阐明科学知识产生的真值条件。其经典的表述为，对于主体 S 和事件 P，如果"S 知道 P"，则这一命题归因的肯定与否定依赖于事件 P 发生时的语境；同样，如果"S 不知道 P"，也依赖于事件 P 发生时的语境。基于此，认知语境论通过语境分析为科学知识的发生提供了一种直接的说明和解释。

认知语境论在语境论的分析中影响比较大，下面做一简要分析。认知语境论是 20 世纪后半叶兴起的一个语境论分支，其为知识的归因问题、语句的真值问题和知识的确证问题提供了新的研究角度，受到学界越来越多的学者的关注和讨论。换句话说，认知语境论也是在与怀疑论的相争中发展的，所以分析认知语境论必然要考虑到怀疑论的一些思想，从它们两者的对立中，可以看出一些问题的解决办法有什么不同。

认知语境论在不同的学术领域都有不同的应用，尤其是在语言哲学的

① McKenna R. Interests contextualism. Philosophia，2011，(39)：741-750.

② McKenna R. Epistemic contextualism：a normative approach. Pacific Philosophical Quarterly，2013，(94)：101-123.

分析中应用最为广泛，其在分析哲学领域的主要代表人物有斯图亚特·科恩、凯斯·德罗斯、戴维·刘易斯等，但是不同的学者对认知语境论的观点有所不同，究竟谁的理论更合理一些，还需要今后的研究者做更多的讨论。

6. 方法语境论

从上述五个向度的语境论研究中可以看出，其都没有从“方法”的向度上展开研究，这不失为一种遗憾。事实上，自然科学知识的产生与“新方法”的出现有很大的关系，在一定意义上说，没有方法的改进就没有自然科学的发生与发展。近代科学革命的发生与发展，就是在实验方法取得了非常大的进步后才实现的，所以科学革命成为科学史与科学哲学共同关心的话题。正因如此，库恩才成了科学史与科学哲学家，其著名的范式理论成了到现在都在被研究的命题。那么，用方法语境论（methodical contextualism）的观点来分析和研究自然科学的发生与发展，是一种新的解释进路。这是笔者正在进行的一项研究内容，所以在此做较为详细的介绍，也为语境论科学观注入新的内容。

方法语境论认为，任何科学知识的产生与发展都基于一定的方法，而方法的产生又依赖于其语境的真值条件，因此对科学发展的解释就可以转换为解释方法产生的真值语境条件，这样处理不仅可以说明当时的情境，还可以为今后的研究提供认识论基础。笔者在此用一个科学革命中很突出的化学革命的例子来说明方法语境论的优势。

众所周知，化学革命与中国古代的炼丹术和西方的炼金术关系相当密切，炼丹术和炼金术出现不同结果的原因，主要是方法不同，而其发展历程就是化学的发展历史，用方法语境论去解释这一历史，尤其是化学革命，不失为一种有效的策略。所以，用方法语境论解释化学革命就可以转化为说明化学革命发生的各种语境条件，其不仅具有认识论和方法论属性，同时也具有本体论属性。

将方法语境论引入化学革命乃至科学革命的研究，其核心主张是回归到当时当地的语境中对化学革命的发生与发展的语境条件进行综合考察，从方法论的角度对当时化学革命发生与发展的语境进行再考察，这将会展现一个全新的视野，会得出与以前不同的结论，这也是后期可以研究的一个课题。从这一角度出发，我们会发现以下几点。

（1）从本体论上讲，化学革命的本体是“方法语境实在”（being on context of method），方法语境是客观历史实在，不同时期的方法有所不同才导致化学研究的结果不同，所以离开方法语境，化学革命就没有意义。

（2）从认识论上讲，化学革命就是“方法语境变迁”（shifting on context of method），是传统方法的去语境化（de-contextualized）与现代方法的再语境化（re-contextualized）过程，充分认识这一过程的语境条件的变化，才能真正揭示化学事件的本质特征，进而对化学革命的意义做出阐述，而不会产生歧义。

（3）从方法论上讲，方法语境论主张对化学革命进行“方法语境分析”（analysis on context of method），将各种语境统一在产生“化学研究方法”的语境中，一切与方法产生无关的因素统统去掉，从方法论上杜绝对化学革命解释的泛语境化处理。

虽然只对化学革命用方法语境论进行了简要分析，但从中可以看出其蕴含了很大的优势。如果方法语境论在科学史与科学哲学中能够得到应用，则会极大地推动学科的发展，具体就体现在对科学观与科学史观的重新认识。当然，语境论科学观的建立与得到认可也是一个历史过程，这一点如同传统的科学观在当时得到学界的认可一样，有一个内在的逻辑发展与历史认知过程，而且与对科学的理性认知相关。

第二节 科学的理性认知

本章的重点是研究语境论科学观，其实质是将语境论引入科学哲学的研究中，形成语境论科学观，这是一种全新的科学观。语境论科学观也不是一种臆想的科学观，而是建立在对传统科学观进行综合分析的基底上、摒弃传统科学观中不合理的部分、汲取其合理的部分、结合语境论的优势，进而形成的科学合理的科学观。那么为了更好地对语境论科学观有所认知，我们先从对传统的科学观的分析与认知上展开。

一、科学的哲学分析

科学观就是对科学的认识、态度与观点，自科学的概念诞生以来，不同的哲学家对科学的态度是不同的，因此产生了科学哲学。科学哲学的产生也不过是百余年来的事情，因此科学观也就产生了百余年时间。

从哲学的角度去认识科学，其历史并不长，但是其发展速度却是惊人的，尤其是在 20 世纪 60 年代以降，随着自然科学的不断发展，各种思潮、思想不断涌现出来，历史主义、新历史主义、社会建构主义、后现代主义等思想对科学的定义、理解或界限都有不同的观点和认识。而所有这些思想其实都是建立在对实证主义思想的反思与批判的基础上的。

事实上，从哲学角度去谈科学，本身也是科学发展的必然结果。从哲学上认识科学其实是对科学进行二阶形式的概念分析。从科学发展的历史来看，现在的科学来自古希腊的自然哲学与道德哲学，随着人类社会的发展，狭义地讲，自然哲学发展成为自然科学，而道德哲学发展成为社会科学，当然，现在除这两种科学之外还有人文科学。所有这些对科学的规划都是在对科学进行特征性分析的过程中形成的。古希腊时期的欧几里得之后，数学的发展推动了自然科学的发展，自然科学的发展也刺激了数学的发展，表现在物理学方面更是如此，近代的牛顿物理学正是由于数学的渗透而有了非常大的发展。这样一来，科学从自然哲学中脱胎后，科学的内涵就越来越狭窄，而且科学的发展是一种经验形式上的发展，是经验的积累，也即经验科学，经验的积累是在归纳的基础上形成的，因此“归纳主义科学观”便产生了。

早期的归纳主义科学观认为“科学始于观察陈述”。这一点可以从自然哲学的发展中判断出来，当还没有“科学”概念时，自然哲学是一个综合的概念，其中囊括了所有现在认为是自然科学的东西。随着人类对自然界认识的不断加深，人们发现只从自然哲学的角度不能真正揭示不同现象的特征，于是自然科学的不同门类便逐步发展起来。但早期的科学是靠经验发展的，并没有理论的支撑。中国古代的科技发展就是在经验的基础上发展的，现在我们所看到的古代建筑、文物等蕴含了丰富的经验技术。

但经过了中世纪的发展，到十六七世纪时，科学在获得了实验方法后，不再是依靠经验的了，而是根据实验来进行的，尤其是一些科学成就的取得有一种“突发”的变化。比如，哥白尼的天文学革命、牛顿的物理学革命，这些革命并不是经验的结果，而是计算的或逻辑推理的结果。这样，科学是经验的陈述就站不住脚了，于是后期的归纳主义科学观不再认为科学是经验陈述，科学理论不能靠经验来完成，而是建立在对经验的归纳与推理上；一个新科学理论的产生并不像以前一样是想当然的，而是建立在分析、论证、推理、计算与实验等基础上的，甚至有一些是构想的。这样传统归纳主义科学观就受到了很大的冲击，新的科学观为了维护归纳主义的思想，尽量寻求各种案例来支撑其观点，这就形成了一些比较成熟的观点。例如，科学知识是已经证明了的知识，也就是说，科学知识是可靠的，科学理论是严格地从通过观察和实验得来的经验事实中推导出来的，科学具有客观性，尤其是强调科学知识的客观性是其主要特征。

然而，依此观点来看的话，科学理论是以语言形式出现的，尽管其内容揭示的是客观规律，但是这种描述性的语言一方面需要说明经验是如何一步步发展的，另一方面还需要对实验或逻辑进行描述。为了对这样的语言的真实性进行考证，就需要进行实证。在这方面最著名的例子就是“所有的天鹅是白的”这样一个经典命题。我们在此不需要对这一命题展开分析，但是这一命题却使得观察理论受到了挑战，这种挑战来自演绎的逻辑。

归纳逻辑与演绎逻辑正好相反，一个是从个体到一般，另一个是从一般到个体。从演绎逻辑的角度来讲，如果上述命题能找到一个天鹅不是白的，那么就可以说命题不是真命题，这是依事实说的；从逻辑上讲，由于归纳的不是全部，所以就不能从逻辑上讲全部天鹅都是白的，即使现在没有找到一只黑天鹅，但从逻辑上讲是可能找到黑天鹅的，这样的逻辑导致了证伪主义的产生，这是证伪主义的思想基础。

在证伪主义哲学看来，科学是可证伪的，也就是说，可以找到一个反例来驳倒一个命题，它不从正面回答什么是科学、什么是对的，而是从反面去证明什么是不合理的、错的。在其代表人物波普尔眼中，凡是不可错的，就不是科学，科学是一种形象，科学的不可错就是找不到一个反例来驳倒一个命题。这样一来，其最大的贡献是划清了科学与非科学的界限，比如，数学就不是科学，因为数学是不可证伪的。

这样的观点似乎很好，因为科学在发展中，如果科学家自己提出的命题遇到了一个反例，则科学家不得不放弃自己原先的观点、理论或方法，而去寻求新的理论来替代原来的命题，科学也因此而发展了。另外，真理也具有了相对性，真理是科学知识的一类特殊形式，如果找到一个真理的反例，则真理也错了。这一点在科学史中的例子很多，例如，“日心说”替代“地心说”，“氧化说”替代“燃素说”，等等。那么，如果出现一种情况，即到目前为止还没有一个例子来驳倒一个命题，怎么办？也就是说，在没有反例的情况下，怎样理解这样的科学就成了一个问题。所以从历史的角度理解科学自然就有了其合理性。

历史主义眼中的科学，正是要从历史的角度去回答上述问题。严格地讲，哲学中的历史主义并不是哲学家提出的，他只是在提出以后成了哲学家——科学哲学家，这就是库恩的贡献。库恩在 1962 年《科学革命的结构》这一经典的著作中，提出了现在还令人头疼的一个概念——范式，他用范式来解释科学的发展。他的一系列思想使得他从一名理论物理的研究者成为一名哲学家、历史学家，更重要的是他的历史主义思想彻底打破了传统的哲学思想，为后期的哲学思想打开了大门。库恩在解读亚里士多德物理学思想时发现，要理解他的思想，就要回到当时当地的语境中去考虑，要去读原著，不能用现代科学的眼光去理解过去的科学知识，所以他的历史主义观点一经出现就产生了很大的影响，但是在拉卡托斯看来，他的历史主义哲学思想是一种朴素的证伪主义思想，而精致的证伪主义思想他并没有看到，所以拉卡托斯提出了著名的科学研究纲领方法论。

这位精致的证伪主义者，也是典型的历史主义代表人物，在他的眼中，科学的最基本单位（单元）不是各个孤立的理论和命题，而是互相联系、有内在严密结构的完整的理论系统。所以一个科学理论被提出以后，常常增加辅助假说，使之对否证“免疫”。这样，拉卡托斯的思想就与波普尔有了一些不同，而且与库恩的也有所不同，他认为库恩的思想在心理学上是非理性主义的，科学理论应该常常经历一系列的变化，从变化中逐步形成一个理论系列，这就是“科学研究纲领”。

这样一来，哲学家眼中的科学，不论是发展模式还是科学知识本身，都有了不同的声音，有理性的也有非理性的。那么不论是新历史主义还是旧历史主义，其思想都有一定的影响力，从一般意义上说，历史主义反对把科学看作是若干孤立命题的逻辑结合，认为科学是由许多相互联系和依存的命题、定律及原理所构成的统一整体。这一点有其合理的部分，从现在的科学发展来看，从分学科抽象出来的科学共同性就不再是一个个命题的简单集合，而是有体系的整体，但不排除未来再增加理论内容的可能性。此外，历史主义还主张科学理论不一定是经验事实的归纳，科学的发展是一个动态的过程，所以想要理解科学就不能做静态的分析，单纯以人的认知来分析和认识科学问题是不科学的，应该从历史的角度去理解科学，这一点可以说是历史主义科学观很重要的内容。另外，科学的发展并不是一个简单的量的积累，而主要是质的飞跃，科学发展是以量变和质变交替进行的模式发生的。

可以看出，历史主义视域中对科学的理解已经与人在其中的作用紧密地联系在一起了，科学更多地体现人文的一面，后人只有处在当时当地的语境中才能理解和认识过去的科学。历史主义哲学对科学的认知当然有其合理性的一面，因此成为一种到现在还有很大影响的思想。但是随着后现代哲学的发展，在后现代哲学的视野中，科学、真理等在解构与重新建构中出现了很大的变化，由于后现代哲学涉及的面很广，而本书的重点不在于此，所以这里只做一些简要的论述。

后现代主义作为一种哲学思潮，其对科学的认知与分析基于三个方面：其一是后现代科学，其二是后现代科学哲学，其三是后现代哲学科学观。[①]本节是在讨论哲学中的科学，所以只对其第三部分做一简单概括。在后现代哲学视域中，科学几乎可以说是与现代科学完全对立的一种观点，也可以说是对现代科学的一种颠覆性思考。其主要代表人物有福柯、德勒兹、德里达、利奥塔尔和波德里亚等人，这里由于篇幅的关系，不能对他们的科学观一一做分析，只就一些共性的思想做一些列举。

在后现代哲学视域中，不同的学者对科学的看法有不同的差别，但从大多数人认可的角度上讲，主要有以下几点：一是主张有机论。后现代哲学借鉴生态学的研究，提倡一种有机的整体思维方式。“实体在某个层次上的性质和规律由于经由演变而产生出新奇性，或由于事物所拥有的性质不为其部分所拥有，所遵循的规律不为其他部分所遵循是不可能由那些较低层次的性质规律来预测的。”[②]这句话深刻表明了后现代哲学的态度，就是说，科学所认知的规律类似于生物学的进化，需要从整体的角度去考虑，而不是以简单化的分析就可以说清楚的。在这一点上，可以进行引申分析的一点是，虽然这是后现代的思想，但是与中国古代的一些哲学主张很相近，中国古代哲学主张的有机论基本上就是这样一种主张，即事物都是普遍联系的，而且需要从整体去思考一切问题，这也正是人与自然统一研究的基点；而且后现代哲学反对人与世界、人与自然的分离，不也正好是中国古典哲学的主张吗？二是主张科学是非中立性的。科学是科学家产生的，科学家在科学研究中是受价值观的影响的，科学与利益直接相关，科学与权力相关，尤其是在福柯的科学观中，他深刻地论述了科学知识的产生与权力的关系，他认为在人文科学里，所有门类知识的发展都与权力的实施密不可分。当社会变成科学研究的对象、人类行为变成供人分析和解决的

① 刘永谋. 后现代主义科学观：渊源、特征与评析. 江苏工业学院学报，2006，(4)：4.
② 金志成. 简论后现代科学观. 科教文汇，2006，(3)：71.

问题时，这些都与权力机制有关。[①]这就是说，科学知识的产生和发展都与当时的政府权力的实施相关，是一种权力作用的结果。三是否认对文本明确的理解，以对科学进行文本解构。文本是科学理论表述的形式，不论是符号化的文本还是语言化的文本，都是科学理论的表现形式。在后现代哲学看来，这种文本总存在着有意识的逻辑与各种无意识矛盾的活动，这种活动是有一定的张力的，而且这种张力导致对文本的理解不会有一个明确的认知。尤其是在解构主义者看来，其突出强调强文本的边缘，这一点类似于经济学的边际效应，就是说分析文本主要集中在文本引起争论的方面，试图发现在哲学与科学文本中那些被压制了的修辞学意义的残余物，以消解对文本的清楚解释，实现文本的清晰性与清楚的意义。

仔细分析后现代哲学对科学的认识是一项很大的工程，我们在此没有必要对其进行非常详细的研究和分析，因为这并不是本书的重点研究内容，但从上面列举的观点来看，后现代哲学视域中的科学观正是在对传统的科学观进行解构与建构的过程中形成的，这些科学观有些对传统科学观有颠覆性的影响。那么如何正确认识科学，还有待于在语境中去真正理解。

二、科学的语境理解

上文是从哲学分析的角度去认知科学的，实际上是从一些科学哲学家的视角去认识和理解科学，除了上文提到的科学哲学家之外，还有其他一些科学哲学家也提出了有代表性的观点。可以这样说，如果科学哲学家是由科学家成为哲学家的，则他们的哲学思想是基于科学的内在逻辑而得出的；而如果这个科学哲学家是因哲学家出身而形成对科学的认知的，则会是另一番情景，也就是说，他们的思考也许是一种纯理性的思考，这一点在后现代哲学的视域中非常明显。早期的科学哲学家和后现代的科学哲学家对同一个研究对象——科学，得出了不同的结论，其实质是他们都是基于自己预设的语境框架进行思考的，所以对科学的分析和对科学哲学家的分析是不能离开其具体语境的，这样一来，语境分析法不失为一种理解和

---

① 韦妙才. 权力·知识·生产力——福柯话语解读. 钦州师范高等专科学校学报，2000,（4）：27.

认知科学的最佳路径。

之所以考虑到语境对科学的理解，主要是因为在当代科学的发展中，人们越来越清晰地认识到，人类经过这么漫长的发展，到现代以后出现了人文与科学二者的对立和发展，科学在发展的过程中形成了科学文化，科学文化在对社会的影响中改变了人文文化，但是在发展过程中其并没有协调发展，而是出现了人文与科学的二元对立或割裂。正因如此，1959 年出现了著名的斯诺命题——科学革命与两种文化，在《两种文化与科学革命》这部著名的专著中[①]，斯诺以物理学家与文学爱好者的双重身份对科学文化和人文文化间的关系进行了分析，叹息科学文化和人文文化之间缺乏交流与沟通，而且在这两种文化间，科学家缺乏文学与历史文化的知识，而文学家也需要弥补科学知识。可以这样说，尽管当时斯诺提出了这样的问题，但是在当时的语境下，这两种文化并没有直接发生冲突。但是到了 20 世纪 70 年代以后，情况则完全不同了。人文主义的兴起及科学主义间的争论产生了很大的影响，特别是 90 年代发生的“科学大战”，更是引发了学界对科学的重新认知。

这就是说，人类对科学本性的认知是一个动态的发展过程，而不是一个静止的分析过程，科学的发展是一幅生动有趣的画卷，而不是一个个生冷的场景，其中存在理性的因素，也有非理性的因素，人类对科学客观性进行探究本身没有错，只是在不同的语境下对科学与真理有不同的理解而已。

1. 语境是理解科学发展的视角

科学知识的产生与发展，有其独特的语境，要对科学进行分析就要对其产生的个体生理机制与具体语境进行考察，离开具体语境的考察是无意义的。对此，可以从李约瑟研究中国古代科技史谈起。在李约瑟看来，中国古代发展了那么多的科学技术成就，却没有发生近代科学革命，这是一件很难理解的事情。当然，这种难以理解是因为基于现代科学的认知观点来看中国古代的科学技术，就会认为中国古代没有科学。其实中国古代并

① Snow C P. The Two Culture and the Scientific Revolution. Cambridge：Cambridge University Press，1959.

不是没有科学，而是中国古代对科学的认知更注重实用。比如，中国古代不同时期形成的“农学”的一系列思想，就是长期对农作物种植方法的掌握；天学知识是对长期天体进行观察的理论总结；数学就更为突出了，吴文俊先生认为《九章算术》中蕴含着很大的成就，我们到现在还没有真正理解。诸如此类还有很多，只不过没有体系化，这是很遗憾的事情，如果中国古代的一些科技成就体系化了，也许中国的科学发展完全不是现在这个样子，当然，科学史是不能假设的。

所以说，要理解科学，就需要在具体语境中对科学进行辩护，以对科学有一个很清楚的认识，那么，“科学史、认识论与社会学具有内在的统一性，它们所面对的是同一个问题，即如何通过对社会、文化的演进过程来描述科学的实际活动与科学知识的产生过程”①。这就是说，社会与文化的演进过程就是由一个个具体的语境组成的，不同的语境对科学的作用不同，但不论是历史语境，还是社会语境，都是科学产生的条件。所以，对科学的理解与认知是语境敏感与依赖的。

2. 语境为科学的可错性提供理据

科学只有在特定的语境中才能是真理，所以科学理论本身就是可错的，随着语境的变迁，以前是正确的理论后来被发现是错误的，在科学史上这样的例子数不胜数。所以说科学并非对自然规律真正的认识，其是有条件的，这个条件就是语境，离开语境就不再是科学。例如牛顿的万有引力定律，这一定律的发现对人类认识天体发挥了非常大的作用，但其是有条件的，这个条件就是“天体必须是在没有额外巨大物体及其他可能干扰因素的情况下相互作用，才能保持椭圆轨道”②。这句话隐藏着一个语境条件，即如果两个天体或物体外有额外的巨大物体或干扰因素，那么万有引力定律是不成立的，所以说语境变了，科学理论就不成立了。从这一点出发去认识古希腊的科学或中国古代的科学，就变得很好理解了。例如，中国古代的天学知识是非常丰富的，但是在当时的语境下天学的发展只能如此，

① 盛晓明. 巴黎学派与实验室研究. 自然辩证法通讯，2005,（3）：64.

② 卡特赖特. 斑杂的世界：科学边界研究. 王巍，王娜译. 上海：上海科技教育出版社，2006：60.

这在当时就是一种科学理论。

3. 语境为理解科学的外在因素提供视域

科学的产生是有地域性的，不论是出身于哪一个国家或地区的科学家都体现了地域性，只是在形成认可的理论后这种地域性就消失了，但是在分析科学的发生与发展时不能不考虑其地方语境。这样就带来了一个问题，由于一名科学家所受的教育不同，他周围的老师、朋友等对他的影响不同，所以他的研究内容就会与别人不同，这种影响因素就是科学内在逻辑外的语境因素，这些因素所起的作用有时相当大，并不亚于智力因素。在科学研究中，智力因素固然重要，但是在分析科学理论产生的过程时，人们大多不会考虑到他的智力如何，这是从事科学哲学或科学史研究的学者都认可的一点，但是对科学产生的内在逻辑与外在因素的探讨是不可或缺的。

对科学理论的内在逻辑的探讨主要集中在一位科学家提出了一个什么样的理论，将不同科学家的不同理论体系化后，就形成了现行的教科书或文本。那么一名科学家会提出这个理论，是有深刻的外在因素在起作用的，语境对于分析这些个人因素会起到很重要的作用。卡文迪许实验室是英国剑桥大学的物理实验室，在全球拥有极高的声誉，自 1871 年创立以来先后培养出 30 多名诺贝尔奖获得者，研究领域包括天体物理学、粒子物理学、固体物理学、生物物理学等。凭借这样的学术条件与氛围，谁如果有幸进入这个实验室进行研究，则其成功的可能性非常大。

这就带来一个语境分析问题，即个体科学家与实验室的问题。实验室是科学理论产生的外在因素，科学家是科学理论产生的内在动力，那么在具体的研究中，有时实验室的条件起到了决定性的作用，这种作用决定了一位科学家是否能将自己的能力最大限度地发挥出来。因此，皮克林在研究这种外在作用时认为，科学活动中的研究战略是根据科学家个体已享有的资源在不同语境下做出创新性探索的机遇而定的。[①]所以说，尤其是现代的科学研究，同一个研究对象，由于实验室的条件不同，科学家观察到的

---

① Andrew P. Constructing Quarks：A Sociological History of Particle Physics. Chicago：University of Chicago Press，1984：11.

现象就会不同，得出的结论也会不同，极有可能出现的情况是，得到认可的科学理论，在后期的研究中被推翻，其中充满了地方性与语境性，只有放在语境的条件下才能被真正理解，或者说离开语境去讨论是无意义的。所以，语境论科学观有其合理性的一面，也是在传统科学观受到理性批判的基础上逐步形成的。

第三节　语境论科学观及其优势

从上述分析中我们可以知道，不论是从哲学上还是从语境上理解科学，都有一定的合理性，但也存在一定的不足或者说缺陷。语境论科学观正是建立在对传统科学观进行语境评析的过程中的，其逐步克服传统科学观的不足与缺陷，发挥其自身语境分析的优势，形成了独特的语境论科学观。

一、语境论科学观的理论来源

就自然科学来说，自然科学所要解决的问题就是人与自然的关系问题，其可化解为科学理论如何描述自然界规律的问题，也是科学理论与世界的关系问题；就社会科学来说，社会科学就是要分析人与社会的关系问题，其可分解为法律学、经济学、社会学、政治学等学科，社会科学理论重在分析社会规律问题；就人文科学来说，其实质重在解决人与人的关系问题，如人类学，就是要探讨人的本质问题，其可转化为对人的本质属性的认识等问题。所以说，科学的三种表现形式，即从自然科学到社会科学和人文科学，都是人类在对世界进行认识的过程中所形成的理性的、逻辑的、历史的理论总结，这种理论总结会随着人类对世界认识程度的不断加深而发生变化，所以是一个动态的演进过程。

依照这样的逻辑推断可知，我们对科学所持的态度与认识就是一个语境分析的过程，而并不是一个独立的历史发展过程。当然，上面对科学的认知分析，没有从历史和社会的角度去认识科学，只是从哲学和语境两个方面去认识科学，这是因为语境论科学观的编史学意义正是要在语境论科学观的指导下从历史与社会的角度去认识科学是怎样发展的。传统的科学观，一般是指后现代哲学思想出现前的一些科学观，当进入后现代哲学视野后，科学观产生了颠覆性的变化，出现了众多不同的科学观，造成纷繁复杂局面的原因是理性的分析与非理性的分析掺杂在一起，所以出现了不同的思想，但不论是什么样的思想都有其赖以生存的语境。

（一）实证主义科学观的不足

实证主义的科学观当然有其合理性的基础，因为它强调科学的客观性与可靠性，科学规律是普遍有效的，科学理论向我们描述的对世界的认识是真实可知的，而且是非常可靠的，是值得依赖的。科学就是一种发现，也就是说规律一直存在，只是在没发现前它是隐性的，发现了之后就变得显性，人类可以利用发现的客观规律为自己造福。长期以来，这种观念似乎是显而易见的，是对科学的一种约定俗成的理解，人们不需要为此提供更多的辩护。[①]这就是实证主义的科学观有一种先天的优势，即我们对它的高度信任。因为人们没觉得科学理论不是客观的，也不是不可靠的。然而，这种科学观对科学的理解只关注了科学内在的逻辑性，而没有看到科学的人文性，因为科学是由人，且是一类特殊的人发展的。所以说其根本缺陷就是对人文价值的背离。可以这样说，实证主义的科学观只看到了科学发展的客观性一面，而忽视了其人文性一面，所以这样去理解科学的发展肯定是不全面的，上面分析的斯诺命题所提出的科学文化与人文文化的割裂，也正是由这样的科学观导致的。所以说，这个缺陷是致命的。

实证主义科学观还有一个不足就是其对人的创新与创造精神的认识不足。实证主义科学观注重对科学实证精神的分析和研究，却看不到一名科学家的巨大创造力与创新能力，所以要真正理解科学的发展，就不仅要对其实证精神进行研究，还应该对其人文创新与创造精神进行研究，这才是合理的。实证主义科学观还有一个不足就是对科学文化与人文文化的态度

① 成素梅. 语境论的科学观. 学术月刊，2009,（5）: 54.

是截然不同的，这严重影响到了科学的人文价值与意义，也会影响科学与人文之间的联系或关系问题。我们通过上述对科学的认知分析已经知道，科学与人文是一个统一的整体，而不存在截然不同的态度去分别对待。

所以，实证主义科学观尽管有其合理性的一面，而且到目前为止仍有一些学者主张这样的观点，尤其是对于一些科学内史研究的人员来说，还是有其编史学意义的，但总的来说，其有一种被边缘化的倾向，这也为语境论科学观的提出创造了条件。

（二）历史主义科学观的不足

尽管库恩、拉卡托斯等科学哲学家都主张历史主义科学观，他们的主张也不尽相同，但从总的方面来讲，历史主义的科学观克服了上述实证主义科学观对科学与人文的割裂。显然，库恩正是看到了实证主义科学观的这一缺陷，才有了他的科学革命的理论，他的范式理论在科学哲学界与科学史学界引发了轩然大波，或者说库恩的科学观震撼了科学界、科学哲学界和科学史学界，就连当时对科学观与科学史观思考多年的阿伽西在《科学革命的结构》出版的第二年（1963 年），专门写了《走向科学编史学》也没有消解库恩的影响。正因库恩理论的社会影响，库恩的理论为科学社会学的兴起与发展提供了方法论和认识论的基底。

然而，库恩的科学观似乎是基于科学的主观性、相对性与非理性的，这正是其观点受到批判的始点，这是其一；其二，他的观点是建立在西方中心主义的科学发展模式的基础上来认识科学的；其三，库恩没有注意到学科间的联系与发展，或者说学科间的渗透与联系，未注意到一门学科的革命会影响到另一门学科。这三种缺陷对于库恩来说，是至关重要的，直接影响到他的理论的走向，当然，鉴于其在学术界的巨大影响力，他的观点也得到了很多学者的认可，以至于对其缺陷也可以“认可”，只是对他的范式理论或不可通约性进行了过多的解读。

其实，库恩的历史主义科学观很注重语境，库恩在研究亚里士多德的物理学思想时明确表示要回到当时当地的语境中去理解他的思想，这也正是他注重科学与人文关系的具体表现。但是在后期，其理论却走向了完全西方中心主义的道路，库恩只是从某一学科纵向发展的不同阶段的不同信仰、理论、假说和观察的互动过程论述了他的科学观。[①]这就是说，库恩只是从西方科学史方面寻找科学的发展模式，而并没有从整个人类的科学发展史来探讨科学如何发展。对于这一点，可以这样说，库恩当时是一名物理学研究者，而并不是科学哲学家或科学史学家，他只是在写作物理学史时才产生了这样的思想，因此，他没有从人类的科学角度去寻找科学发展的模式是情有可原的。

所以，库恩的历史主义科学观虽然说是历史主义的代表，但是由于存在一些缺陷，因此其也被新历史主义取代了，不过新历史主义也存在一些缺陷，只是其与后现代思潮已经结合得比较紧密了，已经超越了传统科学观的含义，所以我们在此不做过多的讨论。

（三）社会建构论科学观的不足

社会建构论是在 20 世纪 70 年代末逐步兴起的，可以说比历史主义的哲学思想稍晚一些。以夏平为代表的社会建构论，从其学术思想渊源来讲，他正是在对库恩思想的激进解读中产生了这样的观点与思想，而且是科学知识社会学主要的理论与方法，走到现在仍有很大的影响。

社会建构论的科学观立足于曼海姆的知识社会学无法解决的问题，将科学知识纳入了社会学的分析之中，提出了建构科学的思想，把科学知识看成是社会因素的建构，认为科学是一种社会现象与文化现象，在批判传统科学观的同时以经验的方法来重新建构科学。对此，夏平写了一篇非常著名的文章，即《科学史及其社会学重构》，这篇文章标志着社会建构论者将从社会学的角度去理解和认识科学，其过分地强调科学在发展中受到的文化与社会影响，认为科学知识是相对的，是相对于社会语境的。这种科学观开始是在解读历史主义科学观的基底上形成的，因此其思想无法脱离历史主义的框架，有好多思想与历史主义的科学观相似，但只是加大了社

① 黄家裕. 对库恩科学观的两个批评. 科学技术哲学研究，2005，(5)：56-58.

会因素在科学发展中的作用，科学与利益相关，是利益驱动的结果。这种科学的理解方式有可能否认知识的客观性，完全是一种相对主义的态度，尤其是以经验的方法来解释科学自身是必要的但却不是充分的。

事实上，尽管社会建构论强调社会因素的作用，但是其并没有将社会因素渗透到科学内部去分析，这是其很大的一个缺陷。这也为语境论的合理性找到了一个理论支点。在进入 20 世纪后，社会建构论不论是对科学客观性的解构，还是对相对主义的建构，都表现出很强的后现代性，已不再是传统科学观的思想了。但是由于其是从对历史主义的分析与研究中发展起来的，所以其与后现代思想还是有一定的区别的，比如研究方法、观点倾向上有一些不同，因而我们又不能将它简单地归于后现代哲学去分析研究。

二、语境论科学观的基本内涵

上述对科学的认知分析以及对传统科学观的不足或缺陷的一些分析，为探索新的科学观奠定了基础，也是科学哲学正在寻求的新的科学观。在一系列的分析中，其实一些科学哲学家或是科学史学家，如库恩，早已注意到了语境对解读科学事件或一种哲学观点所起到的作用，因此语境论科学观的出现并不是一种突然，而是一种水到渠成，可以说是从不同的科学观中集中了一些思想，并结合语境自身的优势而形成的一种科学观。虽然语境论科学观形成了自己的一些观点，但还有待于进一步的完善与发展。

对于语境论科学观的基本内涵，成素梅教授的文章是在与传统的科学观的区别对比中进行的①，她从八个方面将语境论科学观与传统科学观进行了对比，其实质是从中得出语境论科学观的优势，但在文中成素梅教授并没有对其第一个主张展开分析。那么，结合成素梅教授的研究成果，笔者认为，一个合理的科学观应该至少回答三个方面的问题：其一是什么是科学，其二是什么人在研究科学，其三是科学的影响是什么。对这三个问题的回答可以说基本涵盖了科学的基本属性。依这样的逻辑认知，语境论科学观的主张主要有以下几个方面。

---

① 成素梅. 语境论的科学观. 学术月刊，2009，(5)：58.

（一）科学是人类在一定的语境下对物质世界认知的程度，其可以用“逼真度”去表征

从科学发展的历史来看，不论是科学概念，还是科学定律，抑或是体系化的科学理论，都是人类基于一定的语境对所认知的世界的一种理性反映。这种认知一定有其独特的语境依赖，离开那个语境后则不成立了，人类对世界的认知只是不断地“逼近”，而不是达到了真正的“绝对”。因此对于科学的认识，只有将其置于语境中去考察，强调科学发生时的各种要素，强调其间有人与人的关系，也有人与物的关系，承认科学发展中的无序性、多样性与偶然性，才能真正揭示科学的本质。

科学史已有大量的案例证明了语境论科学观这一主张的正确性，尤其是对科学革命的分析，或是对一个具体实验室的研究和分析，以不可辩驳的事实证明了科学理论只是一种当下语境的逼真度表征。比如，当对燃烧认识不全面时，人们看到木头可以燃烧，而铁不能燃烧，就开始分析为什么会产生这一现象，后来有学者提出了“燃素”概念，那么在当时的语境下，“燃素”就是一个科学的概念，有燃素的物质就可以燃烧，这样的理论很好地解释了当时人们看到的现象。然而，经过一定时间的发展，“氧化说”逐步形成了，物质的燃烧是在有氧的情况下发生的，到了“燃点”就可以燃烧，这样“燃点”就是一个科学概念，铁不能在空气中燃烧的原因是达不到它的燃点，达到燃点后是可以燃烧的。但是离开氧也不行，所以其是一个氧化过程，这样“氧化说”就是科学理论了，其替代了“燃素说”。这两种理论都是针对同一个现象而言的，只是在不同的时间出现了不同的理论，从现代科学理论来看，“氧化说”比“燃素说”更逼近世界的真实情况，更加逼真地描述了燃烧现象，所以在此语境下其就是科学。

类似这样的例子非常多，可以这样说，科学理论正是这样在错误中不断发展的，这种发展其实蕴含着对科学客观性与人的主体性的认识，即自然与人、自然与社会、人与社会这三方面的认识。从传统的科学来看，不论是什么主义的科学观，其对这三层关系的认识始终有不同的看法和观点。

比如，社会建构论的科学观在对待社会与人对科学的作用机制时，过分地强调社会的作用而把科学家或科学共同体的智力影响弱化了，这样的结果就是人的主体性在解析科学的发展时没有被突出，实际上人的主体作用是至关重要的，再好的实验设备没有一流的科学家也不行，所以说，社会机制只是一方面，人的作用是另一方面，这两极是不能二分的。

在上述三层关系中，不论是哪一种关系语境论科学观，都可以通过对世界的逼真描述来消解其二元对立。事实上，传统科学观一直存在着主客观的二元对立，实证主义或是历史主义以及社会建构论，都在一定程度上或多或少地存在着这样一种对立，实证主义科学观强调科学知识的客观性而忽视人的主观性；历史主义科学观又强调科学发展的历史性而对其客观性没有做出合理评价，社会建构论又通过社会机制来替代自然实在，试图用静态的实验室等实体来解释动态的科学发展历程，前文已经分析了这些思想存在的一些不足。而语境论科学观基于语境论对科学认知的分析，承认科学活动是一个特定语境下的科学实践，不仅强调人的主体性，也承认社会语境的作用。科学不是发现真理，但真理是科学追求的理想目标；科学也不是社会建构的产物，而是人、社会、自然这三者相互作用的结果，科学理论只是基于特定语境的一个暂时表征结果，而不是终极目标，是可修正的，也是可错的，是需要在实践中逐步发展的。

（二）科学研究的方法与手段是多样性的，是语境依赖的，是由具体的语境所实现的

对于科学发展或认知的研究，在很大程度上是与科学研究的手段和方法相关的。成素梅教授在《语境论的科学观》一文中提到了科学仪器是科学认识的中介之一，既为主体提供信息，又参与了客体制备活动，起到了条件的作用。[①]从语境的角度来讲，不论什么样的科学家或科学共同体，他们对科学的研究是建立在一定的方法或实验手段基础上的。可以这样广义地说，中国从古代走向近代后，没有发生近代科学革命的主要原因就是实

① 成素梅. 语境论的科学观. 学术月刊，2009，(5)：56.

验方法的缺失，由于人们没有找到实验方法，因此没有进行量化的实验，从而失去了发生近代科学革命的机会，这种机会也可以称为机遇，所以科学研究中有很大的机遇语境，这正是上文已提到的皮克林在《建构夸克》一文中所说的机遇语境。

在语境论科学观看来，对科学的认知与对科学发展的描述不能离开具体的语境分析，这是共同作用的结果。那么一个科学理论形成时，不同时期有不同的语境制约，我们不能拿现代的观点去看过去的成就或成果。所以，我们不仅要分析科学方法，而且要分析科学仪器，同时也要分析科学的社会建制，这些都是认知科学的语境条件，离开任何语境条件的解释都是不合理的。在这些关系中，科学方法则会强调人的主体作用，因为科学方法是科学家发明与创造的，并不是先天就有的，正是科学家对方法的研究使科学的发展速度越来越快，对世界的认知也越来越深刻，这正是本书在前面论述时提到的方法语境论的具体分析。

从具体的语境来分析，科学研究离不开方法与实验室中的仪器，这两点正是方法与手段的关系，它们是相互作用的。从近代早期自然科学的研究来看，伽利略一直主张数学-实验方法，所以他借助望远镜在 1611 年观察到太阳黑子及其运动，对比黑子的运动规律和圆运动的投影原理，论证了太阳黑子是在太阳表面上的。他还发现了太阳有自转。从上述内容可以看出，首先，他掌握了数学与实验相结合的方法，这样他就可以对所观察的天体现象进行运算；其次，他借助了一个很重要的仪器——望远镜，如果没有这个仪器，他是不能取得那样的成就的。所以说，对于科学理论的分析认知，不能就科学而谈科学，而是要从具体的语境要素出发，对所研究的科学事实进行综合性的分析。

因此，科学理论是在一定的语境下以一定的方式在探讨世界的真实情况是什么样的，是一定的社会组织下的认知行为，但不是对世界的终极认识。其中，方法语境体现了科学家的主体能动性，方式语境则是实验手段或仪器分析，社会语境则为科学理论的形成提供一种保障，只有对这三种最核心的语境进行综合分析才有可能揭示科学的发生与发展过程。对于中国古代科学来说，在中国古代不同时代的社会制度下，中国古代的科学并不落后，数学、天学都走在了当时世界的最前沿，这与当时社会语境的需要相关，但并不是每一门学科都是这样的，不同学科有不同的研究进展，就是说与当时的仪器和方法有关。

（三）语境论科学观主张科学的中立性与相对性，一切有争论的问题都可以放在同一个语境基底去研究，不在同一个语境的争论是无意义的

科学发展中充满了争论，科学争论不仅是科学哲学家也是科学史学家共同关心的问题，最终的解决方案实则是一种协商与妥协的结果。分析科学争论问题的实质是在回答一个科学理论形成后期的影响问题。语境论科学观主张科学是基于一定的语境产生的，其并没有功利性，也就是说其是中立的，而且也具有相对性，但其不是相对主义。那么科学之所以会存在一定的争论，就是因为科学家的语境不同，会产生不同的想法，所以要解决这种争论问题，就要在同一个语境基底下去协商解决。最经典的例子是太阳系的几大行星争论。传统的观点认为，太阳系由九大行星组成，而且在教科书中也是这样写的，也得到了大家的公认。但是随着对天体的观察和认识，一些科学家对此提出了质疑，发现冥王星的质量低于月球，也发现了冥王星与太阳系其他行星的一些不同之处，比如，冥王星所处的轨道在海王星之外，属于太阳系外围的柯伊伯带。所有的这些质疑就产生了一些争论，天文学家不得不重新考虑定义，最后对太阳系行星的定义重新进行了修正：一是必须是围绕恒星运转的天体；二是质量足够大，能依靠自身引力使天体呈圆球状；三是其轨道附近应该没有其他物体，或在 30 亿年之内可以自行“清理”轨道内的天体。依这样的定义，最后在 2006 年 8 月 24 日下午，第 26 届国际天文学联合会大会通过决议，由天文学家以投票的方式正式将冥王星划为矮行星，从行星之列中除名。这样太阳系九大行星的理论正式被放弃，成了八大行星。

我们从上面这个例子可以看出，科学事件最终的决定并不是科学研究的结果，而是在同一个语境基底上以投票的方式决定的。那么如果在将来的某一天，又有一个被学界认可的方式出现，则可能又会将现行的理论推翻而启用新的理论。所以说，语境论科学认为科学理论是可错的，是可修正的，但是基于一定语境的，科学理论不是一成不变的，在某种意义上说，科学争论推动了科学的发展。

三、语境论科学观的意义

语境论科学观的上述三点主张，是对什么是科学、如何认识科学的产生过程以及科学的影响的思考，这种思考是基于对传统科学观及后现代哲学科学观的分析得出的。可以这样说，语境论科学观提供了一套全新的思维模式，它改变了对真理概念的理解，更重要的是改变了我们对科学话语的言说对象的理解。[①]这种理解方式的改变，会克服传统科学观的不足，具有一定的理论与实践优势，因而有很强的理论意义。

（一）语境论科学观将不同的思想在语境的框架内组成一个统一的有机体，有助于实现不同思想间的对话与交流

我们从语境论的科学主张可以看出，科学的产生即主体科学家努力的结果，也是一定的方法和手段共同作用的结果。那么科学主义或人文主义的割裂在语境的基底上是可以进行沟通的，所以说语境论科学观成了沟通科学主义与人文主义的桥梁，反对把科学主义或人文主义进行独立分析的观点，强调任何一方力量的强大都是不合理的。在对科学的分析中，还原主义曾一度盛行。例如，逻辑经验主义认为自然科学或社会科学都可还原到物理学，因而形成了物理主义。在语境论科学观看来，这都是不“科学”的，因为任何一门具体的学科都有其存在的语境条件，这个语境条件制约了学科的具体特征，这些具体特征不具有共性，不具有共性特征的学科不可能被还原到任何一门学科中。另外，对世界的认识过程构成了各门具体的学科，这些具体的学科是从不同的角度认识同一个世界的：物理学研究物体的运行规律，天文学研究天体的运行规律，生物学研究生物、生命体

等的变化规律，化学研究物质变化的规律，等等。如此多的学科门类都从不同的视角对人类所感知的世界进行了揭示，所以试图单就某一学科来阐述其他学科的属性是不可能的。

因此，语境论科学观在这方面的独特优势就在于，它不会就某一学科去谈人类对世界的认识，而是从相互作用共同的机理去看待科学理论对世界的描述的。比如，对于生物数学来说，这是一个崭新学科，其真正诞生是在 1984 年，也就几十年的历史，但是数学在生物学中的渗透，使得生物学取得了突飞猛进的发展，这种发展是建立在模型基础上的，也就是说将数学模型引入生物学的研究中，通过模型来描述生物种群的变化或其他一些方面的发展。这种变化其实也是一种数学语境对生物学的重新建构，在这种建构中，生物数学就是通过数学模型来对生物实在进行的一种描述。

语境论科学观并不会陷入相对主义的困境中，一些学者认为相对主义隐晦地允许将一些因素都“平衡”一下，这导致它像一种研究策略，但是谈一个因素的作用，总得取得参考系后与其他的因素相对而言去谈影响大小，这就是一种相对主义策略。语境论与相对主义不同，语境论主张语境分析，语境分析就是在语境的基底上，尽可能多地列举语境要素，通过语境要素来分析科学事件的本质，从而达到认知与表征的程度。尤其是当代物理学中量子物理学的发展，从以前的认知的真、假二元命题发展到了存在中间量子纠缠态的三元状态，测量语境在其中的作用就显得非常大了。

（二）语境论科学观很好地解释了科学的可错性与可修正性问题，这为认识科学与真理的本质提供了对话的平台

科学的概念并不久远，但是科学的发展是漫长的，当然这里是大科学的概念，包括一定的技术层面的内容。在科学漫长的发展历程中，科学理论并不一直就是对的，其中充满了错误，甚至可以说科学是在错误的道路上发展到现在的。科学史已经证明，后来证明是错误的理论在当时就是科学的理论，这样的事实是相当多的，最典型的就是“地心说”与“日心说”

的例子，这是一个典型的以错误的科学理论代替另一个错误理论的经典例子，更为关键的是，这样两个都是错误的理论的替代却也引发了天文学革命。如何看待这一科学事实，不同的科学观会有不同的观点和主张。在语境论科学观看来，虽然是错误的理论代替错误的理论，但是人类对世界的认知程度发生了质的变化，因此基于“地心说”产生的语境与“日心说”产生的语境，这两种学说在当时当地的语境下都是“科学”，在语境的平台上，只是这两种学说对世界认知的“逼真度”不同，“日心说”比“地心说”更逼近真实的实在。从现在的观点来看，“日心说”也不是科学，这是因为语境变了，这是一个去语境与再语境化的过程，而不能看作是错误的理论代替过程。

这是一类情况，另一类情况是，正确的理论也是语境范围内的正确性，离开这个语境的话则不一定是正确的。比如，物理学中的力学，在牛顿的《自然哲学的数学原理》提出力学的三个定律大约200年后，马赫写了一本名为“力学及其发展的批判历史概论”的书，这本书对牛顿的力学中涉及的“质量”“速度”“空间”等进行了学科内外的评析，然后指出没有绝对的时间和空间概念，这些概念是相对概念而不是绝对概念，意即只是一种特殊情况。要知道，这本书写在爱因斯坦的相对论提出之前，而牛顿建立的经典物理学大厦正是基于绝对的时空观的，如果不存在这样的时空，那么牛顿的力学大厦就倒塌了。但是，在物理学后期的发展中，爱因斯坦狭义与广义相对论的建立，说明了牛顿力学就是一种特殊情况，是相对时空的特殊情况。

所以说，在科学的发展中，对于一个科学理论的理解与认识，只有放在具体的语境中才能理解，科学理论只是一定的语境框架内的产物，具有一定的修正性与可错性，虽然有时与我们的直观经验相距很远，但更重要的是，离开语境则科学理论也无意义了。

（三）语境论科学观有助于更好地认知科学发展的真实历程

从人类历史发展的角度看，人类正是在不断地认识自然的过程中发展的，在这一点上，东西方走出了两条不同的发展道路。西方以古希腊为代表，基于人与自然分离的研究模式，经过漫长的中世纪后走入近代科学革命，从而诞生了近代以实验为主的科学发展模式，尤其是在19世纪，物理学的飞速发展引领了自然科学的发展，数学在不同的学科间的应用使得科学创新了自我的发展模式。但不论科学是以什么样的方式发展的，其都是对世界的一种理性认知，是基于语境的一种智力活动，只是不同的时间认知的程度不同而已。所以，语境论科学观站在语境的立场上，不会受基础主义、本质主义、相对主义、理性主义的影响，相反，语境论科学观却可为这些思想的表达提供语境平台，在这个平台上我们可以更好地理解和认知科学发展的真实历程及不同的学术主张，为科学的合理性提供辩护，因而是一个富有生命力的新视域。

语境论科学观视域中的科学是一种理解实在的理论，而不是描述实在的理论[①]，这就是说，从哲学意义上讲，科学的理论与实在之间存在着一种描述和理解的差异，科学理论是通过对人类世界的认知来理解实在的，这种理解实在就是科学研究的意向性目标，科学研究始终以揭示现象背后的本质为目标，在这一意向目标的驱动下，科学家会使用各种方法与手段实现这一目标。从测量语境的角度讲，当代科学会越来越远离我们的直觉与感性经验，所以说，逻辑推理、语言表述与仪器工具等科学或非科学的手段都会成为语境的依赖因素。

语境论科学观基于语境分析的角度认为，科学发展是受文化、社会、经济等语境要素影响的，这些因素体现了科学发展的非理性要素，虽然与理性要素有一定的差别，但是其共同作用于科学发展的全过程，如果从文化语境的角度去理解，当把科学文化当作主体文化时，这些因素就是一种亚文化语境，亚文化语境对于科学的发展有时会起到影响方面的作用，当然也不能一概而论，因为科学发展的不同时期特点不一样，也与亚文化语境有关。比如，对于宗教与科学的关系，要从不同的语境去进行分

① 成素梅. 语境论的科学观. 学术月刊，2009，(5)：59.

析，而不能说宗教会阻碍科学的发展，其有时对科学和发展是有正面影响的，在默顿看来，清教伦理就对当时英国的科学技术的发展起到了积极的作用。所以说，语境论科学观非常重视科学发展过程的语境性，虽然也承认科学发展过程中存在一定的修辞学特征，但那也是为科学理论的表达而服务的。

第三章 语境论科学史观

基于语境论科学观所形成的语境论科学史观，从微观层面诠释了科学哲学对科学史的指导作用，是语境论科学观编史学意义的理论层面。语境论科学史观提出的一系列学术主张，最关键的一点就是科学史是描述人类认知世界逼真度的表征史。在对表征史的叙事中，语境具有语境性、动态性、可错性与可修正性。科学发展史上的有争议的问题都可在语境基底上被阐述、整合与协调。

通过语境论科学观，将语境论的研究方法实质性地引入科学史的研究中，在语境的基底上，采用语境分析方法去分析科学事件的发生与发展；在语境的平台上，采用语境的研究范式，将科学史的本体论、认识论和方法论三个层面有机地融合在一起，来回答科学史的元理论问题，解决科学史面对的一切争论，是当代科学史研究的合理选择，也是科学史发展的历史的、逻辑的必然。采用语境论的研究方法去研究科学史可以更好地说明历史上的科学是如何发展的，更重要的是对“怎样去认识科学、怎样去撰写科学的历史”进行系统的分析和研究。

第一节　语境论科学史观思想来源

科学史观是一切科学编史方法的理论基底，没有科学史观就不可能形成科学编史学，没有科学编史学，科学史的研究就会缺乏理论的支撑，没有理论的科学史研究，人们就会盲目地工作。科学史观是人们在研究科学史的过程中，对科学发展的规律、特点的历史总结，也是对科学史本质认识的理论总结。不同的科学史学家的科学史观是不同的，“每一部科学史或是科学方法论著述都代表着一种科学史观和编史方法论”[①]。因此要有一个统一的科学史观是不可能的，语境论科学史观也只是一种与其他科学史观相比，相对较为合理的、逻辑的、历史的科学史观。之所以形成语境论科学史观，一方面是学科内部的因素，另一方面是学科外部的因素，即语境

① 伊·拉卡托斯. 科学研究纲领方法论. 兰征译. 上海：上海译文出版社，1986：161，236.

论科学观的指导，这两方面的有机结合才产生了语境论科学史观。当然，从相对的角度讲，语境论科学观的作用更大一些，因为它要定义科学是什么。下面先从对传统科学史观的语境评析来分析语境论科学史观产生的渊源。

一、语境论科学史观的理论来源

任何科学史观的形成与发展都有一定的理论来源，语境论科学史观也是如此，其理论来源主要是传统科学史观的思想和语境论思想。总结传统科学史观的演进不仅对语境论科学史观的提出有很大的启发，而且也便于我们在更高的层次上把握与研究科学史的理论和方法。由于传统科学史观形成时的语境不同，所以形成的科学史观的思想或内容也不同。从认识论的角度讲，传统科学史观的发展经历了功利主义的科学史观、实证主义的科学史观和批判理性主义的科学史观三个主要的发展阶段，这三个阶段有其存在的合理性，但是存在不同的缺陷。语境论科学史观是在对这三个发展阶段的不同思想进行批判的基础上建立的，因而这些思想是其重要的理论来源。

（一）功利主义科学史观的积累

当 17 世纪的培根提出“知识就是力量”的观点时，人们才体会到科学技术是将人类推向前的主要力量，而此时科学还没有完全从经院哲学中走出来。为了突出科学在人类发展历程中的作用，将科学的发展历程写出来就可以为科学的作用做出辩护。因此，培根提出书写天文学史、化学史等单科史的宏大计划，而且他自己还身体力行，于 1622 年出版了《自然的和实验的历史》一书，这是近代学科史研究的开端[①]，标志着科学史研究的最初形态，其目的就是要将科学技术在人类文明演进中的作用体现出来，让世人认识到科学技术的真正力量。

自此以后，一些科学家投身到学科史的书写中，希望写出更多的学科

---

① 刘凤朝. 近代科学史观的历史走向. 科学技术与辩证法，1991，(6)：33.

史，以得到社会对科学的理解和支持，这是典型的功利主义思想所驱使的结果。比如，《皇家学会史》(1667年)是由英国科学史学家斯普拉特完成的，它并没有对皇家学会的历史做出历史发展的记录，而是通过对皇家学会历史前身的追溯，表达了其社会作用，从而为新科学的发展寻求一种政策支持和社会的理解。[①]《电学的历史和现状及其原始实验》是由英国科学家普里斯特利（J. Priestley）在1767年完成的。普里斯特利本身是位化学家，对电学也很有研究，这本书是在受到富兰克林的电学实验的影响，他自己又做了比较成功的实验的基础上写出来的，虽说是历史，但更多的是一些实验的记录。他的另一部学科史著作——《关于视觉、光和颜色发现的历史与现状》(1772年)，也是如此。从这两本著作中我们可以看出当时的学科史研究的特点：主要是某一学科研究方向上研究历史或现状的描述。当时的目的就是要让人们“通过阅读前辈的探索经历而受到激励……即使我们先前获得的知识对于科学的发展不是必需的，但它毕竟大大促进了未来的进程”[②]。这种实用功利主义思想虽然在今天看来是不可取的，但如果我们用语境的方法去分析，站在当时的语境上，这完全是合乎情理的。因为当时要为科学寻求一定的社会地位，不从历史中寻找科学的作用，别无他法。

我们知道，18世纪的文化特征是突出科学与进步，把科学看作是社会进步的源泉。在实验科学诞生之后，人们开始了对科学的强烈追求，试图通过各种方法得到对世界的认识，这种对科学与进步的强烈信念必然体现在当时的学科发展记录中。但当时的学科史还不具有自身独立的价值标准，还不是一门学科，更多的是要为当时科学发展的需要服务，尤其是在18世纪的英国工业革命和法国资产阶级革命的历史背景下，科学史的研究显示了科学技术对社会各方面巨大的推动作用，更是印证了“知识就是力

① Krage H. An Introduction to the Historiography of Science. Cambridge：Cambridge University Press，1987：2-4，131.

② Krage H. An Introduction to the Historiography of Science. Cambridge：Cambridge University Press，1987：3.

量”的正确性。当时的科学技术为社会经济的发展提供了强大的物质基础，物质基础的充实体现了经济的强大，当经济基础达到一定程度后，上层建筑就会有一定的变化，也就是说，科技的发展导致人们的思想观念发生了重大变化。启蒙时代的思想家看到了推动社会进步的主要力量就是科学技术，此时倡导科学方法、弘扬科学精神是学科史得以发展的核心支柱。这种思想在《归纳科学史》(1837 年)中仍在体现：这部综合性的科学史所描述的内容已不仅仅是某一学科的发展历程，而是关于科学发展的整体进步情况，也就是说，是人类历史上科学与理智整体进步的一种体现。惠威尔写作《归纳科学史》是为科学事业的整体发展做辩护，他的基本观点是：社会进步是由科学进步导致的，社会应大力发展科学事业。因此他采取了一种“科学导致社会进步”的推理模式：科学一直在进步，而人文不存在进步，社会要发展，就必须发展科学。这种为科学在社会中争取地位的科学史观，突出地表现了其功利性。

这种功利性很强的学科史，在特定的语境下，虽然其主旨并不是去反思科学是什么、科学发展的模式是什么，而主要是要描述有什么样的科学技术，还没有上升到对科学的解释和说明层次，但其写作的目的就是要让后人从前人的经验中总结教训、得到某一方面的启迪，因此也有一定的合理性：就是为科学寻求社会建制化方面的合理性，使人们看到人类历史发展的真正动力是什么，以实现科学发展的社会认同。只是到了 18 世纪的英国工业革命和法国资产阶级革命之后，其才不再是单纯地为了科学史的研究而研究，而是为了揭示科学技术是如何推动社会进步的。所以说，这一时期的科学史观是朴素的，但是为科学史的发展奠定了基础，更为重要的是对科学史开始了一些思考，为后期的科学史观的形成创造了条件。

（二）实证主义科学史观的完善

尽管实证主义的科学史观受到了一些学者的批判，但它是语境论科学史观的奠基者，因为在实证主义框架下，语境的一些思考已经出现了。如果说功利的科学史观“就是出于科学史学之外的某种目的和需要”[①]的话，那么实证主义框架下的科学史研究就是要深刻揭示人类进步的科学知识的真正积累。也可以这样说，实证主义的科学史观正是在批判功利主义的科学史观的基础上发展起来的。19 世纪是科学的世纪，19 世纪各门学科的发展达到了顶峰，自然科学借助实验与理论相结合的方法，在更广阔的空间认识和研究自然界，取得了巨大的成就，找到了自然界中的诸多规律，为人类认识世界打开了一扇扇大门。比如，当时有人称，物理学已经不用再发展，已是人类的最高点。正是因为科学的如此发展，才彻底打破了传统的哲学理念，人们更加关注科学的发展，因而也对科学史的研究产生了极大的兴趣。科学史学界已清楚地认识到科学史的研究目的绝不是过去的“为科学正名”这么简单，而是应该在不违背科学发展客观性的基础上，通过科学史认识科学，应该借助自然科学的研究方法去研究科学史，突出强调事实、严格实证。正是由于这一思想的渗透，19 世纪的科学史研究彻底摆脱了传统思想的影响，使科学史的研究真正走向了独立发展的道路。

实证主义科学史观提倡要用科学方法研究自然科学本身发展的历史，主张科学史的客观性，这种科学史的研究要求研究者不要以个人的喜好和主观偏见去收集资料，不能以自己的主观意愿去分析、考证资料，要对科学的发展做出客观公正的书写。正是在这种实证主义的关怀下，许多科学史学家又回到原始的文献中去，致力于在更加广阔的范围内收集资料，以及在更加深透的基础上去精确地论证，这种风格成为实证主义科学史的突出特点。比如，法国的迪昂等科学史学家主张要对传统的历史方法做彻底的改造，“当他以科学家和科学哲学家的名义写历史时，他是为了得到启发现在的眼光而考察过去的，并且倡导一种类似拉卡托斯“理性重构”的批判进路”[②]。因此，他主张科学史的研究首先要掌握第一手的资料，并对这些文献进行整理、分析，这是科学史写作的逻辑起点和论据，离开这一点，科学史的研究就无法进行，对这些材料进行分析就要用科学的方法。这样

① 刘凤朝. 近代科学史观的历史走向. 科学技术与辩证法，1991，(6)：36.
② 李醒民. 略论迪昂的编史学纲领. 自然辩证论法研究，1997，(2)：41.

的科学史观曾一度受到很高程度的推崇，一些科学史学家转向了对原始材料的收集和整理工作中，因而对当时的科学史研究产生了很大的影响。这种科学史观虽然愿望是很好的，但在实际的操作中，这样写就的科学史只是对科学发展的一个个事件进行了严格的考证，而没有对科学事件进行进一步解释。

实证主义科学史观到了萨顿时期可以说发挥到了极致。作为“科学史之父”的萨顿先生在深刻总结前人工作的基础上，在他的巨著《科学史导论》的导言中指出：“我们的主要目标不是简单地记录孤立的发现，而是解释科学思想的进步和人类觉悟的逐步发展，理解并扩展我们在宇宙进化中的职责的倾向。”[①]这就是说，他在继承孔德实证主义科学史的基础上，已明确地认识到科学史的目的并不是简单地记录一个个的科学发现或发明，而应该有一种解释的功能，科学史要解释这些科学事件是怎么产生的，以明确我们的地位是什么。因此他肯定地阐述了科学史的目的：“科学史的目的是，考虑到精神的全部变化和文明进步所产生的全部影响，说明科学事实和科学思想的发生与发展。从最高意义上说，它实际上是人类文明的历史。其中，科学的进步是被注意的中心，而一般历史常作为背景而存在。”[②]这就是说，科学史是人类的文明史，只有科学进步才是人类注意的核心，而其他的都只能当作背景。另外，他觉得可以“赋予科学史以新的原理和新的研究方法，使之成为一门新的历史学科，这种新人文主义似乎可以取代旧人文主义”[③]。因此他主张新人文主义与科学史的融合，即“人性化”的科学史观。萨顿科学史观的一个基本前提是“科学史是人类文明史的支柱部分”，科学知识就是人类文明史上累积的、实证的知识，科学知识的产生离不开人，因此他主张人性化的科学家就是新人文主义者，认为科学史是综合的、完整的和人性化的，它应该成为科学与人文两种文化的桥梁，要做到这一点，科学史的研究就离不开对人的研究，他反对将主客观分开的

① 乔治·萨顿. 科学的历史研究. 刘兵，陈恒六，仲维光编译. 上海：上海交通大学出版社，2007：173.

② 乔治·萨顿. 科学的生命. 刘珺珺译. 上海：上海交通大学出版社，2007：30.

③ Singer C，Singer D. George Sarton and the history of science. ISIS，1957，48（153）：308.

“二分法”观点，认为“科学不过是自然界以人为镜的反映，在某种意义上，我们始终是在研究人……无论我们是研究人的历史，还是研究自然的历史，我们研究的主要目的都是为了人”①。因此他认为科学史的写作“必须在将一切文化的交流，以及一切由于文明进步而对人类整体文明的诸种影响都加以考察的基础上，对科学成就和科学思想的起源及其各个发展阶段予以研究，建立起综合而完整的、人性化的科学史”②。

萨顿的人性化科学史观的主张是很合理的，他已经看到科学与人文之间的沟通是很重要的，可要真正按照他的思想去从事科学史写作，就会遇到很大的问题，比如材料如何选取、如何节略、与人文怎样结合等诸多问题。《科学史导论》未写完就是因为文献的节选问题无法解决。科学史毕竟是历史，有一个史料的选择过程，况且科学史并不是简单的历史，“科学史至少包含教科书历史、官方历史、评论者的历史、理性的历史、分析的历史和客观的历史六种类型”③。因此，在某些方面说，萨顿对科学史的学科建设的贡献是很大的，但还是有其思想的局限性。萨顿虽然处于20世纪，但其深受实证主义思想的影响，他所理解的科学是体系化了的实证知识，他所倡导的科学史实质上还是一种编年史，还是“剪刀加糨糊”式的编年史，这种编年史的方法无法找到充分的理由决定你去如何选择文献，只能从先人的资料中再进行收集、整理和分析，难以得到真正的要领。因此用这种方法所写成的科学史肯定是比较浅的，达不到他自己所设想的对科学事件的解释，而且人为因素还普遍存在，人为因素的存在会影响到科学史的客观性。因此可以说，在特定的语境下，萨顿试图通过他的新人文主义思想去说明科学史的研究价值，在人类文明的大背景中强调科学通史比专史更重要，但在编史方法上并没有什么创新之处，还是继承了孔德的实证主义科学史的传统，因而他受到了批判。

---

① 乔治·萨顿. 科学史与新人文主义. 陈恒六，刘兵，仲维光，等译. 上海：上海交通大学出版社，2007：25.

② 黄瑞雄. 萨顿“人性化的”科学史观评析. 科学技术与辩证法，2002，(6)：46.

③ 哈里·科林斯，特雷弗·平奇. 人人应知的科学. 潘非，何永刚译. 南京：江苏人民出版社，2000，182-184.

（三）批判理性主义科学史观的反思

之所以将本部分的论述称为批判理性主义科学史观，是因为在人类进入 20 世纪以后，伴随着科学的飞速发展，人们的思想观念发生了很大的变化，不仅某一门学科内部得到了极大的完善，学科间还出现了交叉。比如，介于物理和化学间的物理化学、介于生物与化学间的生物化学等一些交叉学科相继出现，给科学界带来了很大的变化。作为统揽一切学科的科学，也面临着如何分析、理解和认识自身的问题，不同的学术主张对科学的认识不同，产生了不同的科学观，不同的科学观又形成了不同的科学史观，特别是 20 世纪 50 年代以后各种思想不断地涌现，科学史学界出现了缤纷复杂的局面，一些科学史学家在批判别人的基础上提出了自己的科学史观，因此可以将其统称为批判主义的科学史观。这种批判主义的科学史观的主要代表人物有柯瓦雷、默顿、库恩、皮克林、夏平等。鉴于本书的篇幅，本部分只对一些很有代表性的科学史观做出评述。

如果说实证主义的科学史观是借鉴自然科学的研究方法来研究科学史的话，那么柯瓦雷的概念分析法是完全与此不同的科学编史方法。在《牛顿研究》中，柯瓦雷很清楚地表明了自己的观点，他“认为科学思想史旨在把握科学思想在其创造性活动的过程本身中的历程，关键是要把所研究的著作置于其思想和精神氛围之中，并依据其作者的思维方式和好恶偏向去解释它们。必须抵御这种诱惑——已经有太多的科学史家陷于这种诱惑之中——即为了使古人经常晦涩、笨拙甚至混乱的思想更易理解而将其译成现代语言，尽管澄清了它却也同时歪曲了它”[①]。我们从这一段话不难看出，柯瓦雷的研究风格与当时实证主义追求纯粹客观性，而不考虑个体因素的研究特色截然不同，柯瓦雷对于来自科学本身的客观性有种基于自身认识的自觉抵制，这种批判主义的态度从根本上讲并不是表达了对科学发展本身的异议，而是将科学置于能使它自身得到更好的显现和开放的语境中，使“科学是如何发展的”得到更好的展示。柯瓦雷认为，科学史在本

① 孙永平. 柯瓦雷：科学思想史研究倾向与规划. 自然辩证法研究，1991，7（12）：65.

质上是科学的观念或理论的发展史，科学可以说是对真理的不断探求，但是这种探求有其内在和自主的发展规律，只有在一定的语境下，对这个规律的认识才可以得到更好的理解。他的这一科学编史方法被后人称为观念论的科学编史学纲领。观念论科学编史学的核心纲领是“科学观念的发展是内在的和自主的，科学史是观念内在更替的思想史。这种科学史将会把注意力集中在科学观念的内在演变之上，将会比较关注与科学观念相关的哲学史和思想史”[①]。这就是说，柯瓦雷将科学的发展放在人类思想统一性的背景中，分析和追溯某个概念的产生、发展、成熟、传播、衰落的历程，从中揭示影响概念的因素与概念所影响的思想，以及一个概念本身与其他重要概念之间的关系。对这一关系的深刻阐述，表明了科学的发展历程，这完全是一条内史的研究路径。如果站在语境论的立场上去看柯瓦雷的科学编史学思想，不难理解，受当时整体研究氛围的影响，他与同时代的许多学者一样，都相信科学是一种理性和进步的事业，相信科学史是唯一能体现人类进步的历史。只不过他与萨顿的不同之处在于，他的科学史不是一部综合史，而是一种专史，试图从科学内部的发展逻辑给出科学事件的合理解释，因此其被学界称为科学史的“内史大师”。他的科学编史学思想，使得很多学者转到科学思想史的研究中，这种格局直到20世纪的五六十年代，随着美国职业科学史学家的兴起，才被科学史学界提出质疑。

美国职业科学史学家在重新审视默顿的研究方法后，逐步认识到科学的发展不仅仅与内史有关，与社会、政治、经济、文化等也有很大的关系，从这些科学发展的外部因素出发去研究科学史会得出不同的结论。比如，人们以前一直认为宗教对科学的发展起阻碍作用，但经过默顿的研究却发现，清教伦理对科学的发展是一种促进作用，这种观念的变化使得人们对内史论提出批判，外史论逐步占据了科学史研究的主导地位。

正当外史论科学史观较为兴盛时，库恩的“范式”理论的科学史观出

① 吴国盛. 反思的科学. 北京：新世界出版社，2004：112.

现了，他从科学革命入手去研究科学是如何发展的，得出了与前人完全不同的观点，彻底打破了传统的科学史研究格局。在这之后，劳丹在对科学史进行层次划分的基础上提出了新历史主义的科学史观；拉卡托斯建立了科学史合理重建基础上的“科学研究纲领方法论”的科学史观；夏平从社会学重构角度出发构建了建构论科学史观；皮克林建立了“后人文主义”科学史观等。

从语境的角度看上述科学史观，其都是一定语境下的产物，不同的科学史观离开了自身的语境就不合理了。比如，采用社会建构论的科学史观所主张的方法，可以对当代某个实验室从事的科学进行研究，最后得出科学是社会建构的，以此来对科学史进行社会学重建，这还可以理解；但站在人类认识世界的角度就会发现其有很大的缺陷，用这样的方法去研究中国古代科学，是完全不可行的。所以，无论是功利主义、实证主义的科学史观，还是批判主义的科学史观，都是科学史发展历程中一个个特殊时期的特殊产物，具有语境相关性。因此，它们的合理性与不足都为语境论科学史观的形成提供了思想理论来源。

第二节 语境论科学史观的基本内涵

通过对上述传统科学史观的评述，我们不难看出，传统科学史观实质上只有两个阵营：一个是内在的，一个是外在的。内在的科学史观都有一个共同的哲学理念——科学的客观性，就是说科学是必然的、无错的和普遍的，科学史是科学内在逻辑的发展史；外在的科学史观认为科学的发展是外在因素的结果，科学的发展应该从外在的影响去寻找答案。这两类科学史观都源于同一种二值逻辑思维的发展模式：要么强调科学发展的客观性、真理性，忽视主体的作用，认为科学史就是真理的发展史；要么强调科学知识在形成时的非理性因素，认为科学就应该从科学发展的外部入手去研究，科学史就如同别的历史一样，是一种社会史。事实上，这两类科学史观在关注科学史的时候，都已经在潜意识里承认了科学的客观性是科学研究的起点，主体在不同时期对科学的客观性认识的程度不同。

一、语境论科学史观的基本主张

那么，如果我们站在语境论的立场去看科学的发展，我们就会发现，不论是古代的科学，还是当代的科学，它们都有一个共同的出发点：科学并不是起源于纯客观性的，而是起始于主客观性的统一。比如，中国古代的科学发展，就是在“天人合一”的哲学理念指导下发展的；古希腊的科学发展不讲“天人合一”，而是把“天”与“人”分开。这就是说，面对同一个“客观存在”，不同的主体看问题的角度是不同的，但实质是一样的，都主张主客观的内在统一，当代的科学研究也是如此。所以，在不同时期，人类对世界的认识程度不同，但绝不能把科学发展的主体与客体分开。科学的客观性与真理性就是科学追求的目标，是一定语境下对客观世界的认识程度，而不是绝对真理，科学就是人类认识世界“逼真度”的表征，科学史就是对“逼真度”演进的如实解释与说明，而不仅仅是描述。这里的逼真度，来自语境论科学观的学术主张，是指科学理论与世界的客观实在间的相似度，逼真度越高，就说明人类对世界的认识程度越高。

在此，本书借鉴当时萨顿的科学编史纲领的形式，建立语境论的科学史观的核心内容，在定义上采取了语境论科学观的学术主张：

> 定义：科学是在一个特定的语境下，人类认识世界程度的综合反映，科学理论通过各种模型来模拟世界，科学的客观性与真理性只是人类认识世界的程度表征，而不是绝对的。
>
> 定理：认识程度的表征与系统化体现了人类认识世界过程中的主客观的统一，科学活动是人类在特定的语境下自觉地认识世界和改造世界的一种能动的活动。
>
> 推论：科学史就是反映人类认识世界不同程度的表征史，这个表征可以用逼真度来表示，科学事件与逼真度联系在一起，科学史不仅

要真实地记录逼真度的演进史，而且还要在语境的框架下，对其意义做出评价，离开语境的科学表征是无意义的。

这个推论就是语境论科学史观的内核，鉴于上述观点，语境论的科学史观的基本主张如下。

第一，科学史是科学主体在特定语境下对世界认识程度的表征史，这个表征在特定语境下是真理，在另一个语境下就是错误。语境论的科学观认为科学理论并不是绝对的科学真理，而是对人类认识世界程度的一种表述，这种表述在一定的语境下才有意义，离开这一语境的所有表述都是无意义的。描述程度所使用的语言要受到语境的制约，“科学的话语并不是在字面意义上对自然界本身的直接言说，即不是关于自然界的陈述，而是对理论思考与认知内容的表达”①。这就是说，科学理论就表现为人类对自然界认识的一种“整体模拟”，而不是确证的表达，随着认识程度的不同而不断进行修正。因此，语境论的科学史观主张科学史就是对这种认识程度演进的一种说明和解释，而不是人类对世界认识的真理描述。

第二，科学事件是依赖语境的，科学史就是由特定语境下的一个个科学事件组成的，科学史的语境依赖决定了科学发展的不连续性与地域性。科学事件所依赖的语境是实在的，它并不是人为构造的。一个科学事件，必然是由特定的人物在特定的时间和地点做出的特定的事所构成的，描述的科学史首先要阐明的就是这些构成要素，在此基础上才可以对这一事件进行解释，即“为什么会那样做”，“其现象背后的实质是什么”。科学史对这些问题进行回答，才能达到解释或说明层次。比如，中国古代的炼丹术，其实就如同西方的炼金术一样，是化学发展的启蒙，但中国古代发展炼丹术并不是为了研究现在称为“化学”的学科，而是为了寻求“长生不老药”，这就是最大的一个语境，离开了这个语境就无法认识为何要发展炼丹术。从科学史是真理的发展史的角度看，炼丹术就不应该是科学史的内容；但从语境论的角度看，它就是科学史的内容，因为它是特定语境下的科学事

① 成素梅. 语境论的科学观. 学术月刊，2009，(5)：56.

件，是“当时”的科学技术。

第三，科学的进步不是人类科学理论的进步，而是理论与实在之间在特定语境下相似程度的提高，其提高过程可以用语境分析方法进行研究。科学史的研究价值就是要在对科学发展历程的总结中，发现科学是如何进步的，对这种进步的分析研究，使人们认识到科学是什么。语境论的科学史观认为，科学是在一定语境下，人们基于对世界的不同认识的一种语言约定，科学史就是对这一语言约定过程的一种描述。前文已述，最古老的科学史并不是对整体科学发展的研究，而是以学科史的形式出现的，那个时候的语言使用与现代语言的使用有很大的不同，比如，对一个概念的描述和介绍，肯定与我们现用的不同，但在当时的语境下是可以被理解的。过去的科学理论对世界实在的认识程度与现在的理论对实在的认识程度有相当大的差异，这种差异性也是通过语言来实现的，是特定语境下的语言。科学史所要揭示的就是科学是如何一步步提高科学理论与世界实在之间的相似程度的。

二、语境论科学史观的基本特征

我们通过上述对语境论科学史观的分析，从语境论与科学观的角度出发，结合传统科学史观的不足得出了语境论科学史观，不难看出，其具有以下几个明显的特征。

1. 语境性

语境论科学史观就是将科学史观语境化，所以其最显著的特征就是语境性，不论是对科学史的理论分析还是对实践研究的指导，都会体现这样一种特征。形成这个特征的原因主要有以下几点：首先，自然科学发展的语境性。自然科学的发展在传统科学史观看来是人类理性的表现，但人们随着认识的不断加深，会发现科学所表现出的内涵不仅仅只是理性的，还有非理性的一面。理性的一面与非理性的一面都是基于一定语境的产物，只有理解了自然科学的独特语境才能更好地理解科学的发展。其次，科学史的语境性。科学史就是要表明科学认识的过程性，这个认识过程就是要说明任何科学都是“当时当地”特殊人物对世界的认识和表征，不同的学者都是基于他自己的语境去认识这个过程的，这个过程表明了科学会存在“真”与“假”，这个“真”与“假”是一个语境下的认识，随着所掌握材料的多少与考证的翔实，可以在另一个语境下进行史学修正。例如，亚里士多德对运动的一些看法在当时的语境下是正确的，而在现在的语境下是不正确的，但这并不能代表那不是“科学”，这个过程就是“去语境化”与“再语境化”的过程。牛顿的时空观与爱因斯坦的时空观都是在各自的语境下成立的，相对论物理学也不是终极物理学，在将来的某一天，它们可能会在另一个语境下被另一种理论所取代。任何一门具体的学科都是对世界某一方面的认识，是特定语境下的产物，都会进一步地被完善和重新认识。所以基于科学的语境性与科学史的语境性，科学史观必然是语境相关的。

2. 层次性

科学史的层次性决定了语境论科学史观的层次性，否则科学史观对科学史的指导就是一句空话。劳丹在其成名作《进步及其问题》中很明确地对科学史的研究进行了分层。①劳丹主张用 HOS_1 指实际的科学史，用 HOS_2 指历史学家的科学史著作，那么在这两个层次之间应该有一个逻辑通道，就是科学史观，通过科学史观来指导科学史的研究实践要无限接近“实际的科学”，所以科学史观的语境化特征必须承认科学史的层次性。劳丹这样的划分有其合理性，因为实际的科学发展历程是一种时过境迁的事情，永远不可能还原，是一种“实在语境”，是客观的，可以无限逼近，但不能实现；而我们所能知道的科学发展的历程，只能是科学史学家写就的“文本”，是主客观的统一。文本是科学史学家用语言写成的，其中蕴含着科学史学家的情感、立场、史料的取舍等多方面的元素，是一定语境下的产物，这就是科学史的“文本语境”。在“实在语境”与“文本语境”之间永远会有距离，只能无限逼近而不可能达到相同。所以，科学史学家的工

① 劳丹. 进步及其问题. 方在庆译. 上海：上海译文出版社，1991：167-223.

作就是尽量多地掌握语境要素，以达到他们之间距离的最小化。事实上，不论谁写作科学史，都离不开自身的认识层次，这个认识层次也是语境实在的，不同的科学史学家对同一事件的认识不同就是因为层次不同，这是一个不言而喻的事实，所以在认识层次上，只有谁更合理，而没有谁最合理。

3. 修正性

语境论科学史观的修正性特征是非常明显的。任何一门学科的历史都会随着新史料的出现而进行适当的修正，语境论科学史观主张要在当时当地的语境下对科学事件进行修正，这样就会从根本上消解辉格式科学史。这种修正性也体现在“去语境化”与“再语境化”的过程中，这就是说，在后人对科学事件进行语境修正时，他的思想已与前人的思想有很大的不同，不同的原因就是语境不同，其对科学事件的修正是在去前人语境的基础上建立自己的语境的过程，并且要让这个语境无限接近上述的“实在语境”，从而取得大多数人的理解与认可。科学史观语境化的修正性特征要求从事科学史研究的学者要从科学的实证主义阵营中解放出来，科学的发展历史不仅仅是实证科学的历史，而且有很多不是实证知识的历史，正是存在“非实证”的科学，才会使科学史更加丰富、科学的故事更加迷人。而一味将科学理解为只是实证主义倡导的科学，则是一部不完整的科学史。

4. 多元性

科学史观语境化的一个表现就是要从传统的二维逻辑思维中解脱出来，形成一种多元的思维模式，或者说语境要素是多元的，多元的语境要素决定了研究方法的多元性。从科学发展的角度来看，科学家对世界进行认识的科学理论是以概念、定理、定律或其他一些符号表述的，一般来说，概念是基础，这个概念的出现或表述是在一定语境下产生的。这里提到的这些概念、定律或原理都是指现在已成了教科书的正规科学。而在科学的发展中，有很多研究是没有被写在教科书中的，是一些现在认为失败的“科学研究”。这些科学研究属于或不属于科学史取决于科学史学家的态度和立场，但是从语境化的科学史观来看，这就是科学史一定不能忽略的内容。比如牛顿的炼金术研究，现在几乎在大多科学史著作中见不到这样的研究，而在牛顿的手稿中有大量的篇幅是对这一研究的表述。可以假设一下，如果当时的牛顿在研究炼金术时，也发现了“氧”，那么他的炼金术研究肯定会作为化学发现的前语境而被写入科学史，或者要写入牛顿研究的著作中。事实是，牛顿“不幸地”没有发现这一点，所以一些科学史学家认为这不是科学史应该写的历史。再举一个例子，欧几里得几何（平面解析几何）是建立在五个平行公设基础上的数学理论，这五个公设就是欧几里得几何的语境，只有以这个语境为前提，后面的许多定理才成立，所以说这五个平行公设就是语境限制。在出现了非欧几何后，语境变了，欧几里得几何中的许多定理都不成立。上述几个事实看似很简单，但是要真正地了解它们产生的过程，就要深入这些理论和事实产生的各种语境要素中去。就拿牛顿来说，首先要理解牛顿的思想语境，他为什么会在研究物理的过程中突然转向炼金术的研究，乃至神学研究？他的转化动机是什么？当时的社会语境是什么？对他的研究有没有影响？有多大的影响？当时的文化语境、科学语境等对牛顿思想的转变产生了多大的影响？至少通过对这些语境要素进行分析，我们才能真正说明和解释牛顿的这一科学事实。因此，科学史观语境化的多元性特征，充分说明了科学家认识世界时概念化、理论化的多元性。这正如欧几里得几何或非欧几何分别从不同的角度、不同程度模拟了世界的某些机理，不同数学理论的选择是根据认识世界时不同的问题来选择的一样，是多元的，而不是单一的。

5. 动态性

传统科学史观指导下的科学史研究基本上是以一种静态的方式处理科学事件的说明与解释问题的，这种静态的分析会割裂一些语境要素，或是把一些语境要素当作背景来认可。如果是背景的话则就是可有可无的，但是从人类历史的发展来看，科学的发展有其非常独特的一面，也就是说，任何一门学科，其发展都不是预先设置了逻辑内容，然后不同的科学家去进行部分汇总式的研究。比如，我们现在学的物理学，在牛顿经典物理学建立以前，并不是一个整体严密的物理学体系，而是不同的物理学家研究了不同的、零散的知识点，后代的科学家将这些知识点体系化，形成了现在的物理学。那么，化学、生物学、地理学等自然科学都是如此。

这样一来，科学的发展就有了很大的地域性，这种地域性就造就了语境性，同时也产生了动态，科学是动态发展的，所以科学史一定就是动态的，没有动态的科学史肯定是失去生动性的科学史，所以语境论科学史观具有动态性。

三、语境论科学史观的优势

我们从上述内容不难看出，语境论科学史观与传统的科学史观相比，具有很大的优势。

首先，在本体论意义上，它有助于架起内在主义与外在主义之间的桥梁。前文已述，科学史的研究一直存在着内在主义与外在主义的争论：从内史论与外史论的争论开始，外史论的力量不断地强大，内史论的力量相对缩小，但它们之间的争论直到今天也没有停息过，因为这毕竟是两种相对较为合理的传统研究模式间的争论。但如果从本体论意义上讲，科学的发展是有其内在的逻辑的，外部的因素对科学发展的影响也很大，那么如何理解科学的发展呢？如何淡化科学发展的内在逻辑与外部因素的关系呢？这就需要从语境的角度去分析。如果我们肯定科学是对世界的认识程度，而不再是绝对真理，那么就有可能为上述两种观点搭建一个对话的平台，使双方真正认识到，科学史并不是真理史，绝没有人的主观因素；科学史也不是主要受社会因素控制的，而是主客观的内在统一。

其次，在认识论意义上，它有助于理解科学知识的可错性与可修正性。我们知道，在科学发展的历史中，有很多知识在当时的语境下是正确的，发挥过积极的作用，但后来被证明是错误的。诸多科学事件表明，现在认为错误的理论，在当时的语境下可能作用是非常大的，只不过当时人们对世界的认识程度没有达到现在的水平而已。比如，“地心说”统治了人类1300多年，其理论为当时的人们认识宇宙起到了很大的作用，但后来被认为是不“科学”的，而被“日心说”所取代。然而，后来“日心说”也被证明是错误的，因此这是一种错误的理论代替了另一个错误的理论，但在当时却是“真理”替代了非科学。我们在书写科学史的时候，对“地心说”的贡献是不能忽视的，其应该是科学史的一部分，因为语境论的科学史观就是认为科学是可错的和可修正的。

最后，在方法论意义上，语境分析方法有助于理解科学概念、定律和理论的历史演进。科学概念一直就不是独立存在于这个世界上的，一定有其独特的语境，没有语境的科学概念是不存在的。在古代，一个科学概念的产生，几乎是靠人的哲学思考。比如，古希腊对“原子”概念的提出，当时没有任何的“科学”手段去设计一个实验让人们认识到世界是由原子构成的，这全是理性思维的结果。直到现代，人们才借助实验观察到原子，提出了较为完整的原子理论，那么古代原子的概念与近代原子的概念，其内涵有很大的不同。古代认为原子就是“不可分割”的，是构成世界的最小单元；但现代已把原子分为原子核和电子，原子核又可以分为质子和中子，这些变化，并不是“原子”这个词发生了变化，而是在不同的语境下，“原子”的内涵产生了不同的意义。科学定律也是如此，比如欧几里得几何，长期以来，人们认为其就是一种直觉形式，我们日常见到的现象，如图形、线条等一定要符合其定理或理论，但通过罗巴切夫斯基和黎曼等科学家的创造性工作，形成了另一形式的几何学，不仅颠覆了欧几里得几何的传统理念，更重要的是使科学家发现，宇宙几何学的形式与平面几何完全不同。这就是语境变迁所造成的，在一个语境下成立的理论，在另一个语境下是不成立的。因此，从语境论的科学史观出发，我们可以更好地理解科学的概念、定律，以及理论的历史演进过程。

第三节 语境论科学史观的合理性

20 世纪的科学史研究是在自觉或不自觉地受到科学哲学的影响下走入 21 世纪的，尽管一些学者不承认科学史会受到科学哲学的指导，但科学史的研究实践证明，不同的科学哲学思潮对科学史的影响是非常大的。实证主义科学史认为“科学史是通过声称自然知识是一种特殊的历史，来推动其名望的启蒙纲领”[①]，这是将科学史比作启蒙纲领，即科学史就是把科学描绘为进步的历史，是向着固定的方向前进的历史。当受到历史主义的批判时，实证主义的科学史就不得不放弃自己原有的传统，从而使得传统科学史与经典认识论的固有模式被彻底打破，但是新的关系还没有形成。近年来，由于社会学、人类学、历史学等学科的研究方法对科学史不断渗透，科学史的原有格局被打破，呈现出一幅缤纷多彩的科学编史思想画面。目前，科学史研究的主流路径、基本旨趣、学派风格等不再像 20 世纪 60 年代那么明朗，当代科学史研究面临着一系列来自学科内外的新问题，其实这些问题都与语境有着本质的联系，只有从语境实在的角度出发，建立一个语境的平台，才能对科学史研究中的一系列元理论问题在特定的语境基底上进行回答，或是用理性的思维对相关问题进行再次阐述解读，通过语境分析来应对来自科学史内部与外部的不同问题及挑战。

一、语境论科学史观的必然性

前文已述，语境分析的思想在科恩的编史思想中已经得到过实践，但科恩的语境论是一种广义的语境概念，虽然用的是同一个词“语境”，但是其概念的内涵不同，更多的是“背景”的意思，因此我们可以将其看作是

① Golinski J. Making Natural Knowledge：Constructivism and History of Science. Cambridge：Cambridge University Press，1998：2.

一种泛语境化的思想。在此，我们从科学本质研究和语境的真实意义出发，基于语境论科学观构建真正意义上的语境论科学史观，这也是科学史合理性重建的逻辑的、历史的必然。

（一）科学史合理重建的必然选择

尽管自 20 世纪 70 年代以后受到了科学社会学和社会建构论的冲击，但作为一门学科独立、学术自由的学科，科学史仍然有其自身发展的内在逻辑，因为如果科学史的研究失去了这一赖以生存的关键点，科学史也就不复存在了。换句话说，一方面，从科学史研究的本真来考虑，如果没有对科学事件发生过程中最基本的“什么时间”“什么地点”“发生了什么事”“这件事是谁（包括集体）完成的”等的全记载，科学史就难以让人信服；另一方面，科学史不仅要对事件的经过做翔实的记录，更主要的是要对事件的意义进行说明和解释，要对事件的发生做出“为什么会这样”的回答，而要真正回答“为什么”的问题，面对历史的不可还原性，就需要再现原来的“语境”，这个“语境”如何再现呢？这是科学史学家最需要考虑的问题。

实证主义科学史研究受传统学科史的影响，只对科学发展的历程做线性的描述，认为科学的发展就是朝着一个特定的目标前进，不断地累积真理。因此，当面对近代科学的分科越来越细、越来越专，学科内容也越来越多时，实证主义按照编年方式进行的编史方法就显得力不从心，难以完整地叙述各学科发展的历史线索，由此编撰的科学史也就成为一堆支离破碎的材料的简单堆积，这是其一；其二，由于最初可能没有预料到会有这么多史料，加上因时代变迁而产生的文化差异和地域差异，那么该如何准确而深入地解读史料呢？如何恰当地使用这些史料呢？如何通过这些史料如实地反映科学的发展历程呢？这一系列问题成了科学史学家面临的新难题；其三，进入 19 世纪以后，学科的交叉致使新的学科不断产生，而新学科产生以后，其知识几乎都是可以实证的，如果要把每一个学科的发展过程都事无巨细地描述下来，既无可能，也无必要，因为这就成了科学发展的流水账。其四，实证主义的编史方法不得不被放弃，这是由实证主义本身方法论的不合理主张所导致的。实证主义所设定的科学史是一部人类真理不断进步的历史，以此构造出的科学发现模式，就是以真理为核心的科学发展模式。第二次世界大战之后，这样的模式遭到了来自社会、文化、历史、哲学等多种学科的质疑，尤其是科学哲学，其从科学认知的角度对这一观点进行了猛烈的批评。科学哲学的变化也使得科学史学家越来越清醒地意识到什么样的科学事件应当被纳入科学史的研究视野，科学史编撰的过程中总归是有所取舍的，取舍什么完全取决于当前所关注的科学主题，这也是一种解释，是一种科学史的辉格式解释。

其实，基于实证主义思考的科学史，也发现了除科学本身之外的一些因素，例如，一些科学史学家在历史的长河中发现了科学思想、观念、价值不是一成不变的，而是一直在不断变化着的；另外，为什么在某一时期某一地点的科学活动格外频繁，或者说为什么某一特定时期科学与其他文化如宗教、经济等现象有一种内在关联，等等。因此，萨顿曾在他的《科学史导论》的导言中写道，“在我的著作中含有一些关于政治史或经济史的引证，但非常少。这并不意味着我对政治因素和经济因素的作用估计不足。恰恰相反，我清楚地认识到这些因素往往不仅仅是重要的，而且是决定性的”①。这说明萨顿早已看到了科学发展的“语境性”，只是没有从这一角度去研究科学史，他“没有提及那些形成人类历史的物质背景的政治和经济的事件，是因为这方面已经有了许多优秀的书籍，读者如若需要可以很容易从中找到这种资料”②。由此可以看出，萨顿忽视了一个根本点，即科学史的研究要考虑科学的发展与这些因素的关系，而不仅仅是要写这些历史。也正是由于实证主义的编史方法没有考察科学发生和发展的语境，因而其受到了批判。

与实证主义相似，历史主义的科学史同样面临上述问题。库恩可以

---

① 乔治·萨顿. 科学的历史研究. 刘兵，陈恒六，仲维光编译. 上海：上海交通大学出版社，2007：168-169.

② 乔治·萨顿. 科学的历史研究. 刘兵，陈恒六，仲维光编译. 上海：上海交通大学出版社，2007：169.

说是在科学史的研究中沟通科学与人文的典范，他突出强调了科学史对科学哲学的建构具有重要作用，他把范式与科学共同体相联系，用范式去分析科学的发展，用科学共同体来说明科学的产生是一个动态的过程，而且在受到科学家集团和社会因素的影响时会有很大的变化。这样一种科学发展的解释其实也是与语境分不开的，只是没有从语境分析的角度去“探测”科学发展的速度、方向、内容等问题。此外，拉卡托斯的《科学史及其合理性重建》以及夏平的《科学史的社会学重构》，其实都体现了语境的思想，只是与实证主义的编史方法一样，没有真正地从科学史的研究本真出发，因而引起了争论，并呈现出一种缤纷复杂的、多元的，甚至是孤芳自赏的科学编史学局面。究其原因，这与科学史的解释问题的提出有关。

我们知道，当代的科学史研究已由过去的单纯的线性描述逐步演变为立体交叉的解释和说明。那么面对 21 世纪科学史的发展，我们应该以一种什么样的方式、采取什么样的方法、在一个什么样的基底去统一上述两种思想，这正是当前我们所要研究的重要问题。按照佩珀（S. C. Pepper）的观点：“语境论者所谓的历史事件指的并不主要是一个过去的事件、一个可以说是死的或者结束的并且必须被挖掘的事件。语境论者的意思是在当前仍在进行着的事件。语境论者说，我们通常所谓的历史指的是试图重新呈现事件，以某种方式使它们再次存在。真实的历史事件，即现实的事件，是现在正在进行着的、动态的、引人注目的活动的事件。我们可以称它为一个‘行为’……但是它不是一个被认为是孤立的或隔绝的行为，而是一个有其背景、在语境中的行为。”[①]科学史正在一种语境中描述科学发生与发展的行为，因此我们把语境作为语形、语义和语用结合的基础，在语境的基底上去整合、分析科学史面临的一系列新的问题，以达到科学史的合理性重建，这是历史的、逻辑的必然。

---

① Pepper S C. World Hypotheses：A Study in Evidence. Berkeley：University of California Press，1942：232.

（二）史料重新解读的必然要求

科学史学家必须依靠史料来研究科学发展的“过去实况”，史料主要是靠实证来获得的，实证的工作做得是否到位，是科学史研究的成果能否立足的基本保证，因此实证的方法是不会因编史方法的改变而改变的。这就是说，实证方法与实证主义是两回事，尽管实证主义受到了批判，但实证的方法并没有受到批判。任何研究史学的史学家都离不开史料的实证，离开实证就是杜撰，就是不合理的。而在当代，人类学、社会学和文化史的全面兴起，极大地拓展了史料的范围，获取史料的方法也得到了极大的丰富，已由过去单纯地寻找史书的文字史料的实证方法，逐步演变为现在的文献法、口述法、实物法等多元化的方法。这就对重新解读史料提出了新的问题：在什么基底上对史料进行解读最合理？

可以这样说，解读一条史料，首先面临的是文字问题，如果是当代的还好，如果是古代的，那就相当困难，你要用现代的方式理解古代人的想法，而且最好要掌握史料的原意，要明白这一史料的本来意义及其记录者的真实意图，这是其一；其二就是你要如何运用这一史料，这就涉及使用者的知识、修养、技能、思辨等综合能力，一般来说，史料距现在的时间越长，受到文化、社会、政治等因素的影响越大，我们就越难明白其中的真实含义，也就越难运用这一史料。因此要全面解读史料，就要去关注史料产生的语境问题，这是至关重要的。因为不论是文字记录的还是口述的或是其他方面的科学史料，都是通过语言来表达的，有语言就有语境。“语言逻辑结构的发现正像人体解剖结构的发现一样也是科学的发现”[①]，正是语言将当时科学的发现、发明比较完整地记录了下来，是科学知识发展和传播的重要工具。科学语言中的词或句子，是一定语境下的符号，而在中世纪，当时的科学家或思想家并没有考虑到它所描述的世界是否是真的，而只是赋予词更多的意义，但这些意义后来随着实验科学的兴起，逐步使

① 乔治·萨顿. 科学的历史研究. 刘兵，陈恒六，仲维光编译. 上海：上海交通大学出版社，2007：175.

词成为一种符号，因此从科学史的目的来讲，“完全可以用没有意义的任意符号有效地来代替，而这个词又有明确的定义”[①]。这就是说，在一定的语境下，词与符号是可以互换的。

所以，不论是词还是符号，都是记录科学史事件的一个单元，这些单元拼接在一起，就组成了句子，句子就可以联结成篇章结构，篇章就可以表达一个比较完整的事件发生的过程及其意义。但是不是很准确呢？这就要对这个文本产生的具体时代的社会和文化等背景进行考察。我们用语境去考察文本或事件的各个因素，就会发现一个科学事件的发生是多种条件和多种情形交织而成的集合体，是一个语形、语义和语用的集合体，因此只有在这一角度下，才能对科学史料做出合理的解读。

（三）修正科学史文本的必然过程

科学史应该怎样去研究？应该做什么样的研究？现行的科学史著作写得是否合理？要不要修正？怎样修正？这些问题在不同时期有不同的理解，这是一个基于语境思考的问题，也是科学史进入 21 世纪后必须要思考的系列问题。尤其是面对当今文化兴盛的现实，一切都与文化相关，就连科学也有很多学者将其与文化联系起来，从文化的角度去重新解读科学，于是科技文化的概念应运而生。那么从文化、社会、人类学等角度对科学的发展历程进行描述对不对？我们不能说不对，但也不能说全对，这就是说，其有合理的部分，也有不合理的部分，所有这些方法对现有科学史著作都有一定程度的“部分修正”，只是语境论相对来说修正得更全面、更合理，从而达到了科学史合理性重建的目的，因此，语境论是修正科学史著作现行方法的共同基底，具体原因如下。

其一，如前所述，科学史不仅要回答何时、何处、何人做何事的问题，还要分析科学史上重大事件的前提、条件和历史背景的关系，以探讨科学产生的因果条件，也就是要分析“何因”，即阐明外部因素是怎样被纳入科

① 乔治·萨顿. 科学的历史研究. 刘兵，陈恒六，仲维光编译. 上海：上海交通大学出版社，2007：176.

学发展的内在逻辑体系之中的、科学的外部因素是如何使其发生改变的，不同的外部因素对科学发展的影响是不一样的，不同的人对此的分析也是不一样的，这与“一千个人看哈姆雷特就有一千个不同的感受”是一样的，就是语境的问题。那么，只有在语境中我们才有可能对现行的科学史著作进行修正。要将科学史的编史方法语境化，首要的是建立一种理念，即语境论的科学史观，主张把科学史当作描述动态的科学事件发生、发展的历程，认为科学史不是人类的真理史，是由人类无限逼近对世界认识的科学活动组成的，只有将科学置于其所在的各种语境中加以理解，才能有所说明。在这样一种理念下，怎样对科学的发展进行描述，就会产生相应的问题域——具体的科学事件如何与科学哲学对其的指导相结合？要做到这一点，就得借助一定的方法——将科学事件的“实证方法”与语言分析的“语境论”核心的研究方法相结合，形成语境分析方法。其含义涉及狭义的语言分析（语形、语义和语用分析，即言内语境）和广义的非语言分析（逻辑、历史分析，即言外语境）。正是由于语境不同，许多科学史著作中的一些记述，在今天看来是比较可笑的，甚至在这本书中读到的竟然与另一本是矛盾的，这种矛盾的产生其实并非源于作者，而是由于当时的思想单元和语词与当代我们的理解及运用具有完全不同的含义。那么只有将目光集中于当时的语境，深刻理解当时语词的含义，才能将文本的真实意义透彻地理解。

其二，科学所研究的客体是世界，科学史所揭示的是人类对世界的认知程度的演进过程，这种认识程度是用语言来描述的，由语言形成了文本，而文本中的语言必有其赖以生存的语境，离开了这个语境，文本就没有意义。比如，自然科学对自然的认识是建立在“自然界是一个统一的整体”这一基本假设上的，这种统一性说明科学必然也是统一的，具体体现在其有规律可循，也正是由于有这样的规律，科学进步才有可能，否则科学研究就是无法进行的。这个基本假设就是一个“语境”，在这个语境下的文本才有意义。再如，物理学的发展促进了空间技术的发展，同时也促进了天文学的发展，要发射一颗卫星不仅要有精确的物理学计算，还要对发射前的天气变化做出预报，因此我们说，各门学科间是相互关联的，而对于自然界来说是统一的，但各门学科的语言不是统一的，有其本学科自身的规范性，对它们发展的具体描述，只有在一定的语境下才能做到合乎规范的表述。萨顿认为，“科学是统一的，自然界是统一的”①，由此我们说科学史在一定语境下也是统一的，这种统一性具体体现在对不同学科文本的修正上。

传统的科学史研究方法并没有注意到这一点，因为传统的科学史观往往注意到的是实证后的具体案例。比如，实证主义关注的是科学是朝着人类设定的目标发展的，是一部真理的发展史，那么出现交叉科学时，怎样去解释？又如持历史主义观点的库恩，只是从科学革命的角度去研究科学史，其最大的困难是不能说明科学革命为什么会带来科学范式的变化。此外，他们之间真的是不可通约的吗？既然是不可通约的，那么新理论究竟从何处产生？新理论能否像政治革命那样很快推翻旧理论取而代之?这些又与牛顿“站在巨人肩膀上”的牛顿革命是基于前人的成果的事实相违背？社会建构论的科学史又因其极端的相对主义思想，不能对科学的文本做出合理的修正。所以，只有语境论可以从言内语境与言外语境相统一的角度出发，用语境的分析方法去全面修正每个具体学科产生的文本以及科学史的文本，以达到科学史合理性重建的目的。

（四）研究域面拓展的必然结果

2005 年 7 月在北京举行的第 22 届国际科学史大会（The 22nd International Congress of the History of Science）发表了关于“全球化与多样性”问题的《北京宣言》，消解了把科学史理解成科学成就功劳簿的误解，就当前世界的重大问题，发出了科学史学家的呐喊。大会似乎以脱离科学史内涵的“全球化与多样性”为统率，实际上是从科学史的本质研究角度回答了科

---

① 乔治·萨顿. 科学的历史研究. 刘兵，陈恒六，仲维光编译. 上海：上海交通大学出版社，2007：180.

学史应该研究什么、怎样去研究的元理论问题，深刻表述了科学史不是孤立在社会之外的历史，而是人类科学活动的历史，科学史必然要包括科学与社会关系及人的关系的历史，包括几乎一切与科学有关的人类其他文化的内容。这与站在语境论的立场去看科学史是不谋而合的，语境论视野中的科学就是人类不断认识世界的过程，突出强调要在当时的语境中理解科学。

从语境论的角度看，今天我们能走到科学的社会化和社会的科学化时代，不是一蹴而就的，是人类长期科学实践活动的结果。科学在人类生活中占有举足轻重的地位，如果科学史的研究脱离了人类的生存、人类的发展以及人类的未来这些语境前提，其将是没有意义的。科学家关注的往往是科学发展内在的逻辑体系，关于科学是什么、科学对社会有什么影响、科学家在社会生活中的角色和地位是什么、科学对人类的生存和未来究竟有什么影响、科学发展需要什么样的环境这些问题的答案我们不能向科学家去寻找，只能在科学史的研究中去探求，而且是一步一步地从长时段的角度去考察科学的作用和所产生的后果及意义，这才是科学史研究的自然回归。科学史的研究实践已逐步使科学史独立于科学之外，不再是科学成就、科学真理的记录者，而是从历史、社会、文化的角度，在科学之外观察科学是如何发展的以及科学与社会诸多方面的关系。诚然，对于上述问题或是由上述问题再引申的问题，我们也可以从科学哲学家、科学社会学家那里寻求答案，他们的答案也许与科学史学家的答案是不尽相同的，但是可以相互补充。语境论就是要强调一种多元化的整体关联，这些不同的答案本身就是一种多样性，这也是语境论的多元性、关联性和整体性的具体体现，它意味着多重视角、多重价值取向对科学史的多重理解。

科学史离不开实证的方法，但绝不是实证主义的方法。语境论的科学史研究就是在强调实证方法的基础上，结合具体的语境分析方法，做到更加“实证”，以达到修正的目的。因为即使是一部集体完成的整体的科学史，其中某一段科学史也可能是由某一个人主笔的，这样难免就有其主观意愿在其中，就不一定客观，因而才会出现对于科学革命的理解，不同的科学史学家有不同的认识的现象。这种现象的出现是一类问题，这就需要在语境中去加以修正。语境论认为，科学的发生、发展是在特定语境中形成的。比如，一般的知识积累、技术上的创造，在古代就有了，而科学概念则是在300年前才形成的，科学的主要特征就是它不仅能解释“当时”的世界，通过对它的认识，人们还应能够对未来有所了解和展望，这里强调“当时”，就是指语境。

二、语境论科学史观的可行性

所谓的历史就是“时过境迁”的事，研究科学史就是要回到过去的“境”中去看“当时”的事，这里的境就是“语境”，“回到语境”就意味着回到历史中，发现历史的真实面貌，所以说科学史的研究离不开语境。从这层意义上讲，科学史观走向语境化也是逻辑的、历史的必然。那么，语境论科学史观何以可行，还要从语境论的研究内涵、基本原则及其与科学史的关系方面进行分析。

（一）科学史实证对语境的诉求

科学史的研究离不开实证，这是科学史文本形成的基础，只有在实证的基础上，才能去研究科学事件背后所蕴含的意义。科学史的实证不是实证主义的科学史，这是两个不同的概念，科学史的实证强调的是要对科学事件做出严格的考证，只有在掌握和分析大量史料的基础上，才能对历史上发生的科学事件做出翔实的描述，这时的实证可以理解为对事实的考证，脱离了实证的科学史只能是一种猜想。因此，“我们对有关古典形式的科学史知识，由于几乎完全缺乏最原始的材料而受到很大的限制”①。这样我们不得不从当时语境的角度出发，用语境来分析当时的科学技术是什么样子的。这时的语境主要依靠前已所述的言外语境，要通过可能留下来的一些“片段”去推测当时的科学技术发展状况。比如对中国史前时期科学史的研究，以山西省为例。早在180万年前，西侯度人就开始了工具的制造，这些工具就是石器，因此说石器的使用是山西史前手工技术的开端。这些石器工具的加工方法，我们只能根据考古挖掘出来的石器，借助其纹路等来推测当时的加工方法。对于西侯度石器，通过对石器上留下的打制痕迹的研究，我们不难推断当时他们制作石器使用的是直接打击法[①]，这是第一种方法，即选取合适的石材，然后手持石头打击这一石材，不断地打击，直到合适使用为止，这就是直接打击法；方法之二就是手持石材向一块大石头碰击以产生石片的碰击法；方法之三就是用石锤砸击地面上放着的石材的砸击法。西侯度人对他们打击下来的石片，有的还进行过二次加工。加工的方法大多是对石片的一面朝一个方向打击，这种方法称为单面打击法。这种二次加工，西侯度人并不在石片薄的地方进行，而是在石片厚的部分，这充分说明，他们在加工石器时，除了考虑到所加工石器的主要用处（如薄处作为刃部的切割作用）之外，还考虑到了石器在使用时对手的伤害或是手的舒适程度，由此可见，当时制作石器的技术已经比较成熟了。

从以上例子可以看出，我们虽然没有掌握史前石器制造技术的相关资料，但是根据留下来的实物仍然可以推断当时的石器加工技术。围绕着对"实物"的分析以及对当时原始社会的生活状况的考察分析，这些因素共同构成了一个语境，在这个语境下，石器的加工技术只能如此，别无他法。那么对于有史料记载的科学史，我们更应该站在语境的角度去分析材料的可取性。不然的话，"当源物一定时，完全相同的原始材料能够揭示不同而且可能是冲突的信息来"[②]。这是因为，原始材料是来自过去的客观事实的，但是由后人记录的，这就存在诸多问题：这些材料是在什么情况下记录的？为什么要记录下来？记录过程中有没有人为的因素包含在内？这些材料能否代表历史事实？所以我们现在使用这些材料时，不免要考虑到过去的史料与今天解释之间的相互关系。"各门科学的历史将继续依赖于它当时所支配的原始材料，但是正确地评价和使用原始材料反过来又依赖于史学家进行历史批判的能力。像科学自身一样，对其历史的描述是一个永无止境的

---

① 李树雪. 山西史前石器制造技术及其社会功能. 科学技术与辩证法，2005，(3)：94.

② 赫尔奇·克拉夫. 科学史学导论. 任定成译. 北京：北京大学出版社，2005：131.

过程。”[①]所以说，这种相互关系就体现在史学家的历史批判能力上，这种能力只有在一定的语境中才能实现，实现的方式就是确认原始材料的可靠性，语境是分析材料是否可靠的基本诉求。

科学史的研究过程是以问题语境为起点的。前已叙及，研究科学史的两个核心目的是：其一，通过线性描述，叙述科学是怎样发展的；其二，通过解释性说明，阐明科学是什么、是怎样发展的。传统科学史研究之所以受到批判，就是因为没有对这两个问题给予更好的说明，或者是对其中的一个问题没有做出很好的回答。对这两个问题的回答，都要借助于语言，但“作为人与语言、历史、世界的关系的恰当的词不是使用它们，而是参与到它们当中；人不能独立地形成语言、历史和他的‘世界’，他要使语言活动适应它们。实际上，语言不是人的工具，而是达到显现的方式”[②]。所以，必须借助语境来完成对科学史的全方位描述。

（二）科学事件意义的语境追问

科学史最重要的内容是对科学事件意义的说明，而不是单纯地描述科学事件本身。将语境引入科学史的研究中是否可行，主要就是看语境分析方法能否成为对科学事件意义进行解释的方法，以及语境论能否成为科学史研究的核心方法论和认识论。如前所述，科学事件的本身需要在实证的框架下完成，没有实证的方法，就没有科学史的著作。而科学事件背后的意义，必须是一定语境下的意义，脱离当时的特定语境，科学事件就没有了意义。这是由科学史对意义的追问决定的。

传统的科学史研究并没有考虑科学事件背后的意义，因此才会陷入科学理论是真理、科学史就是真理的积累史的困惑中。当我们对事件背后的意义进行进一步的追问时，发现传统的科学史研究存在诸多的不合理性，于是人们开始为科学史的合理性重建寻找新的出路。随着对语境的不断认识，人们发现语境的分析方法不仅在语言学、语言哲学中可以使用，它作

---

① Palmer R E. Hermeneutics. Evanston：North-Western University Press，1969：243.

② 赫尔奇・克拉夫. 科学史学导论. 任定成译. 北京：北京大学出版社，2003：97.

为一种横断的方法，还可以应用于其他学科。尤其是科学史的研究，更需要用语境去解释以前无法解释的科学史现象。于是语境的分析在科学史中得到了极大的利用，如科恩的语境论科学编史学。但科恩的语境论由于受到了语言学中语境论思想的影响，变得泛化了，他没有从科学概念、科学理论的语境变迁角度进行分析，而是在广阔的背景中去分析，致使语境的概念与背景相当，而失去了语境的本真含义。

要杜绝将语境的分析方法引入科学史的研究时的泛化，就要从科学发展过程中的语境追问起步。我们知道，科学的发展离不开科学名词的变迁，科学名词的意义是随着科学发展的语境变化而不断变化的，科学理论不同，语境不同，科学名词的意义也就不同。比如时空的概念，其是物理学中很重要的一个名词，是一个包括时间和空间的复合名词，它的发展经历了亚里士多德时空、牛顿时空、相对论时空和现代量子引力时空等不断深化的过程，不同的时代，时空概念的内涵是不一样的。时空内涵的不断变化是在不断地去语境化与再语境化的过程中实现的，这个语境不断变迁的过程就是科学发展的真实历史。不同的时空理论是不同语境下的构造，不能说牛顿的时空理论就比相对论的时空理论合理，因为他们所处的语境不同，牛顿的时空理论用到相对论中显然是不合理的，反之亦然。所以说不同的时空理论反映了不同时代的物理学家对时空概念的“形而上”思考，体现了数学理论在物理学中的渗透程度，集中了物理学的形成体系、理论表征和符号使用的变换以及物理学家思维方式的转变等一系列的语境变迁，这些语境的变迁是一个环环相扣的动态发展过程，每一个环节都不是孤立的，而是彼此联系的，是一个再语境化的过程。所以说，一个科学名词意义的变化，是一个名词在另一个语境下意义重整的过程，那么从语境的角度去理解同样一个名词意义的变迁，就可以克服库恩研究范式的不可通约的不合理性理解。

科学事件意义对语境分析的诉求还体现在语境对科学史解释的限定性上。科学史会出现辉格式解释，不是科学史事件本身的问题，而是解释者站在什么语境立场的问题。科学史的辉格式解释就是站在今天的立场去解释过去发生的事情，即只是对科学事件的意义阐述，而不是对科学事件的实证描述，因而才会产生偏向自己立场的解释。“今天的立场”与“过去的事情”，其本身的语境已经发生了很大的变化，这样的解释显然是不合理的，因而受到了批评。所以说意义对语境的依赖与语境对意义的限制构成了语言意义产生的语境条件。辉格式解释之所以不合理，就是因为解释者所使用的语言脱离了当时的语境，没有受到当时语境的限制，因而需要回到当时的语境中去修正和解释。这就要求解释者要在特定的解释主体、特定的解释对象或文本、产生解释对象的语境关联以及主体自身的语境立场中，寻求解释主体与解释者在一定语境条件下的相互作用，只有将两者镶嵌在特定的语境中，才能得到合理性的解释。这正如柯瓦雷所说的，“科学思想史旨在把握科学思想在其创造性活动的过程本身中的历程，必须把所研究的著作置于其当时的思想和精神氛围中，并依据其作者的思维方式和好恶偏向去理解他们”[①]。这里的“当时的思想和精神氛围”就是一个语境要素，“作者的思维方式和好恶偏向”同样也是一个语境要素，只是当时作为内史大师的柯瓦雷没有使用语境的概念而已。

如果我们要对牛顿的研究做出全方位的解释，就要回到上述两个特定的语境中，才能得到最好的理解。比如，对于牛顿及其经典物理学的研究，我们不能站在现代量子引力时空理论的立场上去看其物理学的正确性。这就像是把相对论的时空观放在牛顿物理学中一样，是不好理解的：运动着的时间会变慢，运动着的尺子会变短。这在经典物理学中是不可能的。之所以会出现这样的结果，是因为在不同的语境下，科学理论与真实的世界之间相似性程度不同，这是语境对科学理论真实性的评判标准。语境论的科学哲学认为，科学理论是基于语境而产生的，科学理论的变化是语境的变迁导致的，运动着的尺子会变短，这个事实是由语境不同而导致的，是一个去语境化和再语境化的过程。所以科学史的写作也应该是对不同语境下的科学理论的一个不同的描述的说明，而不能说“错误的理论”就不去

① 亚历山大·柯瓦雷. 牛顿研究. 张卜天译. 北京：北京大学出版社，2003：363.

说明。这里的“错误”在当时的语境下是正确的，而在当前的语境下是错误的。这也需要我们从历时性与共时性中去探寻。

（三）历时性与共时性的统一

语境的本质之一是语言存在和变化的条件，因而对语言所产生的意义有影响和制约作用，这种制约作用是通过历时性语言和共时性语言来实现的。科学史本身的研究就具有历时性和共时性，其文本形成时语言的使用同样具有历时性和共时性。这是因为当时语境下写作的科学史是用当时的语言写就的。比如，中国古代对一些科学事件的记录，是用古文来记录的，与现代汉语有很大的差异，那么我们用现代语言去理解古代汉语时，难免会有认识上的偏差，这就需要我们从语义分析的层面上理解，而语义分析离开了语境是做不到的。另外，科学中的一些概念和理论是具有共时性的，就是说，一些思想是不会有很大的变化的，否则我们就无法认识科学发展的历史，科学史也就无法撰写了。这正如克拉夫在《科学史学导论》中将科学史分为“移时的科学史”与“历时的科学史”一样[①]，他着重讨论了科学史学家究竟是应该根据今天所拥有的知识，还是按照过去实际存在的语境来研究过去的科学，即含有共时和历时观念的对比。克拉夫的观点是历时的科学史按照时间顺序叙述科学发展的历史，这正是描述的科学史，也是科学史的第一个层次。历时的科学史是把科学事件以一种因果联系的方式串联起来，从而在一种线性的纵向关系上得出科学发展的某种规律。但在实际的科学史写作中，我们会发现这是非常困难的。因为科学的发展并不是简单的线性关系，而是一种立体的交叉关系，影响科学发展的各种语境要素混合在一起，我们无法以一种简单的方式去从事科学史的研究。所以共时的科学史研究就是一种必然。

共时的科学史就是要从历史中截取一段，选择一个科学事件，围绕这一事件对其中所涉及的相关人物、前后事件、社会文化等言外语境要素做综合分析，通过找出它们之间互相影响的关系来达到对科学事件的说明和

---

① 赫尔奇·克拉夫. 科学史学导论. 任定成译. 北京：北京大学出版社，2003：97.

解释。当代科学史的研究基本上是以这一方式进行的，比如，柯瓦雷的《牛顿研究》《伽利略研究》等科学史著作都是共时性科学史研究的典范。所以说共时性科学史研究的基本原则就是从语境的基点出发，用过去的环境和过去的逻辑解释过去的事物，否则就是科学史的辉格式解释。例如，过去人们一直认为宗教对科学的发展是起阻碍作用的，但是通过默顿的研究却发现，当时的清教伦理对科学的发展起到了很大的促进作用。科学与宗教分立是现代的事实，然而过去一些时候的情况并不是和现代一样。所以在一定的语境下，我们也不能简单地认为近代科学的兴起是对中世纪教权独尊的反动，尽管中世纪的科学是在科学家与教会蒙昧势力的斗争中逐步成长起来的，但 17 世纪的清教伦理对科学的发展却起到了促进作用，这虽是默顿的分析结论，但要通过语境的共时性才能做出更好的解释。

三、语境论科学史观的有效性

科学史观的有效性，其实就是对具体的科学史研究是否有实效。通过语境化的科学史研究，我们对待一切科学史的问题都将采取语境分析的态度，将语境思想引入科学史具体的研究中是必然的，也是有效的，从理论上分析主要体现在以下几个方面。

（一）回到科学史文本的有效性

科学史的研究是一项实践性很强的工作，语境论科学史观主张科学史研究应该以具体的科学事件为基础，在尊重科学史文本的基础上，对现有的文本进行分析，并加以修正。科学史研究的最终目的是获得对科学的理解和说明，而并不是简单的历史记录，它的核心任务就是为我们提供一个关于科学实际发展的全景式的、立体的、一致的说明。语境论科学编史方法作为一种方法论层面上的探究，并不是要简单地凌驾于当代科学史研究的实践上对其进行指导、规定其具体的方法论策略，而是要对科学史有一个很深的认识，在科学史实践的基础上规范科学史的研究。这里的科学史实践主要是指不同科学史学家编纂科学史的人为实践活动，不同的科学史学家立场和观点不同、对同一科学事件的认识不同，这就是一种实践活动。传统的科学编史方法研究往往忽略了对科学史本身是一种实践的思考，只是单纯地从一些案例出发，去论述科学史应该如何编写，试图从一开始就以强势的态度去构造一种科学史合理重建的理论框架，用以指导科学史的写作。这就出现了《科学史的社会学重构》以及《科学史及其合理性重建》等一些文章中所倡导的编史思想，对于这些思想我们不能简单地去评判其是否合理，而是在一个语境下，依科学史的实践研究，从语义、语用的角度看，才能分析其合理与不合理之处。

如果科学史忽略了对其本身进行理性抽象的思考，那么这种科学史似乎就不能被称为真正意义上的科学史。因为任何学科都需要对自身进行一定的哲学思考，没有这种哲学的理性思考，就不会有一个学科向纵深的发展，这一点正如物理学的发展需要物理学哲学一样。科学史也需要对自身的发展进行哲学思考，这可以称为科学史哲学或科学编史学，也可称为科学史基础理论。事实上，真正意义上的科学史研究，是其建制化以后，也就只有 100 多年的历史，而且这百年历史的后 40 多年是在理论的不断更新中发展的，尤其是 20 世纪 50 年代后期产生的不同的科学编史学思想，极大地丰富了科学史的研究，况且每种思想都是对其他科学史实践基础的一种思考，都有一定的科学编史学意义，也都是在一定的科学史实践的语境中产生的，因为一个科学史学家要提出一种编史思想，他一定要分析别的科学史学家的思想，同时要结合自身的研究实践，这就是一种历史语境。但这里还有一个需要考虑的问题，就是这种科学编史学方法能否被科学史学界或科学界所接受。

也就是说，我们应该从科学史的本身实践研究出发，但是还需要回到科学史的文本中，检验其合理性，这样的研究成果要得到科学史学界或科学界的认可，“就必须研究不同科学的进化，仅仅研究一个或多个具体学科是不够的，必须从总体上研究所有科学的历史”①。那么要研究所有科学的

① 劳丹. 进步及其问题——科学增长理论刍议. 方在庆译. 上海：上海译文出版社，1991：164.

历史，就必须考虑科学史研究的当时语境。因为科学史学家希望他们写出的科学史，能够对科学事件进行说明，并且符合真实的科学实践，从而令各界感到满意。如果科学史学家不了解真正的科学实践，就对科学是如何发展的做出断言，那么这样的科学史对科学发展的历程的说明与实际的科学发展就不相符合，这就会导致科学界和科学史学界无法接受这样的科学史，这种现象也背离了科学史研究的基本精神。

实证主义关于科学本质的说明便是一种典型的与科学实践相冲突的哲学立场，将这样的思想应用到科学史的研究中，在当时看似乎是合理的，但随着时代的发展，如今它遭到了来自各个方面的批评，不仅在科学界受到了批评，在科学史学界也是如此。又如社会建构论的编史方法，也同样受到了批判。这些思想受到批判的主要原因就是科学史的研究可以进行一定的假设与猜想，但一定是理性的、逻辑的与历史的，而且要建立在考证的基础上，同时也要完全以实际的科学实践研究为基础。所以说，那种认为科学史必须是实证的研究方式已经不能适应当代科学史的发展，内史论尽管强调实证，但也不全是实证主义的思想，因此“如果认识到内史论只不过是由历史学家为其自身的目的和方便而发明的一种分类的话，那么作为一种非教条的方法，内史论仍将在科学史中继续作为一种必不可少的传统存在”[①]。这里的“非教条”也充分说明和强调了科学史研究的实践性，这与语境论强调实践是一致的。但从现实的情形看，与内史论一直对立的外史论观点却受到了一些科学史学家的推崇，其确实代表了科学史的一个重要的研究方向，虽然到目前为止这两种方法的争论一直没有平息，但在当代的科学编史学中，外史论科学史之所以得到一定程度的认可，主要是因为其对科学发展的解释更接近当时的现实状况，即“实在”，其对科学发展的方向、速度、内容等的解释比内史论更强调“科学实践”中的真实情况。语境论在综合内史论与外史论的基础上，更强调科学发展的实际情况，其立足于真实的科学实践，尊重科学史研究的实践，反对相对主义、基础

① Bynum W F. Dictionary of the History of Science. Princeton：Princeton University Press，1981：211.

主义与本质主义等思想，认为科学发展的历程是语境实在的，以语境为一切问题解决的基点。

（二）科学事件的动态语境解释

既然科学史是对真实的科学实践历程的思考，而科学本身又是一项不断变化和发展着的事业，人们对科学的认识也是在不断变化的，那么科学史也需要从动态的、社会的视角去探求真实的科学面貌，避免任何静止的、绝对的和不变的关于科学事件本质及其意义的解释与说明。事实上，从以萨顿为代表的实证主义一直到夏平的社会建构论，都强调科学编史方法应该关注科学事实，尤其是关注变化着的事实，面对处于历史进程中的科学事件，只有从动态的角度去解释才能揭示其真正的意义。比如，牛顿在1687年出版《自然哲学的数学原理》时，他自己虽然承认他是站在巨人的肩膀上的，但对于物理学的历史意义他自己也并没有意识到，只是后人根据其对物理学的贡献，认为他建立了经典物理学大厦，牛顿物理学的革命性意义才真正具备。所以说，只有放在历史的长河中，科学事件的意义才能不断被挖掘，其真正的革命性意义才能表现出来，这就是后来被称为“牛顿革命”的物理学事件。因此，只有在动态的历史描述中，一个科学事件才能显示出其意义。所以说，反思科学史的本质应当从实际的科学知识是如何产生和如何发展的历史中去寻求答案，任何一种忽略科学的这一现实特征的说明都必定违反真实科学演进的历程，因而造成不准确、不全面甚至有可能误解真实科学实践的说明，这也是造成科学史辉格式解释存在的主要原因。

语境论强调的是动态中的语境，也即语境具有动态性，是从言语对话或对科学的动态中理解总结出来的。梅耶（L. J. Mey）认为：“语境是动态的，它不是静态的概念，从最广泛的意义上说，它是言语交际时不断变动着的环境。”[①]强调语境的动态性，是从哲学的意义上认为一切事物是相

① Mey L J. Pragmatics：An Introduction. second edition. Beijing：Foreign Language Teaching and Research Press，2001：40.

对静止而绝对运动的角度理解的，因此就没有严格意义上的静态语境。任何一个具体的科学事件，要实现对其全方位的解释，就要以静态与动态相结合的方式去进行解释。具体来说，可以对一个科学事件进行短时间的静态处理，就是在一定的时期内将其“固定”在一个框架内做出解释和说明，然后再放在历史与文明中进行动态性说明。这个过程就是一个去语境化的过程。

为什么要做这样的处理呢？是因为任何一个科学事件的发生与发展，都与当时当地的语境相关。不做静态处理，科学史研究人员就无法做到合理地理解，而不进行动态分析就无法正确把握其历史价值或意义。因为科学事件是由特殊的人物来完成的，科学史也是由专业的科研人员来完成的，这两种人都是基于不同的语境来研究同一件事的。那么问题就出现了，因为生活的时代不一样，现在的学者怎样去理解曾经的科学家所从事的科学活动呢？如何达到像库恩所言的，没有成为亚里士多德式的物理学家，但是学会了如何以亚里士多德的方式思考问题，这是他从事物理学史研究后提出基于当时当地的语境去理解、解释和说明历史主义科学哲学的主要思想来源。所以说，只有在动态语境中才能做到合理地理解。

正因如此，语境论科学史观的出发点就是以动态与静态语境相结合的方式去探讨一切科学史问题，而且动态性是其主要特征，动态是绝对的，静态是相对的、暂时的。对于这一问题我们可以从以下几点去理解。

第一，史料是动态的。对于一个科学事件的解释和说明离不开史料的分析与解读，对于同一史料不同的科学史学家会有不同的解读，这是由于科学史学家的立场与观点不同，这是动态性的一个方面；另一个方面是会不断出现新的史料，新的史料会对以前的史料起到补充或完善的作用，甚至有时是非常关键的。

第二，科学知识是一种动态性的知识。科学知识从来就不是确定的，今天是真理的知识也许明天就不是真理了。从科学史的发展来看，如果没有科学知识的不断更替，就不会有人类的进步与发展。科学之所以会发生革命，就是因为科学知识的不确定性。传统的科学是在追求客观性与确定性，而现代物理学的发展却告诉我们科学是不确定的，许多事件是概率事件，而不是确定事件。那么科学知识是动态的，则科学史一定是动态的。

第三，科学哲学与科学史处于一种动态的关系中。科学哲学自觉或不自觉地在对科学史发挥很大的指导作用，也许这一点对于考证的科学史学家来说得不到认可，他们始终认为科学哲学与科学史没有多大的关系。这种思想固然有其一定的理由，特别是对于古代科学史的研究，其认为没有科学哲学的指导照样会将科学史研究做得非常好。所以有些学者觉得科学哲学对科学史是没有作用的。那么反过来想一想，科学是什么？似乎科学史不会考虑这样的问题，因为考证科学史不一定需要回答科学是什么的问题，反正对科学定义或不定义始终做的是科学史研究的东西。然而，科学史的最终定论是建立在科学概念的分析上的，在没有科学概念的基础上去研究科学史就会走入一个史学误区，因为连什么是科学都没有分清楚，那么做出来的成果怎么能算作科学史？因此要认识科学，就需要科学哲学。

科学哲学与科学史的关系是非常近的，你中有我，我中有你，但是它们的侧重点是不一样的，科学哲学与科学史几次走得很近，几次又走得很远，一直是一种动态的关系，它们在不同的语境中产生过不同的看法。这一点需要人们在长时段中理解和把握它们之间的动态关系。

总而言之，语境论的科学史研究范式在意识到科学编史方法应当以科学实践为基础的同时，看到了科学发展本身就是一个个事件，而且是处于历史时间过程中的动态科学事件，因而语境论科学史观就可以汲取历史分析的优势，从动态的视角反思科学发展的总体特征及全貌，避免进行抽象的、静止的和绝对的科学事件说明。

（三）科学修辞的有效性

科学史的研究与科学修辞的关系是在语境中被理解的，只有语境才能对科学修辞进行语义限定。科学史离不开对科学事件的说明和解释，这种说明和解释永远离不开科学修辞。科学史离不开科学，而科学中存在着科学修辞，因此科学史离不开修辞，只要是语言写就的科学就一定是这样的。科学史的修辞是通过语义来实现的。简单地理解，语义就是语言的意义，可以借用语言学中的语义来理解科学史中的语义，语言学中的语义可分为词汇意义、语法意义和修辞意义三种，那么科学史中的语义也可以通过概念意义、科学定律意义与科学理论意义来确定。科学史中的这三种语义只有在特定的语境中才能被真正理解与把握。

第一，概念意义。科学史中的概念是不断变化的，尽管它具有客观性、概括性、相关性，但是在不同的语境中存在不同的意义。比如，牛顿在其物理学中提到的绝对时间、绝对空间和绝对质量等概念在牛顿力学中是不变的，但是马赫通过自己的研究，重新定义了力的概念，从而导出了相对时间、相对空间与相对质量的概念，他认为绝对是不存在的。这为后期爱因斯坦提出相对论奠定了基础。再如原子的概念，当时古希腊时期的留基伯（Leucippus）提出这一概念时完全是建立在理性思考的基础上的，后期在新的原子论中，虽然概念还是原子，但是其内涵已经发生了非常大的变化，由不可分割变为可分为原子核和电子，后来连原子核也可分了。所以说科学概念的变化产生了对概念的语义理解意义。

第二，科学定律意义。科学定律需要在一种特定的语境中去理解其语义。科学理论是由一个个独立又相互联系的科学定律构成的，比如，物理学就是由一个个物理学定律来构成全部物理学的；力学是由力学三大定律以及万有引力定律等构成的；光学也是由反射定律、折射定律等定律构成的。那么对于一个具体的定律来说，也许不同的表述就会有不同的语义。例如，化学的热力学第二定律就有三种不同的表述：第一种为克劳修斯表述的“不可能把热量从低温物体传向高温物体而不引起其他变化”[①]。这样表述很容易理解，以我们日常生活中的体验就可以理解。而对于第二种表述，理解起来就难一点了，第二种表述为开尔文表述的“不可能制成一种循环动作的热机，从单一热源取热，使之完全变为功而不引起其他变

---

① 参见 http：//old.pep.com.cn/czwl/sw/ts/rxx/201010/t20101013_933613.htm。

化”[①]。这一表述方式如果不是专业人士就不好理解了，首先是循环动作的热机应怎么去理解，其次是单一热源取热怎么取，等等，这对于常人来说有一定的语义难度。从这两种不同的表述中完全可以看出科学研究中的不同语义引发了科学史研究中的不同语义。

第三，科学理论意义。科学理论是科学知识体系化非常重要的一点，只有系统的科学理论才能被称为科学。科学理论具有严密的逻辑性与系统性，科学理论不是一些概念与定律的简单堆砌，而是一种系统化的逻辑体系，它建立在明确的概念、恰当的判断、正确的推理与严密的逻辑证明基础之上。正是因为科学概念与科学定律需要语义理解和说明，所以科学理论更需要语义上的限制，只有通过语境才能达到对语义的限定。对于科学理论来说，其体系结构主要由三个要素组成：一是科学概念；二是科学定律或原理；三是由这些概念和原理推演出来的逻辑结论，即各种具体的特殊规律和预见。其中，科学概念和科学定律或原理构成了科学理论的核心元素。由于科学概念在不同时期有不同的语境理解，而且科学定律也并不是一成不变的，而是随着人类认识的不断加深而产生新的认识，所以说科学理论更需要语义理解，如科学史上的“地心说”与“日心说”就是这样的关系。这一点在本书的案例中会再次被研究。

在此还需要谈科学史中的隐喻。隐喻作为科学修辞重要的方法，具有修辞意义。修辞意义是语言单位的主观评价的感情意义，有褒贬之分，包括表情色彩、语体色彩和联想色彩，它一方面表现为语言单位的修辞分化，另一方面表现为语言环境中形成的语境意义。[②]库恩在其《科学中的隐喻》一文中指出：“隐喻在建立科学语言与世界的联系中发挥着基础性的作用，然而这些联系并不是被一次全部给予的。理论是不断转换的，尤其是一些相关隐喻及自然术语，它们通过转换来对应理论的隐喻语言。”[③]科学史的研究实践证明，隐喻语言是一种非字面意义、非逻辑的语言，它对科学概

① 参见 https：//baike.baidu.com/item/热力学第二定律/473407?fr=aladdin。

② 何超兰. 语境制约与语义理解. 安徽工业大学学报（社会科学版），2005，(1)：79.

③ Kuhn T S. Metaphor in science//Ortonyed A. Metaphor and Thought. Cambridge：Cambridge University Press，1993：539.

念及范畴的重构（再概念化）、新的理论术语的引入乃至整套科学理论的构建和发展，发挥着重要的、不可替代的作用。例如，在化学中，“熵”（entropy）是一个描述系统状态的函数，可作为系统无序度的考量，人们用隔离系统中的熵增原理来判断一个自发过程的方向与限度。而现在“熵”却被人们作为一种世界观[①]，在其他科学中得到了应用。例如，信息论中用信息熵表示信息量，生态学中用熵增表示生物多样性，社会学中用熵增表示社会紊乱度增大，经济学也在讲熵增经济……所有的这些概念都已不是化学中熵的概念了，而是通过隐喻给出了熵的新内涵，这种概念意义的变化是由语境变化导致的。

（四）科学史体系化的有效性

从上述分析中我们已经得知，科学史关注科学实践，主张从变化的和动态的历史视角审视科学。从另一个层面来说，如果我们把历时分析看作是对科学进行纵向考察，那么在特定的历史时期，科学史学家所要从事的工作就是把科学置于当时所在的现实语境中进行解释和说明。科学史的研究实践已经证明，科学不能等同于真理，科学史也不能等同于真理史，因此我们必须承认科学是科学家从事的研究活动，科学史就是特定历史进程中的一个个事件，那么科学知识的发生、发展都与其所在的特定语境息息相关。如果抛开了科学的语境孤立地研究科学的发展，那么得到的科学史只是一幅幅静态的画面，失去了科学发展历程中生动的一面，而要得到这些生动的画面就要在整体的语境中去进行理解和说明。

语境论的观点认为理解事物之本质最重要的是将其置于适当的语境中，忽略语境就无法得到真实的事件内涵，就会失去对事件的整体理解，只能得到一些片面的信息；此外，语境论主张语境是一种实在，我们所能接受的知识都受到不同条件的语境限制，语境论洞见的语境是一切人类行为思维活动中最具普遍性的存在，因而具有了世界观的特征。“语境论世界

① 杰里米·里夫金，特德·霍华德. 熵：一种新的世界观. 吕明，袁舟译. 上海：上海译文出版社，1987.

观的硬核是：实在世界是一个相互作用和相互渗透的网络。存在是按照在其语境中实体的关联定义的，即存在被定义为语境中实体的关联，真理是依赖于历史语境的。一句话，任何事件都是在社会的、历史的环境即语境中发生的。"①在此需要特别强调社会语境与历史语境，以及两者结合在一起的整体性理解，这就是其整体性原则。语境论的整体性原则能够使我们更好地理解科学的发展历程。因此可以说，语境论通过把对科学发展过程的说明统一到关于世界的整体认识中，就能够使关于对科学知识产生过程的说明和人类知识的获得相一致。这不仅意味着科学的语境化说明更为合理，而且还推动了人类对整个文明的进一步认识。比如对中国古代科学技术史的理解，到目前为止可以说除了李约瑟的中国古代科学技术史的研究，没有人能够达到与其平齐的水平。因为李约瑟对中国古代科学技术发展的把握，在一开始接触中国古代科技史时并没有要写宏大的科学史，而是将中国古代的科学技术放在了中国古代文明的大背景中，经过几年的积累后才制订了计划，要从整体理解和把握中国古代科技的发展。我们对其丛书的一个分册——《中国古代科学思想史》的内容进行分析可知，李约瑟所写到的古代科学思想史实际上与中国古代的哲学史相近，但李约瑟认为这就是中国古代科学产生的文化源泉。这样的处理与我国一些学者的处理方法截然不同，这就是语境论的整体性所要求的。

事实上，"语境"概念的整体性早已不仅仅体现在语言学的层面。"'语境'内涵经历了从'词和句子的关联'到'确定文本意义的环境'的演变。特别是在马林诺夫斯基开创性的工作之后，语境观念从'言外语境'扩展到了'非言外语境'，包括'情景语境'、'文化语境'和'社会语境'。"②只有这样，我们才能在言内语境和言外语境中更好地理解科学知识的产生、发展及演进。尽管语境论强调科学史在研究中的整体性，但同时也强调具体性和相对性，因而其反对一切绝对主义、本质主义、基础主义和普遍主义的哲学态度与说明。语境论特别强调关注科学事件的动态分析，重视语

① 魏屹东. 世界观及其互补对科学认知的意义. 齐鲁学刊，2004，(2)：64.

② 殷杰. 语境主义世界观的特征. 哲学研究，2006，(5)：94.

境在科学事件中的重要作用，这样处理的目的就是要完成科学史的终极任务——说明科学史在人类发展进程中真正的意义。因此说李约瑟将中国古代的科学技术发展置于中国古代文明的大背景中是合理的，同时也是语境论科学编史方法的一个具体体现，只是在当时的“语境”下，其没有将这一方法上升到一个理论的高度。

综上所述，语境论科学史观深刻表明了“语境论”应用到科学史研究中的基本理念，是当代科学编史学的必然选择，其不仅可行，而且合理，可以排除其他编史方法的不足，形成自己特有的编史模式，是一种全新的科学编史观，这是形成语境论科学编史学的核心，上述合理性对于语境论科学编史学也是如此。

第四章
语境论科学编史方案

由语境论科学史观所形成的语境论科学编史方法，基于语境的分析方法，集语义、语形和语用于一体，在回归文本的情况下，对科学叙事进行了重新解读，进一步深化与细化了科学史的研究，将科学史带入一个全新的研究领域，拓宽了传统科学史研究的域面，创新了科学史的研究方法，重新认识了科学史，从而形成了语境论科学编史学。语境论科学编史学通过在科学史的元理论问题、科学史的实践困境与完善科学史的理论建构等方面提出一系列学术主张，形成了语境论科学编史思想，体现了语境论科学观的编史学意义，即理论指导意义。

第一节　语境论科学编史学的基本结构

前文已述科学史研究实践对科学编史学的理论诉求是如何通过合理的方法达到对科学事件的合理解释的，这是科学史学家追求的目标，也是科学史基础理论的核心价值理念。语境论科学编史学要实现这一根本目标，就要有其核心的理论结构，这一结构要体现对科学事件解释的合理性，因为语境论科学史观认为科学史是由一个个科学事件组成的。语境论科学编史学就是要在语境论科学史观的基础上，形成一个理论体系，从本体论、认识论与方法论层面对科学史进行反思，以达到科学史的合理性重建。其最核心的内容是方法论，即主张基于什么样的方法实现科学史的研究。语境论科学编史学的核心分析方法是语境分析方法，本书将语境理解为“言内语境”与“言外语境”，在言内语境的基底上，引入历史的语义分析方法，完成对科学“逼真度”的描述；在言外语境的基底上，通过语境对语义的规范与限制，实现对科学事件的合理解释。

一、语境论科学编史学的语境构成

语境论作为一种横断的科学方法论，已越来越受到学界的重视，被应用到各学科的研究中，从而“语境”这一概念被人们应用于除原始的语言学研究之外的各个学科。然而，“语境”这一概念的含义到底是什么呢？目前国内外的学术界对它的使用相当宽泛灵活，大多是按照各学科自身的特点去使用的，因而语境的应用范围很不统一。从语言学的角度讲，汉语中的“语境”与英文中的 context 一词相对应，context 有两种含义：其一，指话语、语句或语词的上下文关系或者段与段之间承上启下的关系，即篇章结构间的关系；其二，指话语或语句的意义与外部的关系，即言语和文字符号所表达的内容与外部的关系，可引申为一个事件发生的前后关系，或者扩展为一个特定“文本”所表达的内容与特定的社会、历史、政治、经济、文化、科学、技术等诸多要素之间的相互作用和相互联系，也可称为“情景上下文”的关系。本书针对科学史的研究特点，把文本上下文的关系定义为“言内语境”，重在对科学事件的描述，对应于科学史研究的第一个层次；把“情景上下文”的关系定义为“言外语境”，重在对科学事件的说明和解释，对应于科学史研究的第二个层次。通过这两种语境的建构，体现语境论科学编史方法的独特优势，以达到科学史合理重建的目的。

（一）言内语境的构建

不论是学科史还是科学通史，都是用语言写成的，有语言就有语境，这是不言而喻的，那么使用什么样的科学史语言怎样才能达到尽量避免人为的主观因素，以达到对科学事件的描述是正确的、丰富的、合理的，这就需要构建言内语境。作为史学特征相当明显的学科，要用陈述的语言来表述一个完整的科学事件，这是言内语境的基本要求。对于科学史的研究而言，言内语境的构成要素主要有以下几点。

其一是对象要素。一名研究者与被研究的对象就构成了一个言内语境。这个语境的各个要素是非常具体的，是一种实在，并不是抽象地构造的。言内语境首先要确定的就是词语的所指对象是什么。我们要研究一个科学事件，如果连对象都没有搞清楚，那是无法去研究的。只有将你和你要研究的对象放在一个特定的语境中，词语的指称才有意义，否则就是没有意义的。比如，要研究一位科学家的思想史，那么这位科学家的思想就是你的研究对象，这个研究对象与你本身就已形成了一个言内语境，但言内语境是动态的，随着你对这个研究对象的不断深入，语境也发生着变化。

其二是命题要素。当一名研究者与其所研究的对象形成一个语境时，命题要素就显得很重要了，这里的命题就相当于研究者所持有的观点，这个观点合理与否、能否得到学界的认可，这就要从语境出发去考证，要利用语境的分析方法，找到研究者所持有的观点是如何被确定的，这不仅要从研究者的文献掌握程度来考证，同时还要把科学史写作者的命题态度也放在当时的语境下去考虑。因此，言内语境要制约命题的态度，这是避免科学史辉格式解释的有效进路。

其三是时空和主体要素。科学史的第一个层次，是最基本的描述层次。在什么时间、什么地点、什么人做了什么事，对于这些内容进行描述的语言，都是在特定的空间、时间中由特定的人来完成的。时空就是科学活动发生的核心语境要素，不同的言内语境会影响和支配人们对语言的使用：一是决定要使用哪些文献资料；二是决定怎么使用资料。在特定的时间和地点，必然有一些特定的文献材料要让语言使用者去选用，只有在语境的约束下才会对材料的选取做出合理的取舍。

从科学史的研究实践来看，“任何一个语境要素的独立存在都是无意义的”①。这就是说，上述三个主要的言内语境要素，任何一个都不能单独去论证它的意义，而只有将它们放在一起才会对一个特定的科学事件有一个相对合理的描述。

（二）言外语境的构建

言外语境就是指在陈述一个科学事件时，你所描述事件的语言外因素，是与言内语境相呼应的语境。语境的核心就是要对意义做出解释和说明，言外语境对理解话语有十分重要的意义，失去了这一点，也就失去了语境的活力。语境理论的创始人弗斯曾提出，语言学研究的任务在于把语言中各个有意义的方面同非语言因素（语言外因素）联系起来。这一点对科学

---

① 郭贵春. 语境分析的方法论意义. 山西大学学报（哲学社会科学版），2000，(3)：1.

史的研究来说也显得非常重要。科学史的研究越来越显示出其已不可能是一种平面的、静态的描述事实，而是一种立体的、动态的解释事实。

言外语境对科学事件的解释主要是在对文本的重新解读的基础上来完成的，我们不能将言外语境理解为单纯的社会语境、文化语境或认知语境等，这样的处理无异于将背景的概念偷换成语境而已，是无意义的。这样的广义语境的处理方法正是科恩的处理方式，只是他将语境分为了社会语境、文化语境与情境语境，把所有的背景当作是语境去处理，而实质上不是真正的语境分析方法。鉴于此，言外语境就是要在对科学史的写作上首先确定以下几个方面的内容。

其一，确定言语行为的恰当性。作为一名书写科学史的学者，要有一个基本的立场，就是自己的言语行为能否做到合理、公平、公正，这是最重要的。当一名科学史学家已经很明确地承认自己是为某个组织或单位在服务，那么他写出来的科学史肯定是一部“辉格史”，这一点是不容置疑的。但这一点往往被人所忽视，因此，我们在评判一部科学史写得合理或是不合理时，应该回到作者当时的语境中去了解，这样才有可能做出合理的判断。

其二，确定书写内容的含义。科学史的文本是在综合文献的基础上形成的，这个综合的过程就是作者的一个抽象、整理、归纳的过程，科学史的文本不能像其他文学类的或哲学类的文本一样可以进行加工，或是可以做适度的夸张，而应该是切实地将历史展示在世人面前，因此，对科学史书写的内容就应该有一个明确的含义确定，而不能含糊。

其三，尽量补足省略的信息。对科学史文献的处理有一个节略的原则，这是很正常的，因为我们不可能把所有的文献都写到科学史的文本中去，那么你节略了多少、是怎么节略的，这些相关的信息应该以适当的方式被加以说明。

其四，关注科学事件发生的主体。传统的科学史研究往往只看到科学事件本身而没有关注到科学事件发生的主体——科学家，或是过去被称为自然哲学家的研究者，这样就会陷入一个主客观分离的局面，难以把科学史的真实面目揭示出来，因此也难以达到解释的层次。历史地看，一个科学事件，由事件的内涵上升到意义这才是解释或说明，比如牛顿革命，并不是指牛顿写了一本《自然哲学的数学原理》就发生了科学革命，而是其背后有很深的哲学、文化意义。“意义构建与人的全部生活相联系”①，所以要构建一个科学事件的意义，就必然要与科学家的全部生活相联系，否则就上升不到意义的层面。

其五，对文本进行语义分析。言外语境并不是要在科学的外部去寻找科学事件的真实意义，而是要对科学事件的描述做出语义分析，在语义分析的基础上才能达到解释和说明的层次，而语境对语义是有制约作用的，语义通过语境的制约才不会产生歧义。这是因为，语言的形式是有限的，而它所要表示的意义却是无限的。用有限的形式来表示无限的意义，必然会出现以相同的形式来表示不同的意义的现象，进而造成歧义。语义的多义性为歧义的产生奠定了基础，语法的多层次性则为歧义的产生提供了条件，而消除歧义必须借助语境，这也是避免史学辉格式解释的必然措施。

总之，言外语境与言内语境共同构成了语境论科学编史学的语境，它们分别对应于科学史研究的不同层次，也可以这样说，言内语境完成了科学史的第一步写作，言外语境在第一步的基础上，完成了对科学事件的解释和说明。语境论科学编史学的主张，并不是让我们在广博的历史背景中去捕捉科学事件的影子，而是在非常具体的语境中去深刻阐释科学史。

二、语境论科学编史学的语言学结构

前文已述，语境论作为一种横断的科学方法论，是语形、语义和语用的集合体，因此，语境论的科学编史学的语言结构，即科学史的文本，要在语形的基础上，体现科学事件的语义说明，从而达到语用实现的目的。

---

① Graham P. Hypercapitalism：language，new media and social perceptions of value. Discourse & Society，2002，13（2）：227-249.

（一）科学史文本的语形结构

科学史是一门特色很明显的学科，它是史学，但又不同于别的史学，比如音乐史、政治史、文化史等其他学科史，之所以与它们不同，是因为科学技术对人类的贡献不同，因此，从语形学的角度看，科学史的文本应该有其自身独特的语言形式。

前文已述，语境论的科学史观把科学史看作是人类对世界认识程度无限逼近的演进史，而不是真理史，也不是人类的进步史，那么在这个演进史中，我们必须关注作为科学事件主体的人或科学共同体的作用。因此，我们所关注的重点就应该是语境化的科学。语境化的科学，就是指一种科学理论代替另一种科学理论，并不是一个真理代替另一个真理，而是语境发生了变化。在新的语境中，人类认识世界的逼真度发生了变化，是一个去语境化与再语境化的过程。所以描述这样的语境变迁就是用一个语境化的语形来实现。比如，牛顿与爱因斯坦的物理学，就是因为语境发生了变化，才使得在经典物理学中很常用的理论在相对论中不成立了，因此怎么用语境化的语言形式来书写科学史就值得我们去研究。

科学史的语形结构是肯定句。因为不论是哪一门学科，其实都是一些形式化的符号在进行变换，这些符号的演化与演算构成整个学科的内在系统。就拿物理学来说，经典物理学是通过各种公式来表达物体间的关系的，如 $F=ma$，这样一个简单的公式就可以把物体与施力者联系起来，当然，物理上的许多定理也是通过各种公式来表达的。这就是说，事物间的诸多关系就是通过这些形式化的符号间的各种相关关系来实现的，这些关系代表了人类认识世界的程度，所以科学史就是要通过这些形式化的语言，即语形，把人类认识世界的不同程度表达出来。

这种形式化的语言最终是以文本的形式表现出来的，而且是以肯定的陈述语言表现出来的，不能有一种猜测或假设。因此，科学史的研究不能像科学的研究，科学的研究可以事先做一种假设（假说），然后对这种假设去做实验的验证，这是近代实验科学的基础方法；而科学史的研究，从语形结构来说，不能有这样的推测，只能是对这种研究的如实记载，这就要求科学史要遵照科学发展的内在逻辑，以一定的方式把这种内在逻辑关系表现出来，这是一种基本原则。在依据这种原则的前提下，对其意义进行阐述，以达到解释的层面。

例如，物理化学的发展史表明，物理化学就是以物理的原理和实验技术为基础来研究化学体系的性质和行为，这只是现在我们给出的定义。而其发展史是从 1877 年德国化学家奥斯特瓦尔德（F. W. Ostwald）和荷兰化学家范托夫（J. H. van't Hoff）创刊的《物理化学杂志》开始的。从这一时期到 20 世纪初，化学将物理方法引进之后，创立了化学热力学，并得到蓬勃发展。1926 年，量子力学研究的兴起，不但在物理学中掀起了高潮，而且对物理化学研究也给予了很大的冲击。尤其是在 1927 年，海特勒和伦敦对氢分子问题用量子力学的方法去处理，揭示了 1916 年路易斯（G. N. Lewis）提出的共享电子对的共价键的实质，成功地解释了氢分子的成因，这也标志着量子化学的发展。在计算机技术得到极大的应用之后，物理化学出现了许多新的谱学技术。光谱学与其他谱学的时间分辨率和自控、记录手段的不断提高，使物理化学的研究对象超出了基态稳定分子而开始进入各种激发态的研究领域，形成了新的光化学。可以这样说，所有这些物理化学新分支都是在一定的语境下形成的，是新语境下对世界认识程度与角度的不同表示。

上述例子深刻表明，一个学科的发展是随着人类对世界认识的不断深入而深入的，是一种主客观的统一，从科学知识的发生和发展来看，科学知识（纯物理的、纯化学的或是其他学科）都将被理解为由不同的语境决定的。因此，可以把科学对象的这种语境性存在，看成是一种具有本体论性的科学实在，对这种科学实在的语境化描述，就是语境论科学实在，这将是整个科学史基础理论分析的一个十分“经济”的方法论基础。这种具有语境相关性的科学实在所反映出的科学本质正是科学对象的实在性与整个科学形式体系实在性之间的整体关联。所以科学史文本的语形结构正是这种整体关联的表征。

（二）科学史文本的语义分析

科学史要通过一定的语形结构来对科学对象的实在性与整个科学形式体系实在性之间的整体关联进行表征，那么，如何以准确的、合理的、科学的语言来描述、说明、解释和评价科学活动及其理论的产生与发展，以及对具体的科学事件的价值和意义进行评述，便成为科学史研究语义分析的核心内容。正是在这个意义上，作为语境分析方法之一的语义分析方法的确立，便成为科学编史学方法论研究的元理论之一，也是科学史理论研究不可或缺的部分。从语境论科学编史学的内在要求出发，科学史文本的语义分析集中体现在以下两个方面。

1. 语义分析的必要性

前文已述，科学的发展不能排除符号形式系统的作用，事物间的关系是以符号的不同变换来体现的，这些符号表达式和它的意义之间的指称关系就是通过语义来实现的。所以科学史的文本不能不考虑对这些关系进行描述时的语义分析，历史的语义分析是确定历史诠释的逻辑一致性的必要条件……从而保证科学史发展的规律和特征所具有的科学性与真理性。①这是必要的，也是至关重要的。

语义分析方法的本质，就在于它将对科学史的描述语言、科学史理论的解释及其逻辑结构、科学史理论的历史转换及其比较规则、历史结论的客观性和真理性等给出规定。一句话，对于科学史的发展规律及其特征，从语义分析的视角给出特定的、多样的规定，从而从语义分析的历史相关性与一致性上逻辑地再现科学史发展的具体性和丰富性。②一般来讲，科学的发展和演进史，都是在特定的语境下形成的科学概念、定理和由此组成的科学理论的更迭史，对科学的历史解释就是这些基本概念和范畴的发展

---

① 邢润川，郭贵春. 历史语义分析方法在科学史研究中的重要作用. 科学技术与辩证法，1990，(4)：28.

② 邢润川，郭贵春. 历史语义分析方法在科学史研究中的重要作用. 科学技术与辩证法，1990，(4)：27.

变化史，要保证这些概念等在历史发展过程中的意义精确性，就必须对其发展做出历史语义分析，这样才能保证其不产生歧义，这是科学史研究的重要基础。

我们的认识不断加深，因而对同一概念可以从不同的角度去理解和解释。比如科学革命，就是仁者见仁，智者见智，之所以造成这种局面，就是因为不同的解释者从各自不同的背景信仰和背景知识出发，根据自己的理解去进行解释，从而突破了对语义的约束，造成了概念和范畴的歧义性。所以，对于科学史的解释或者在科学史的合理性重建中，给予科学事件以语义分析是非常必要的。科学史的研究要在历史和逻辑中做到统一，那么语义分析是确立历史的和逻辑的一致性的必然前提。在浩繁复杂的历史事实中，对科学理论产生的过程和科学事件发生的时间、空间以及发生的条件等情形进行清晰的、合理的分析与解释，从语义分析的角度得出有说服力、极具历史感的结论，这不仅是科学史理论研究中对概念的准确性、句法结构的规范性和逻辑关系的合理性的需要，而且是对历史结论推理过程中语义逻辑结构上的一致性的必然要求，只有这样才能保证科学史研究的严密性。

2. 对写就科学史文本的语义分析

前文已述，语境论科学编史学有一个重要的功能，就是对已写就的科学史文本的修正功能，这也是建立在语境下的对过去的科学史研究的一种修正，这种修正要建立在语义分析的基础上。

对现有的科学史文本进行重新解读，就是要在一定的语境下，通过语义分析的方法对其进行修正，这是科学史理性重建的基石。不管怎么说，科学史经过一个世纪的发展，取得了很大的成就，各种通史、专科史、国别史等都已出现，这些科学史著作，就是下一步提出科学史合理性重建的现实基础。对这些科学史的文本解读，主要是要对这些著作写作时采取的研究方法进行语义分析。我们知道，这些科学史的著作都是不同的学者根据不同的背景、知识和角度写作的，由于研究的出发点不同、写作的立场不同、写作采用的方法论不同，他们在不同动机的驱使下就会写出不同的内容，这正是要对科学史重新进行解读的主要原因。所以说科学编史方法不是抽象的，而是体现在具体的科学史著作中的，要想对科学史进行合理性重建，就要对这些编史方法进行语义分析。因此，从某种意义上说，对科学史文本的语义分析，主要是要还原科学史的本真面目。

从另一个角度来讲，科学编史方法虽然体现在具体的科学史著作中，但一本科学史著作中体现的方法往往不是单一的，而是诸多方法的相互渗透、交叉。比如，柯瓦雷的《伽利略研究》《牛顿研究》也是文献分析法和概念分析法相互渗透而形成的，只是概念分析法体现得更多一些、更突出一些。其实他的很多思想还体现了一种语境论的分析方法，只是柯瓦雷当时没有总结出语境分析方法。所以要对科学史的研究方法进行语义分析，就要在语境的前提下，对这些方法进行具体的、系统的分析。

具体的语义分析过程要从指称开始。这是因为指称是语义理论的核心，“指称的本质就是概念和范畴与客观历史实在之间的辩证联结”[①]，科学史实在本身是在动态地发展着的，科学事件只有被放在动态的语境中才有意义，没有动态的语境就没有语义的分析，陈述科学事件的语形结构与其语义的深层结构之间的相互关联是一个动态的过程。所以说，指称与科学事实之间的关联不是机械的、静态的，“事实上，特定指称所表征的概念与历史实在的本质联系，在不同的理论、不同的陈述以及不同的语境中，是具体地、生动地而不是抽象地存在着的”[②]。这种具体性就体现在科学史文本的写作中，从而使得科学史在一个整体的、综合的语义图景中得以再现。这种再现，不同的编史立场就会有不同的文本出现。比如，逻辑实证主义的科学编史方法就主张科学史是历时的、连续的，而历史主义的编史思想却强调共时的、非连续的科学史，建构主义的科学史又主张科学史是社会

① 邢润川，郭贵春. 历史语义分析方法在科学史研究中的重要作用. 科学技术与辩证法，1990，(4)：30.

② 邢润川，郭贵春. 历史语义分析方法在科学史研究中的重要作用. 科学技术与辩证法，1990，(4)：30.

建构史，应该从社会学的角度去建构科学史，所有这些编史方法都是歪曲了语义分析的整体性与综合性而产生的，因而是不合理的、不全面的。

所以，从语义学的角度讲，我们现在需要的是对现有的科学编史理论在语义上去重解和重构，重新给出一幅科学发展的“语义”图景，在语境的基底上，深刻揭示科学史进程中的逻辑性与规律性，同时也要给出一个较为合理的科学编史理论，这就是语境论科学编史学。

三、科学史文本的语用结构

作为对科学事件进行描述、说明和解释的科学史文本，怎样做到客观、真实地再现科学发展的历史，这是科学史写作追求的终极目标，这个目标的实现就是科学史文本的语用功能所体现的主要内容。科学史文本的语用结构并不是一成不变的，不同时期科学史的写作风格、语形结构、语义内涵不同，导致语用实现是不一样的。最初的学科史，不会考虑到科学史在叙事时的语用问题，到了科学史发展的后期，随着科学史文本解释功能的突显，科学史的文本才逐步走向能体现语用功能的、寻求科学叙事合法化的路径，尤其是后现代思潮的渗透、科学史辉格式解释的出现，科学史的文本必须走向能够客观、真实地反映科学发展的历程，这是语境论科学编史学必须讨论的内容。

将科学的叙事与科学的发展放在一起讨论的是让·弗朗索瓦·利奥塔尔，他在其《后现代状况：关于知识的报告》一书中，试图以语用学（pragmatics）的观念和方法解释第二次世界大战的资本主义变异与危机的症状。利奥塔尔“语言游戏”理论是建立在“后现代工业社会”知识地位变化的假设和语用学基础之上的，“这本书研究的对象是有关最发达社会里的知识状况。我决定以‘后现代’一词表达这种状况。该词目前在美洲大陆的社会学家和批评家中间颇为流行，人们用它来指示我们眼下的文化处境”①。在该书中，利奥塔尔以后现代社会知识地位的变化为切入点，通过

① Lyotard J F. The Postmodern Condition: A Report on Knowledge. Bennington G, Maussumi B(trans.). Minneapolis: University of Minnesota Press, 1984: 33.

对“叙事危机”的研究、对“合法化”和“解合法化”症候的剖析，大胆地提出了“语言游戏”的设想。他的主张是：“科学一直与叙事处于冲突状态。以科学的标准来评判，大部分叙事只不过是寓言而已。然而就科学不惮于寻求真理，而不甘于沦落为仅仅只阐明实用规律而言，它就必须使自己的游戏规则合法化。于是它制造出关涉它自身地位的合法性话语，一种我们谓之为哲学的话语。我们将使用‘现代’一词来命名这样一些科学，这些科学将求助于直接依赖宏大叙事而形成的元话语以使自身合法化。”①基于此，他更明确地指出科学的合法化叙事的两种观点：一种是倾向于政治的，另一种是倾向于哲学的，在现代历史中两者都有极大的重要性，特别是在知识及其机构的历史中。第一种观点中的叙事主体是作为自由英雄的人类，所有的人都有权了解科学。在第二种合法化叙事中，科学、国家和政府之间的联系呈现出完全不同的思路。②

这样的一种研究思路，无不给我们从语境论的角度去研究科学史以很大的启发。科学史的研究不论走向什么样的研究方式，其中有一条是不能违背的，那就是真实的科学史，如何还原科学发展的真实过程，这是科学史研究的根本，离开了这一点，科学史也就不是科学史了，就失去了科学的和历史的味道。那么在后现代的浪潮中，如何克服政治的和哲学的叙事观点，达到科学史的合理性重建，我们应该从语境论的科学史研究中寻求答案。

不难理解，科学史正如利奥塔尔所提出的观点一样，内史的方法正是沿着作为自由英雄的人的所作所为来展现科学的发展历史的，外史的方法也正是从科学、国家和社会的角度去试图解释科学是怎么发展的，这两种不同的路径，就是科学史文本的不同语用功能，我们不能说谁更好，只能强调谁的方法更趋于合理，用语境论科学编史学的核心主张来讲，就是谁

① Lyotard J F. The Postmodern Condition：A Report on Knowledge. Bennington G，Maussumi B（trans.）. Minneapolis：University of Minnesota Press，1984：28.

② Lyotard J F. The Postmodern Condition：A Report on Knowledge. Bennington G，Maussumi B（trans.）. Minneapolis：University of Minnesota Press，1984：51-56.

的“逼真度”更大，谁就是相对合理的。因此，对科学的叙事要寻求一种合法的方式，就要对其做语境的考察。如前所述，语境论的科学编史学的核心主张是“科学史就是人类对客观世界认识程度的逼真度的表征史”。因此，在语境的基底上，一切都是平等的，没有政治的或是哲学的权威，对科学的叙事采取的态度是在“言内语境”和“言外语境”的平台上，对所有有争论的观点进行交流和对话，通过对话达到一致的认可，从而达到合理的语用实现。

总之，科学史的语用结构要求我们回到科学史的文本中，从语用学的角度，通过语境的制约功能，在语境的平台上展开对具体科学事件的描述、说明和解释，要达到语形、语义和语用的相统一。这样的展开是非常具体的，我们可以用“言内语境”来对任何科学事件的“逼真度”进行描述；在此基础上，通过“言外语境”来对这一事件的意义进行说明和解释，这两者结合起来就可以达到对科学事件的完整说明，一个个具体科学事件的描述就构成了科学史的学术大厦，从而达到科学史的语用实现。

第二节　语境论科学编史方案的特征

通过以上分析可以看出，语境论科学编史学理论体系的创立，作为一种超越传统科学编史学的研究方法，它在吸收语形、语义、语用分析的各自优点以及充分借鉴解释学和修辞学的方法论特征的基础上，在科学实践中结构性地引入了历史、社会、文化等要素，构建了其独特的编史方法，因而显示了其独特的方法论、认识论优势，表现出了鲜明而独有的特征及意义。

一、语境是具体而实在的

科学史的学科特性决定了对其的研究只有放在特定的时间和空间中才能被理解，这个特定的时间和空间就是当时的语境，是一种历史实在。所以科学史的语境实在性主要是指任何科学的史实都是在当时的语境下产生的，书写科学的发展历史，实质就是在重现当时的语境实在。因为语境论不仅关注语言的静态使用，更“注重动态活动中真实发生的事件和过程，即在特定的时空框架中不断变化着的历史事实”①。

（一）语境实在基于对科学事件的整体把握

语境实在是语境论的政治主张，也正是语境所具有的这种独特性使得语境论成为解释科学史的科学性与历史性的合理选择，只有这样的语境才能对科学发展的历程做出合理的解释和说明，这才是科学史合理重建的关键之所在。因为科学史的研究已由“过去的以事件为中心、以人物为载体的研究范式逐渐转向超越具体的历史事件去探讨科学发展的内在逻辑和动力，分析和揭示科学的发生、发展及其与社会、政治、经济、军事、地域、文化等诸多因素的关系”②。因此，科学史的研究已经不能仅仅从“何时何人发生何事”的角度去线性地描述科学的发展历程，而应该在此基础上达到以“知其然”去实现“知其所以然”。后者才是科学史的解释层次，从而实现科学史的“意义与语境是本质地联系在一起的”③，因而要阐述科学事件的意义，只有用语境才能达到规范的理解，失去语境的科学事件是无意义的。

不难理解，科学的本质是揭示人类认识世界的发展规律。不同时期由于人类认识的局限性，人们对世界的认识程度不同，这种认识程度借助语言的方式才能表达，语言是以命题的形式表达对世界的认识程度的，不管你是借助工具还是不借助工具，最终的科学概念、定律和理论一定是以命题的形式出现的，一个命题就对应着一个可能的事态，这个事态至少在当时是正确的。科学史要深刻揭示当时事态的“语境性”意义，就要围绕命题展开语境的静态与动态研究，从静态的角度展现当时是如何出现这一事

① 殷杰. 语境主义世界观的特征. 哲学研究，2006,（5）：94.

② 李树雪，杨小明. 科学史学的理论域面及意义. 自然辩证法研究，2010,（3）：98.

③ 郭贵春. 论语境. 哲学研究，1997,（4）：48.

件的；用动态的语境提炼当时事态的意义，这才是科学史的意义层面。此外，科学史是用语言写就的，有语言就要有意义，对语言的理解只有在获得语句意义的背景后才能实现。因为“任何语词的意义总是与它在其中被使用的语境相关”[①]，脱离了语境去谈语词是无意义的，因而也达不到科学解释的目的。

（二）语境实在可以更好地反映科学事件发生的真实过程

牛顿的《自然哲学的数学原理》中的“自然哲学”其实也是指后来称为“自然科学”的东西。后来随着人们对“科学”的不断认识，才真正出现了现代意义上的“科学”的概念，过去的科学观往往渗透在不同的哲学思想中。正如“科学史之父”萨顿所说的，科学史的研究价值有两个层面的意义：一是哲学的，二是历史的。这里的“哲学的”有两层含义：一是科学的，因为在当时的语境下，“哲学”就是指“科学”，尤指自然科学，这一点在当今的西方学科体系建设中可以得到验证；二是要通过科学史的梳理对科学进行反思。

所以，科学史的任务就不是简单地记述一个个科学事实的发展过程，而是要对科学事件的意义加以说明，同时还要在此基础上深刻反映科学史观的发展历程。而科学史观又受科学观的影响，几乎是有什么样的科学观就对应着什么样的科学史观。传统的科学史观认为科学就是对世界的终级反映，是真理的不断进步史，而在历史语境的长河中去理解科学，则科学是一条逐渐认识自然规律和社会规律的路径，只能不断地逼近真理，而不能对世界的认识做出终极判断。就拿物理学的发展来说，当 19 世纪有人认为物理学的发展已到了顶峰，其后再不用研究物理学时，之后不久的 20 世纪，物理学就伴随着“相对论”的出现取得了更大的进步，使人类对世界的本质的认识更进了一步。后一种层次的认识就是对前一种层次在另一个语境下的解释，这种认识也许与前面的认识有很大的不同，更进一步揭示了世界的真实特征，从而使科学观以及科学史观产生很大的不同，这正是

---

① 李东. 语境与意义. 自然辩证法研究，1993，(2)：17.

语境论所揭示的科学史观的核心特征。

（三）语境实在是科学史解释的“形而上”基础

科学史解释之所以出现“辉格式解释”，就是因为科学史学家没有站在当时的语境立场上，而是站在了当前的语境立场，用当前的观点去描述或解释过去的历史。其实，阿伽西在《科学编史学的形而上学地位》[①]一文中指出，尽管在20世纪的后半期科学史的论著数量有了大幅度的增长，在方式上也有了很大的创新，但没有一部著作考虑到科学编史学的形而上学地位，也不认为其是合理的、有意义的。这就是说，现在的科学史写作还是以史实为主，还没有超越科学史的本体，没有在“形而上”的范畴去诠释科学事件背后的意义。

其实，所有的科学知识都是相对于特定的条件而存在的，在这个条件下是正确的，在另一个条件下就不一定正确。比如，相对论意义上的运动中的时钟会变慢，运动中的尺子会变短，这是说在运动速度接近光速时是这样的，但在经典物理学中这是不成立的，在语境中就是一种语境的变换，在一个语境中成立的内容在另一个语境中就不成立。因此可以说世界就是由实体和过程的无穷变化着的语境构成的，每一个语境都可以构成相对自主的、可信的知识或真理，都是实在的，但这些实在都是有条件的或是依赖语境而存在的。“从某一层面的语境实在向更高或更深层面的语境实在的递进及它们之间的必然联系，构成了我们当前的科学知识。”[②]而对这种“递进”的描述就是科学史的第一个层次，对它们之间“必然联系”的揭示就是科学史的第二个层次。这样一来，其就与传统科学史的本体论有了很大的区别，传统的科学史往往认为科学史是真理发展史，是人类不断认识世界的进步史，而语境论的科学史看来其实是语境实在的不断更迭和递进，是可错的、可修正的，这样更符合科学发展的真实历程，更主要的是对科学史观的演进给予了合理的解释。

---

① Agassi J. The place of metaphysics in the historiography of science. Foundation of Physics，1996，26（4）：486.

② 殷杰. 语境主义世界观的特征. 哲学研究，2006，（5）：95.

二、语境范式科学史理论的认识论创新

从哪个角度去认识科学史的学科性质，是科学史研究的一个基础问题，这属于认识论的范畴。科学史在成为正规的学科以前是隐学，往往是以学科史的形式出现的，而且其写作是由科学家来完成的；20世纪初期，经历了萨顿的“综合”后，其逐渐由隐学变为显学；尤其是受到科学社会学的“渗透”后，科学哲学家、科学社会学家和科学史学家从不同的认识论层面为科学史的研究注入了新的活力，彻底打破了传统的科学史研究风格，学界从不同的认识论进路去认识科学史，以期达到科学史的合理性重建，但几乎都存在一定的不合理性或弊端。语境论的认识论路径在吸纳传统认识论合理成分的基础上，逐渐显示出关于科学史的研究对象、学科性质、学术结构的独特的认识论特征。

（一）研究对象是语境变化的

科学史的研究对象是科学编史学首先考虑的一个问题，传统的科学史研究往往忽略了对这一问题的思考。其实科学史的研究对象是随着对科学史认识的不断加深而有所变化的，并非一成不变的，有很大的语境性。只有从语境的角度才能对科学史研究对象的演进做出具体的分析。内史论的科学史研究在言内语境的框架下是合理的，其主要考虑的是如何用合适的语言将基本的科学事实描述清楚，研究对象就是一个个的科学事实。通过寻找科学事实指称的唯一确定性和绝对所指，形成语言与实在、科学理论与科学事实之间的同构性语义模式，使得描述科学事实是站在中立的立场上对对象的正确描述。

而外史论科学史就将科学史的研究对象放大到科学之外的社会、文化、政治、军事、经济等各方面的影响因素上，以期从上述影响因素中做出对科学的全面理解。这在“言外语境”的框架下是合理的，言外语境就是要对一个科学事件发生的前语境（前科学事件）和后语境（对后面事件的影响）做出解释，即前述的“情景上下文”关系。

因此，对科学史的研究对象的认识只有放在“言内语境”和“言外语

境”的共同语境框架下才比较全面，构成语境的各个要素之间不是彼此孤立的、互不相干的，而是围绕着科学事件相依相连的，形成一个统一的整体，同时在这个整体中要加入主体的目的和意识，在一定的语境中的各种要素更是和谐地统一在表达语言的主体中，以完成对史学研究对象的认识。

（二）科学史性质随着语境而变化

一个学科的性质是由其内涵决定的，科学史的学科性质也是如此，这也是科学编史学研究的一个基本问题。对科学史的学科性质的认识也只能在语境的框架中去理解。从联系的观点来看，将语言对象（科学事实）与所处的环境因素相联系，是我们对科学史学科性质做出比较科学和完善的论断的认识论基础。科学史研究方式的三次转向，深刻表明其学科性质已经发生了很大的变化，已不再是过去的单纯地研究“历史”的进展，更多的是要关注“科学”的内涵。在不断发展的语境中，科学史的二重属性表现得尤为明显。科学史的研究由过去的历史诉求，逐渐转变为对科学史的科学和历史诉求，就是要在变化的语境中深刻理解科学是如何发展变化的，这与传统的只注重科学内史的风格截然不同，要在语境中理解科学发展的速度、方向、内容以及科学中心的转移等相关的东西。

所以说，科学史的学科性质的变化也是一个语境变迁的过程，这是由科学史的内涵与外延所决定的。传统的科学编史学主张，科学史就是历史，这一属性决定了科学史只要把历史事实叙述清楚就可以了，没有必要去考虑除科学本身发展之外的事情，这一点在实证主义的科学史中体现得最为明显。但随着学界对科学史的不断认识，人们普遍接受了一个观点——科学史只写人类进步的历史是远远不够的，这只是记录了科学的一部分，更深层次的事情在于科学事件所引发的意义。因此，外史研究进路的引入，使科学史的视角发生了很大的变化，我们发现，从社会、文化、政治等角度去研究科学史，似乎会得出更为合理的结论，这使科学史的研究更为合乎逻辑，更为合理。其实这两种变化都是研究的语境发生了变化，不同的语境给出了研究内容不同的解释，从语境论的角度讲，这两种研究范式都

的结晶”[①]。因而，其方法论特征也是很明显的。

（一）语境分析方法的可操作性

语境认识论给科学史的研究带来的最大贡献就在于将语境的分析方法引入科学史，即科学事件的语境相关性，因为不仅“关于知识是相对于言外语境的，而且对认识论结果的评价也只能在具体的语境中来进行”[②]。这里，对认识论结果的评价就是语境的相关性，这种相关性要依靠语境的可操作性来实现。

这种方法论的可操作性主要表现在以考证科学史实为基础（这是言内语境的内涵）、以案例分析为核心，将史料取舍与语境分析（言外语境）相结合，对科学事件进行释义。这里既不能把语境泛化，使面对科学发展的诸多因素无所适从，也不能只考察典型案例，为自我构建的方法论体系做辩护，而应该提供一种科学史研究普适的方法。因此说语境分析方法的实践特征正是通过可操作性的具体展开而表征的。首先，语境的分析方法在理论层面的可操作性就表现在科学史学家可以具体运用释义的方法。科学史学家可以通过解释科学史上的典型案例或对史料进行语境分析，再现当时的历史条件、事件的发展历程及其启发意义，以体现科学史学家对特定史料的语境洞察力和对其认识论价值的把握。其次，语境的分析方法在实践层面的可操作性就表现在合理地利用科学的测量方法。科学史的研究史表明，对科学发展的描述光靠言语叙述是不够的，应该采用定量与定性相结合的方式，尤其是计量研究在处理一些科学史片段时更有优势。因此，“对科学技术史进行概括工作时，要能够采取现代化手段去整理那些资料，这种方式无论在实践或是理论上讲，都是可行和必要的”[③]。

---

① Pyenson L. What is the good of history of science. History of Science，1989，27（4）：385.

② Hookway C. Questions of context，proceedings of the Aristotelian society. New Series，1996，96（1）：1-16.

③ И. С. 季莫费耶夫. 模型化作为科学史研究的一种方法. 马约（署叶平）译. 科学史译丛，1988，（4）：56.

（二）语境分析方法的解释性

如前所述，科学史的研究不能只局限于对具体科学事件的叙述上，而应在语境的基底上阐述其意义，通过一定的语形结构、逻辑语义分析，达到语用的目的，从而实现对科学事件进行解释的功用。语境分析方法的语形、语义、语用相结合的综合分析模式，使得科学史学家对特定的科学概念、科学定律、科学理论进行意义层面的分析时，更注重语义分析方法的使用，有时虽然是在自觉或不自觉地使用，但科学史学家已经注意到了语义分析的重要性。自觉地使用语义分析的典型案例就是历史的辉格解释，之所以出现科学史的辉格解释，就是因为一些科学史学家只选取对自己有利的史料，在语义分析的基础上得出利于自己的结论。因此，语境分析可以从以下几个方面被规范，以达到科学事实与意义价值的高度一致，从而排除科学争论中的歧义性、任意性等问题：①事件主体，即从事科学研究的科学家或科学共同体及其思想；②时空框架，即特定的时间和空间（地域）；③事件本身，即科学事件本身的发生过程；④行为环境，即背景和相关的影响因素；⑤叙述者的立场，即科学史学家的观点和思想。

这五个方面其实也就给出了对科学事件进行解释的边界。运用这五个方面的参数，去求解科学事件的本身及其发展历程中所遇到的问题，就像求解一道数学题一样，已知条件与求解问题共同构成了一个语境，语境边界就是给定的已知条件，在这个边界内可以完成对科学事件的合理求解，越出这个边界就可能导致其他解释，如辉格式解释。那么对于科学史来说，其不能像具体学科那样有一个量化的标准，但只要上述五个方面是建立在当时语境上的洞察，对事件是客观地使用，就会是一种客观的结果。比如，我们知道祖冲之对圆周率的计算达到了当时的顶峰，但他为什么这样做？他建立在什么思想上完成了这一计算？这就是一个科学史事件的解释问题。通过对上述五个方面的剖析，就会得出建立在历史真值基础上的历史解释，有时可达到“还原”的效果。

（三）语境分析方法的规定性

对科学史事件的解释不能是一味地扩张，应该受到一定条件的制约，否则历史的解释就是因人而异的，这会使历史解释处于杂乱无章的境地。语境分析方法的制约性，无疑为科学史的合理解释提供了平台。

其一，语境分析中“时间参数”的引入是制约性的一个重要体现，语境分析突出强调历史、传统和前理解对科学史事件意义的作用，从而使对科学史事件的意义，由静态的分析，转向了动态的考察，因此，我们不能站在现在的立场去考察过去的历史，否则就是辉格式的解释。

其二，语境制约语言歧义的产生。语境实在的本体论性为科学史实在提供了认识论基础，语境范式的认识论特征又为语境分析提供了方法论基底，语境分析的方法论又使得语义分析有了一个对话的平台，语言的意义只有在语境的框架下才有“真正的意义”。

语义分析在科学史研究中的引入，使科学史的理论研究有了坚实的、历史的和逻辑的基础。语义分析方法的本质就在于，它将对科学史的描述语言、科学史的解释及其逻辑结构、科学史理论研究的范式转换、科学事件结论的客观性和真理性等给出特定的、多样的规定。也就是说，科学史可以从语义分析的视角，逻辑地对其发展规律、特征、具体性、丰富性进行再现，以达到科学史的合理性重建。缺乏科学史的“语境实在”，科学史的语义分析就是“空洞的”和“无边界的”；离开科学史的语义分析谈科学史的合理重建是“虚构的”和“无意义的”；因此，科学事件的意义是建立在语境分析的基础上的，没有了语境分析，就无法得到科学史事件的确定意义。

这是因为，科学的发展史，都是特定的科学的基本概念及其相应范畴的发生、发展史。对科学事件的历史进行解释，就是对这些基本概念和范畴的科学意义、表征关联及语义内涵的演进、变革、扩张的历史的诠释过程。解释者各自的背景不同、立场不同、目的不同，有时会打破语义的约束，从而造成概念和范畴的歧义性，进行产生科学争论。所以要将解释者置于同一个语境下，语言的歧义性自然会消失。

总之，语境论的科学编史学，就是要在本体论上突显科学史的语境实在性，把一切有争议的科学史论题都放在语境的基底上去解释和说明；在认识论上，采用语境论的研究视域，重新审视、分析和解决科学史的分期、层次、学科性质、研究对象、学术结构等科学史的元理论问题，以期得到合理的说明；在方法论上，从语境分析的角度对科学编史方法进行语义、语形和语用的内在统一性规范，不仅要对科学事件达到准确描述，更为重要的是，对科学事件的意义给出合理的、科学的解释和说明。

第三节　语境论科学编史学的意义

在对语境论科学编史学特征的讨论中，我们可以明显看出，语境论科学编史学不仅特征明显，而且其对于科学史理性重建的意义也非常重大。我们知道，20 世纪 50 年代后期的科学史研究都是围绕着科学史的内、外史两大主题来展开的，不同阵营中的学者，尽管他们的学术主张不同，但都为科学史的合理性重建做着各种尝试和努力。那么寻求科学史新的编史思想就成为当代科学史学必须面临和思考的问题。语境论作为人类认识和诠释世界的重要的世界观，同时作为一种横断的认识论和方法论，其在当代思维领域中的普遍渗透，逐渐显现在自然科学和社会科学各个学科的发展中。这样，语境的内涵就由“词和句子的关联”向“确定文本意义和环境”演变。语境观念从“言外语境”扩展到了“非言外语境”，包括“情景语境”“文化语境”“社会语境”[①]。将语境论引入科学史学的研究中，合理取舍语境论的相关理论和方法，形成语境论科学编史学，可以有效地克服传统科学编史理论的不足，以达到科学史的合理性重建。这对于科学编史学和科学史的研究具有深远的理论及实践意义。

---

① Malinowski B，Crookshank F. G. Problem of meaning in primitive languages//Ogden C K，Richards I A. The Meaning of Meaning. New York：Routledge & Kegan Paul，1923：4.

一、科学史合理性重建的意义

语境论科学编史学就是要在对传统科学编史思想进行改造的基础上，实现科学史的合理性重建。科学的发展固然有其内在的发展逻辑，但也离不开其赖以生存的各种环境，要受到诸多因素的制约，这一点已在科学史学界达成了共识，也正因如此，才出现了内、外史两大阵营。但是科学史的研究又不能简单地划分为内、外史，更不能说一切科学知识都是社会建构出来的，那么只有把科学放在一个个多元的、历史的和具体的语境中，才能揭示其真正的发展历程。从前面的分析可知，语境论的科学史观主张，就是要用语境的更迭去看科学的发展历程。可以说，科学史就是由一个个小语境构成大语境的集合体。因此，在语境的基底上，既要强调科学发展过程中社会等诸多因素的影响，又要保留科学丰富的客观性和科学进步的合理性，这才是科学史合理性重建的有效选择。

语境论为科学史的研究提供了一个全新的视角，它可以通过上述具体的语境分析方法去表征科学发生与发展的诸因素影响，这在内史论、外史论以及综合论基底上是达不到的，也就是说，科学史的研究最需要从语境的角度进行分析，离开语境的科学事件是空洞的，从成语“事出有因”的角度也可以说明，任何事件，其发生与发展肯定都有一定的原因，对这个原因的追问，要建立在具体的语境分析上，否则就没有意义。因此语境论科学编史学为科学史的研究指明了一条合理、有效的进路。

比如，在对科学本质的说明问题上，语境论在吸纳传统科学观的基础上，可以给出深刻的解释：科学是人类对世界认识的逼真度的表征，是对客观世界认识程度的表征，因此其不是传统观念认为的绝对真理，而是相对的，是可以修正的。而对科学本质的说明是科学史写作的立足点和基点，科学本质离不开语境依赖。另外，对于什么是科学，不同的时代有不同的理解，不同的世界观有不同的说明，古希腊对科学的认识与现代社会对科学的认识肯定不同，这一方面是因为科学本身发生了进步；另一方面是因为语境发生了很大的变化，或者说构成语境必要条件的语境要素发生了很大的变化。

在牛顿的经典力学体系建立以后，日常中的一些现象用力学三定律得到了很好的解释，在现实中，长度、时间单位是不变的，然而在爱因斯坦的相对论世界里，运动着的尺子会变短，运动着的时间会变慢，这样的变化不能说是科学本体发生了变化，而是语境有了变化。从科学发展的角度讲，爱因斯坦相对论的语境比牛顿经典力学的语境更高层次地揭示了世界的本来面目。因此可以说科学家的所有认知活动都是在特定的自然、社会、语言和认识语境中进行的，科学理论是一定语境条件下的产物[①]，科学史就是要揭示在“一定的语境条件”下发生的事件。这样，语境论科学观就决定了语境论的科学史观，其彻底打破了传统科学史观的内史与外史的划分，将其放在语境的平台上，最终达到了融合，既注重了科学发展的内在逻辑，又关注了科学发展的自然、社会、语言和认识语境。因此，语境论科学编史学的本体论说明为认识科学是什么提供了理解和说明的基础，这是科学史研究的基本前提。

如果从内、外史的角度考虑，尤其是内史论的角度，往往会对我们现在认为是非科学的东西在撰写科学史时加以排除。这是否是合理的，我们就要回到当时的语境下去判断。比如“地心说”与“日心说”之争，在“日心说”提出之前，“地心说”统治了人类长达 1300 多年，曾一度没有人提出质疑，就是说，在长达 1300 多年的时间里，“地心说”是“科学”，在当时的语境下就是合理的、合乎逻辑的，只是在“日心说”提出以后，“日心说”的理论比“地心说”的理论更好地解释了日、月、地球等的运行，那么这以后，“地心说”就不再是“科学”，而是受到了人们的批判，“日心说”取代了“地心说”成为当时的“科学”。后来随着语境的变迁，人们的认识语境发生了很大的变化，“日心说”也不是科学的了，其理论也站不住脚，其也从科学的历史舞台中退了出来，但我们写科学史的时候，不能忽略这些内容，因为在当时的语境下，它们是科学的。所以，也可以这样说，科

① 郭贵春.“语境”研究纲领与科学哲学的发展. 中国社会科学，2006,（5）：28-32.

学史的合理性重建，就是要重新审视传统编史方法的不足，用一种全新的理论代替传统的理论，不是简单地对传统的编史方法进行改造，语境论的编史方法不失为科学史合理性重建的有效进路。

二、科学史元理论问题的求解意义

语境论科学编史思想是在深刻反思 20 世纪科学史学的整体走向和发展趋势的基础上得出的。语境论的科学史学主张，科学史就是对人类认识世界不同逼真度的反映，把语境作为阐释科学史学问题的基底，来回答科学史研究中出现的一系列问题，比如，科学史的学科性质、学科地位、研究意义、研究目的、研究方法、科学史观、与相关学科的关系，以及科学发展的方向、速度、目的、目标等基本问题。之所以对这些问题可以在语境的基底上去讨论，就是因为不同时期，人们对科学的认识是不一样的。语境论科学史学观认为，科学知识是由科学家的认知活动完成的，科学家的认知活动是在特定的情景、文化和社会语境中进行的，其科学观正在发生着变化，科学史观也是在发展变化的。任何科学知识都是特定语境的产物，离开了这个语境的科学也许就不“真”了，需要进行修正，这个修正的过程就是去语境化和再语境化的过程。前文已述，科学理论就是在前语境、去语境和再语境化的过程中发展的，这样的“去”与“再”语境化的过程构成了一个个的小语境，小语境构成的大语境，就是科学史。也正因如此，在语境的基底上，把语境论深深地渗透到科学史的研究中，才能取消内、外史的划分，把一切相关争论的问题放在一个“语境平台”去评判，通过不同的语境构建阐释传统科学史研究中出现的基本问题。

语境论科学编史学主张一切科学知识都是一定语言的表述，其有效性体现在语义、语形和语用的结合上，科学知识都是特定社会环境的产物，人类所认识的科学知识是可错的、可修正的，在这个语境下成立的东西，在另一个语境下不一定成立，科学理论的发展就是在去语境化和再语境化的过程中建立的。所以，在对科学理论的认识上，语境论的科学观主张科学理论不再是绝对真理，科学理论是相对于语境而存在的，科学理论就是在一定的语境下对所认识对象的逼真度的反映，科学理论的发展史就是语境的变迁史。科学理论是真理，这是因为其存在于一个特定的时间、特定的语境，超越了这个语境就不是真理了。比如，关于以前我们对太阳系行星的认识，传统的观点认为太阳系是由九大行星构成的，但由于冥王星比地球甚至比最小的太阳系行星——水星都小很多，且旋转轨道为不规则的鸭蛋形"过山车"状，几十年来天文学界对此一直存有争论，最终国际天文学联合会大会投票决议，表决通过新的行星定义，冥王星被排除在行星行列之外，而被列入矮行星。由此可以看出，"九大行星"与"八大行星"就是在一定语境下的变化，因为不论科学界怎么定义，客观世界是没有改变的，我们的观念变化只是因为我们的语境标准不一样了。在其他自然科学中，类似的例子也很多，就连狭义相对论的提出也是建立在两个基本前提的假设上的，这两个前提就是语境的两个要素，离开了这两个语境要素，相对论也就不成立了。这充分说明了语境的变化，会导致对科学真理的认识发生变化，语境论可以为科学何时为"真"提供认识的前提基础，为认识科学理论提供一个合理的平台。

诚然，科学在不断地发展，科学史的理论研究也在不断地发展，自 20 世纪以来，科学史经过 100 多年的发展，不仅在实践研究上取得了很大的成绩，而且在理论研究方面有了建树。也正因如此，才出现了一系列元理论问题，比如，科学史的学术结构、学科性质、分期、研究方法等理论问题。对这些问题的研究，早在 1963 年，阿伽西就提出要走向科学编史学研究，他提出这一思想的时候，正是库恩的《科学革命的结构》出版的第二年，他能在当时的语境下提出"科学史哲学"的概念，也正是基于一种科学编史学的思考，他试图号召人们对这些科学史元问题进行研究。至此，学界从不同的角度对这些问题进行了解读。连他本人也在 2003 年出版了《科学与文化》，这本书后来被中国的学者翻译[①]，并于 2006 年在中国出版。2008 年，他结合自己 40 多年的科学史研究实践，出版了《科学及其历

① 约瑟夫・阿伽西. 科学与文化. 邬晓燕译. 北京：中国人民大学出版社，2006.

史——科学编史学的再评价》。之所以在这里列举阿伽西的研究实践，就是要说明一个问题：科学史的理论研究随着语境的变化在变化着。那么要对其进行说明，就要在一个共同的语境基底下才可以达成共识。

三、科学编史理论的创新意义

如果说上述两个意义是本体论和认识论层面上的意义，那么语境论的科学编史思想，还有一个很突出的意义，那就是为科学史的研究提供一个新的研究方法，在这一方面，它就是一种方法论研究，因此其也具有了方法论的意义。

在方法论上，语境论的科学编史学比传统的编史理论更优越。这是因为，传统的编史思想几乎都是建立在对科学史的内外史划分的基础上的，力图去寻求科学发展的原因、动力、方向、速度、目标等因素，这难免有主次之分、内因和外因之分，或者说从社会的角度上讲，要做到量化、区分主次是很难的事情，因此难以把握科学的真相。之所以造成这样的局面，主要还是由实证主义的科学史研究风格所造成的，传统的编史思想都不可避免地把主客体割裂开来研究，就会造成这样的局面。比如，实证主义的编史思想把科学看作是唯一体现人类进步的知识积累过程而忽视了人的主观能动性，把科学研究的主体抛在一边；而外史论者包括社会建构论者又突出强调了主体和社会的作用，把科学的客观性抛在一边，因此表面上看起来它们各有千秋，但实际上，其是很容易受到学界的质疑的。只有语境论的编史思想既强调主体的作用，又强调科学的客观性，把一切科学发展中有争论的事情都放在“语境平台”上去研究，所有有异议的思想都可以在这个平台上被展开和评判，这不失为最合理有效的方法。

语境论的科学编史学把语境的分析方法作为科学史研究最核心的方法，这也是其优越性之一。前文已述，语境是语形、语义和语用分析方法的集合，语形是语境规范下的句法结构，它内在地规定了科学史的写作规范；语义也是语境规范下的语义，其目的就是不让词语在话语中产生歧义，最终达到科学史文本的语用实现。因此可以说，将语境分析方法引入科学史的研究中，通过具体语境的展开，诠释科学的发生与发展，是科学史研究的重大方法论创新。这个意义表现在具体的科学史写作中，在语境的基底上，语形学以句法形式为取向，形成逻辑-语形分析；语义学以言说对象为取向，形成本体论-语义分析；语用学以语言使用者为取向，形成认识论-语用分析。[①]因此，科学史的写作可以分为两个层次：其一是描述，其二是对科学发生与发展的说明和解释，其要求用最可靠的陈述语句来陈述，以实现“在科学语境基础上所建构的解释才能对科学理论的本质做出真正认识”[②]的目标。

比如，对于中国古代数学的研究，中国传统的研究范式就是“发现”，主要集中在中国古代数学有什么的层次上，这就如同上述的第一个层次；随着研究的不断深入，现在已经到了“复原”的范式，要回答为什么会有那样的数学，即复原古代的数学，这样的研究如果不借用语境的分析是得不到全面的解释的，这也正是中国古代科学编史学应该考虑的事情。

综上，在研究水平上，语境论科学编史思想将会使科学史的研究发展到一个新的高度，会给人们带来一个科学史研究的全新视野。当前，语境论作为一种世界观和方法论已逐步成为科学哲学的研究纲领，正如拉卡托斯在其《科学史及其合理性重建》一文的开篇提到的，科学史学应该如何从科学哲学中学到合理的方法以实现科学史的合理性重建。这样的主张说明科学哲学对科学在认识论上的构建可以为科学史的研究找到方法论的辩护。当代科学史没有实现合理性重建、科学编史思想产生困境的原因，就是缺乏合理的、有效的理论指导，如果现在还不从科学哲学中汲取其合理的方法论内核，那么科学史的研究始终走不出困境的泥潭。当然，创立一个新的研究范式或者说研究模式是比较困难的，这有一个被学界接受的过程，要冲破旧的研究传统的束缚也是很不容易的。语境论的科学编史思想主要是基于传统科学编史思想的一个创新，它的生命力也正源于此，这也是其核心价值之所在。

---

① 郭贵春.“语境”研究纲领与科学哲学的发展. 中国社会科学，2006,（5）：28-32.

② 殷杰. 语境主义世界观的特征. 哲学研究，2006,（5）：98.

此外，科学史的研究也确实需要从哲学的角度去构建其理论大厦，没有一种哲学层面上的思考，科学史的实践研究也就不可能走向深入。因此语境论在科学史研究中的引入，正是汲取了当代科学哲学理论建构的合理性内核，能够对科学史研究中产生的一系列问题坦然面对，尤其是当我们站在一个新的起点上，重新审视和总结 20 世纪科学史的发展历程时，语境论的视角可以回答内史论、外史论、建构论等理论难以回答的问题，会将科学史的研究发展到一个新的水平。所以我们有理由相信，对语境论在科学史学中的深入研究是关系到科学史发展的战略性研究纲领。

第五章 语境论科学编史学的应用

本章分别针对分析技术编史学的研究疆域、科学史学家的科学史观的建立与发展、具体的科学革命事件大数据科学史、传统科学史观等典型案例进行了语境解释分析，以案例的方式佐证了语境论科学编史思想的合理性。其中，案例一是对哥白尼革命进行了语境解释；案例二是对阿伽西的40年的科学史观的演进用语境分析的方法进行了评述；案例三是从语境论科学编史的视角去分析技术编史学研究的内涵。

第一节　哥白尼革命的语境分析

语境论作为一种横断的方法论，被应用到科学史的研究中，形成了语境论的科学编史方法，这是科学史研究的一个理论突破。语境论科学观主张科学是人类对世界认识程度的逼真度的表征，是一种符号表征，是通过数据来体现的，不同的逼真度所给出的数据是不同的。科学在不同的发展阶段，表征方式不同，逼真度也不同，其是依赖于语境的。这是对科学的理解最为合理的表述，也是在传统理论基础上的一种重新认识，那么，"逼真度"也就成了类似于拉卡托斯的科学研究纲领的"硬核"，是语境论科学编史学的核心概念。以这一概念为核心，可以从"言内语境"和"言外语境"两个方面，深刻阐述这一概念的内涵和外延。科学史的研究就是要在语境的基底上对科学所揭示的逼真度是如何发展的，做出合理的描述。本节利用语境论科学编史学的基本理论，对一个具体的科学事件——哥白尼革命进行语境分析。

一、哥白尼革命的言内语境分析

哥白尼革命所蕴含的内容是地心说与日心说的比较，因此，要对哥白尼革命的言内语境进行分析，就要先对哥白尼革命所表现出的逼真度进行分析，首要的是先从托勒密（C. Ptolemy）的地心说开始谈起。在古代，由于实验设备和实验手段的缺乏，人们无法得到足够的宇宙观测数据，所以只能从高度抽象和理性的角度去构建心目中对世界的认识。他们认为地球就是宇宙的中心，而其他的星体都是绕着地球运行的。这就是当时人类对世界的认识程度，从语境的角度讲，这就是科学。托勒密将地心说的模型发展完善，其理论能初步解释从地球上所看到的现象，且为了解释某些行星的逆行现象，他提出了本轮的理论，即这些星体除了绕地轨道外，还会沿着一些小轨道运转。后来，天主教教会认为这是世界观的“正统理论”。这个理论也就是当时世界认识的逼真度，这就是当时的科学。

其实，在托勒密的地心说之前，亚里士多德在古希腊时就提出了自己的宇宙结构学说。亚里士多德认为，宇宙的运动是由上帝推动的，宇宙并不是现在我们认为的无限的，而是一个有限的球体，宇宙分为天地两层，地球位于宇宙中心，太阳和月亮围绕地球做圆周运动。与他的物理学相结合，亚里士多德认为所有的物体总是落向地面，这也是地球是宇宙中心的一个证据。在地球之外有 9 个等距的天层，由里到外的排列次序是：月球天、水星天、金星天、太阳天、火星天、木星天、土星天、恒星天和原动力天，除此之外空无一物。所有的恒星天层的运动都是在上帝推动的情况下，围绕着地球做匀速的圆周运动，而人类居住的地球是不动的，静静地屹立在宇宙的中心。由此我们可以看出，亚里士多德的地心说是人类最早认识到的关于宇宙的理论，这是建立在他本人观察的基础上的，就当时人类对世界的认识程度而言这是完全合理的，因为我们居住在地球上并没有感觉到地球在动。

托勒密全面继承了亚里士多德的地心说观点，并在前人观察和积累的基础上，对天体的运动做了长期的观测，利用观察到的数据，最终写成了八卷本的《伟大论》，全面阐述了他的地心说观点。从人类对世界认识的逼真度来讲，托勒密的科学性体现在比亚里士多德更深入地揭示了天体运动的“真实性”，这在我们现在看来是错误的理论，在当时绝对合理地解释了人们可以观察到的各种现象。在《伟大论》中，托勒密把亚里士多德的 9 层天扩展为 11 层，把原动力天改为晶莹天，又往外添加了最高天和净火天。

此外，托勒密还提出了自认为很完善的“均轮”和“本轮”的设想。他认为，各行星都绕着一个较小的圆周运动，把绕地球的那个圆叫“均轮”，把每个小圆叫“本轮”，同时假设地球并不恰好在均轮的中心，而是偏开一定的距离，因此均轮是一些偏心圆，水星、金星、火星、木星和土星这五个行星在本轮上运动，这五个本轮的中心又按各自的轨道绕地球运转，本轮中心的轨道就是均轮。日月行星除了做上述轨道运行外，还与众恒星一起，每天绕地球转动一周。这样的设计，虽然不像我们现在可以用数学的计算模型来实现，但却较为圆满地解释了当时可以观测到的行星运动的情况，因而，托勒密的地心说受到人们的广泛信仰，并统治了人类天文学思想 1300 多年。

前文已述，语境论的科学观主张科学就是在谈论世界，是人类对世界认识的逼真度探寻，是用来表征认识世界的手段，而科学史就是对这一逼真度的历史再现。从这一点来说，当时托勒密的地心说之所以能够流行 1300 多年，是因为：其一，地心说的主要观点是日月行星、恒星都绕着地球的中心做匀角速运动，这与当时占主导地位的柏拉图的理念论是符合的，也不违背亚里士多德的物理学，易于被人们接受，因此，其在当时看来就是“真理”了；其二，托勒密的地心说用“均轮”和“本轮”的不同构架，设计了几种不同圆周轨道的组合，可以预测到行星在运动过程中的位置，而且与实际观察到的数据相差很小，相比前人的体系有所改进，同时还能解释行星的亮度变化；其三，地心说也符合当时人们以人类为中心的假设，同时也符合基督教的信仰。然而所有的这一切，被 1543 年出版的哥白尼的《天体运行论》打破了。

在托勒密的地心说的基础上，哥白尼提出了“日心地动说”，其主要的假设有三点：第一，太阳在诸行星轨道居中不动的假定。这一点对当时的地心说是极大的挑战，从观念上取代了托勒密体系的长期统治。哥白尼认为，只有太阳居中不动，从整个体系来看才较为对称、和谐，所以“太阳现在是居于万物中央的宝座上，要不然难道我们还能够把这个发光火球的美丽圣殿放在其他什么地点让他能同时普照宇宙吗？他是名副其实的宇宙明灯、心灵和统治者，这样一来太阳就可以在他的宝座上统治着在他周围运转的孩子们了”[①]。可以说，哥白尼以这种隐喻的方式，向世人展示了一幅动人的图景：太阳是宇宙的核心，地球和其他星体围绕太阳转。第二，地球和其他行星一同绕太阳运行的假定。这一点很自然地解释了人们在地面上所见到的行星在运行中有“逆行”和“留”的现象，无须再借助于虚构的“本轮”了。第三，地球绕地轴自转的假定。这一假定科学地解释了地球上一年有四季的原因和恒星的周日运转现象。显然，从人类对世界认识的逼真度来讲，哥白尼的日心说比托勒密的地心说对宇宙真实性的描述更进了一步，因而可以说，它更加“科学”。

哥白尼在他的《天体运行论》一书中认为天体运动必须满足以下七点：第一，不存在一个所有天体轨道或天体的共同的中心，这一点就彻底打破了传统的看法；第二，地球只是引力中心和月球轨道的中心，并不是宇宙的中心；第三，所有天体都绕太阳运转，宇宙的中心在太阳附近，这也是其核心主张，即日心说；第四，地球到太阳的距离同天穹高度之比是微不足道的，这也为日心说找到了证据；第五，在天空中看到的任何星体的运动，都是地球运动引起的，就是地球的运动才会使我们看到其他星体的运动；第六，在空中看到的太阳运动的一切现象，都不是它本身运动产生的，而是地球运动引起的，地球同时进行着几种运动，这就是说，并不是太阳在动，而是地球在动，地球不仅在绕着太阳转，同时还有自转等运动形式；第七，人们看到的行星向前和向后运动，是由地球运动引起的，地球的运动足以解释人们在空中见到的各种现象。

以上是日心说的主要观点，是其对人类认识世界的定性表征，是一种逼真度。虽然哥白尼的日心说比地心说更加“科学”，但事实上，哥白尼的这些观点在当时并没有引起人们对他的关注，直到 60 多年后的 1609 年伽利略发明了天文望远镜。通过用天文望远镜对天文现象进行观察，人们发现了一些可以支持日心说的新的天文现象，之后，日心说才开始引起人们

① 哥白尼. 天体运行论（第一卷）. 叶式辉译. 西安：陕西人民出版社，2003：19.

的关注。此外，木卫体系的发现直接说明了地球不是唯一的中心，金星满盈的发现也暴露了托勒密体系的错误。然而，由于哥白尼的日心说所得的数据和托勒密体系的数据都不能与第谷的观测相吻合，因此日心说此时仍不具优势。直至开普勒以椭圆轨道取代圆形轨道修正了日心说之后，日心说在与地心说的竞争中才取得了真正的胜利。

所以，尽管哥白尼的日心说比托勒密的地心说在某些方面更为科学，哥白尼本人也是在物理意义上相信日心说的，但他并不关心动力学的有关问题，这就是说，他不关心星体的运动是上帝的推动，而只关心运动过程中我们所观察到的实际情况的解释，这是他的学说站住脚的关键点。因为在中世纪的传统中，天文学一直被视作某种通过数学技术对天象做出预言的学问，无关宇宙真实。因此从形式上说，无论哥白尼的描述顺序还是描述方式都严格地遵循着托勒密的一些理论。从内容上说，他继承了“本轮”“偏心圆”等基本概念。在哥白尼那里，宇宙仍然是有限的，他似乎也没有抛弃“天球”的概念。①

实际上，哥白尼的日心说只是在某些方面简化了地心说的相关理论，有些方面他并不精确。他所描绘的宇宙体系也并不比托勒密体系更为和谐、更符合观测数据和较容易计算，他只是“较前人之表有所改进，但精度还达不到角分的数量级——事实上，哥白尼对精度的要求是很低的，他曾对弟子赖蒂库斯（Rheticus）表示，理论值与实测值之间的误差只要不大于10′，他即满意”。②由此可以看出，由哥白尼的日心说所引起的“哥白尼革命”，并非是对地心说的全部抛弃，而是在其基础上做了“改进”，这种改进在后来也被人们修正了。从人类对世界认识的逼真度角度来讲，一个科学理论提出后是否是进步的，主要体现在它对前人的修正是不是可以满足人们对新结果的渴求，能不能做到导致了新的出乎意料的预测，这是最关键的。如果一个新的逼真度比它的竞争对手具有更多的真理内容，即不仅

① 陈嘉映. 从希腊天学到哥白尼革命（下篇）. 云南大学学报（社会科学版），2007，6（2）：12.

② 江晓原. 试论科学与正确之关系——以托勒密与哥白尼学说为例. 上海交通大学学报（哲学社会科学版），2005，（4）：29.

进步地预测了其竞争对手真实地预测到的东西，而且能预测其竞争对手未能预测的某些东西，从这个意义上说，这个逼真度就取代了原先的逼真度。

哥白尼的主要贡献在于他恰逢其时地提出了当时人们正在渴求的一种新的理论，从而使得近代天文学有了产生和发展的生机，也使得近代天文物理学的发生和发展得到了极大的促进，要对这方面进行深入的论述，就要从“言外语境”的角度进行分析。

二、哥白尼革命的言外语境解释

对哥白尼革命进行言外语境分析，并不是要像泛化的语境论一样，从社会、文化、历史、军事、经济等方面对该理论的产生、发展等进行全面考察（因为这样的考察可能会失去其革命本身的含义），而是要从其所引发的事件本身外的意义去解释，就是说怎样从言外语境的角度去评价哥白尼革命。

言外语境作为语境论科学编史学的一个重要方面，其描述和解释方面显然比传统的科学编史方法具有更大的优势。在对托勒密和哥白尼天文学的语境进行分析时，发现他们不以任何的“范式”为核心去研究，这就需要运用言外语境去分析，最终发现他们都是根据自己的天文学所遵循的道路进行的研究：他们并不单纯地检验猜测或努力协调众多的观察结果，而是建立在一个共同的语境基础上，对数据进行分析研究。这个共同的语境就是毕达哥拉斯-柏拉图研究理念，这个理念的基本原则是：既然天体是尽善尽美的，那么通过一组尽可能少的匀速圆周运动就应该能够说明一切天文现象，这个原则也符合天体“一切崇简”的基本道理。最初的尚不完备的以地球为太空中心的理论，理论中包括一些围绕地球的同轴轨道理论，一些恒星轨道理论，每一个其他的天体也各有一个轨道。然而，偏心圆之说使地球不再是星体运动圆的中心，托勒密的偏心等距点使得甚至本轮的空心运动也不同时为匀速运动和圆周运动了——从偏心等距点来看，是匀速运动但不是圆周运动；从均轮中心来看，是圆周运动但不是匀速运动；匀速圆周运动被准匀速、准圆周运动取代了。这一取代无异于放弃了柏拉图所倡导的理念。

哥白尼正是意识到了柏拉图式的理念在托勒密的地心说理论中退化了，所以他设想行星运动的周期性肯定与一系列匀速圆周运动有关，甚至用一系列匀速圆周运动就可以详尽地描述行星运动的周期性，这样的出发点就像我们现在的换位思考一样，他认为如果能够换一个角度也许能得到一个更好的结果，这正是他的创新之处。因此，哥白尼认为托勒密在以下三个问题上是理想设计的，从而违背了天体的正常运转：第一，偏心等距点的提出使托勒密自身的逼真度受到了影响；第二，托勒密使恒星天球做两种截然不同的运动是地心说体系的一个重大缺陷，因为恒星作为最完美的天体应该只做单一的匀速运动；第三，地心说的理论体系一直是经验性的，所有的“均轮”与“本轮”都是为了某种解释而特设的，所以它一贯落后于事实，使一些现象得不到合理的解释。

由此可以看出，哥白尼试图要做的事是复活柏拉图式的理想化，他并未创立一个全新的理论体系，这也许是他一直不愿发表他的思想的主要原因。因此只能说，哥白尼只是比托勒密创立了一个更为贴近人类对世界认识真实性的一个新的柏拉图式的理论，在内涵上与托勒密是有相似之处的。这一点从后人对他的否定中就能看出。因此哥白尼的主张仍然是认为恒星是最完美的天体，只能做理想的、最完美的运动，这种运动就是单一的匀速绕轴运动，他的理论也只是为这一理念而辩护。所以为了达到这一点，哥白尼只好将恒星的运动移到地球上来，将地球作为一个行星，从而使其摆脱了偏心等距点，提出了一个新的体系。事实上，哥白尼的月球理论比托勒密的月球理论在逼真度上有了很大的发展，他通过以本轮取代偏心等距点，改进了理论与观察之间的一致，这也是他的成功之处。

因此说，从语境的角度讲，哥白尼的语境取代了托勒密的语境，在新的语境下，他对世界认识的真实性得到了加强，在理论上无疑是进步的，它预测了过去从未观察到的新颖事实。比如，它预测了金星的盈亏，预测了恒星视差，相比以前来说这在很大程度上是一个质的飞跃。

科学发展的历程表明，哥白尼当时虽然对金星盈亏做出了预测，但该观点一直没有从数据上得到认可，直到 1616 年才被确认。似乎到了 1616 年，哥白尼体系被新的天体物理学所取代的时候，哥白尼革命才成为一个完全成熟的科学革命，其意义才突显出来。如前所述，言外语境还有一个重要的功能就是能够对科学事件的意义进行说明，同时在这个语境的平台上，还可以对一些有争议的结论进行对话和交流，这是语境论的巨大优势之所在。从言外语境的角度，我们不难看出哥白尼革命所带来的巨大意义。

1. 错误理论是科学发展的必然

语境论科学编史学认为科学就是在谈论世界，是人类对客观世界认识程度的反映，只能无限逼近真实，而不是绝对的真理。那么在这无限逼近的过程中，错误理论的出现是历史的必然。科学就是在不断地修正错误理论的过程中发展的，科学史不能仅仅是写人类真理的发展史，如果按照实证主义的科学史去写科学史，必然会摒弃现在我们认为是错误的科学理论，从而会失去科学的发展是一幅生动的、与错误不断争论的事实，造成科学史的辉格式解释。哥白尼的日心说，现在在我们看来是一种错误的理论，但在当时其是科学的，因而得到了当时的科学家的认可。这是因为，日心说是特定语境下的科学知识的凝结，其某些局部的认识是正确的、有用的，在当时是科学实践活动的深刻总结。

哥白尼革命所反映的内容并不是“科学理论”代替“科学的理论”，而是错误的理论代替错误的理论，这正是其特殊的地方，它不像严格意义上的“科学革命”，是一种科学理论代替科学理论，而是一种新的“范式”创新原“范式”。比如，近代科学革命发生后的许多科学理论，现在仍被认为是“科学理论”，虽然有些做了一定程度的修正，但主要方面是正确的、合理的。这就是说，错误的理论也是科学发展史上一定历史时期的产物，它不能不受到当时生产力的发展水平、当时的经济状况和社会文化的制约，离开了当时的语境，让其从一开始就达到一个现在认为都是完善的理论是不可能的。因此日心说的提出，在当时要达到全面认识地球的运动的程度是不可能的，而从日心说的角度来描述天体运动，哥白尼发现以地球为中心观察宇宙有许多情况很难解释，他假设了以太阳为中心，地球围绕太阳旋转，然后再观察宇宙，结果获得了成功。这在当时是很合理的事，也是合乎逻辑的，因而是科学的，从这一点上来讲，也佐证了错误理论是科学发展的历史必然，是一定语境下的特殊产物。

2. 哥白尼革命是自然观的语境式转换

正如拉卡托斯在他的《科学研究纲领方法论》中所言的，哥白尼成就的动机问题以及对哥白尼成就的接受问题是很重要的问题，用严格的“内部”术语是无法回答的。这就是说，哥白尼所提出的日心说，连他本人也没有想到会是一场革命，而且是一场拉开近代科学革命序幕的革命。其实哥白尼革命所具有的意义是一种自然观的语境转换，只有将其放在近代科学革命的整个历程中才能深刻揭示它的划时代意义。

为什么说它是一种语境转换呢？因为哥白尼的日心说与地心说相比，其坐标体系改变了，这个坐标体系就是一种语境转换。这正如一道数学题，给定的条件就是语境，没有了这个条件就失去了语境，这个题目也就没有了实在的意义。日心说的成功之处就在于以太阳为参照系，而不是以地球为参照系。这就是说，在日心说的理论体系中，语境已经发生了变化。拉卡托斯认为：“日心论优越的简单性同它优越的准确性一样，不过是神话而已。哥白尼无疑简单了一些，因为它摆脱了偏心等距及一些偏心圆。但每摆脱一个偏心等距及一些偏心圆，就不得不代之以新的本轮和小本轮。”①这样的处理结果，并不能说明日心说比地心说在任何方面都要优越，事实上，日心说在某些方面还没有地心说优越，但他这样的处理却是一种质的改变，从而引发了一种自然观的深刻变革。

其实，中世纪后期的自然观本身就有两种不同的图景：一种是神学图景，另一种是数学图景。神学自然观建立在对自然的看法、目的、等级等观念的基础上，在当时是占统治地位的；而数学自然观是用数学的观念和

① 伊·拉卡托斯. 科学研究纲领方法论. 兰征译. 上海：上海译文出版社，1986：236.

方法去解释自然界，与毕达哥拉斯学派有很大的关系。从科学史的角度来看，当时神学（经院哲学）是占统治地位的，因此数学也只是一种工具，是从属于神学的。当时的地心说之所以能统治人类1300多年，也是因为受神学的影响才有如此的统治力。因此哥白尼当时出版《天体运行论》时犹豫不决的态度和地动学说的革命性密切相关，因为它违背了当时的正统思想，同时也违背了当时的自然观。因此，哥白尼并不是简单地拒斥托勒密的地心说思想，而是试图通过对它的改造，使之与宗教较为融贯地成为一个完整的宇宙论体系。但即使是这样的处理其实也“影响到了上帝的尊严”：因为日心说更改了上帝已经决定了的宇宙结构，这在神学家看来是不能容忍的事。[①]所以，当时的日心说已经触动了神学最为敏感的神经。哥白尼的日心说明确指出：当神学与数学不一致时，应把数学的合理性放在第一位，这无疑是把神学自然观与数学自然观做了一个转换，这是最关键的一点，这使得语境发生了深刻的变化，从而引发了一场被称为哥白尼式的天文学革命。“所谓哥白尼式的革命，就是说，活动不再以主体的身体为重心了。主体的身体开始被看作是处于一个空间中诸多客体中的一个；由于主体开始意识到自身是活动的来源，从而也是认识上的来源，于是主体的活动也得到协调而彼此关联起来。”[②]这在后期的康德哲学中体现得非常明显，这种哥白尼式的革命也被广泛地运用到各种领域：经济、文化、政治等。由此可见哥白尼革命给人类带来的影响力是何其大。

综合以上分析可知，语境论科学编史学在对科学事件进行解释和说明时，主要关心的就是两方面的内容：一是言内语境，二是言外语境。这两种语境不是泛化的语境，而是由言内语境来描述科学事件的本真，其核心概念是“逼真度”；用言外语境来说明事件所带来的意义和影响，这就是说，科学史的写作还是以科学发展的内在逻辑为主的，可以从社会、文化等角度去解释，但那不是核心，否则就走向了科学社会学研究的范畴了。因此

① 王海琴.“哥白尼革命”的另一种解读——从数学哲学的角度看. 自然辩证法研究，2009,（5）：18.

② 皮亚杰. 发生认识论原理. 王宪钿译. 北京：商务印书馆，1981：24.

可以说，在撰写科学史时，科学编史学的指导是第一位的，其他都是第二位的，科学编史学构成了科学史内在逻辑合理性重建的基石。尽管不同的科学编史方法（思想）对科学史写作的指导不同，但它们都是建立在一个共同的目标上的——都试图使科学史的研究合乎逻辑、具有合理性，或者说是还科学史研究本来的面貌。

以这个案例为基础，在这里我们可以重申一下语境论科学编史学所体现的优势：其一，它认为科学理论是在谈世界，是人类认识世界程度的表征度，即逼真度，这是其立足之本，那么科学史就是对这种逼真度发展历程的描述和说明。这样的处理就把过去人们认为不是科学的东西包容进来了，这与传统的科学史观有很大的不同。其二，语境论科学编史学的分析方法是建立在语境分析的基础上的，是言内语境与言外语境的综合，是语形、语义和语用的集合。其三，语境论科学编史学并不排除其他科学编史学思想的影响，而是在语境的平台上可以交流、融合。因此从语境论科学史学的角度出发，其主要是要回到已写就的科学史文本中，对其进行修正，这是其核心功能。

从语境论科学编史方法出发去研究一个具体的科学事件，一般遵循以下几个基本的原则，在这里做一个简单的格式论述。首先，看这个科学事件的逼真度，这就是说要写出对世界的认识达到了什么程度。其次，从言内语境的角度出发，说明这个科学理论是什么时候提出的、是什么人在什么地方提出的，这个科学理论是不是比前人的理论更优越，用一个命题 P_1 表示就是

P_1：逼真度 T_2 在时间 t、空间 s 的语境下比逼真度 T_1 优越。

同时还要写明当时科学家或科学史学家的认可度，即命题 P_2

P_2：所有的科学家在时间 t 时都承认，逼真度 T_2 在时间 t、空间 s 的语境下比逼真度 T_1 优越。

但现实中的情况经常是，P_1 是真的，但并不是像命题 P_2 所描述的，所有的

科学家都会认可，因此这就需要在第三步进行说明。最后，从言外语境的角度出发，深刻论述这一科学事件的意义和影响。这是对上一步的深化，从对其意义的说明和解释中，可以对科学事件做出进一步的阐述。但这不是泛化的语境，并不是从社会的、文化的、经济的、政治的等各个方面找原因。

第二节　传统科学史观的语境论反思

从语境分析的角度对传统科学史观进行反思，是语境论科学编史学研究中非常生动、具体的例证。一般来说，科学史的研究实践似乎旨在阐述一个核心问题——“科学技术的发展历程”，这是科学史研究最初的、最核心的问题。但是随着科学史研究实践的不断深入，传统的学科史研究特征已不再是科学史的核心内容，其开始反思科学是什么、科学史的本质是什么等一系列的元理论问题，这些问题的引出激发了科学史的理论思考。[①][②]

于是科学史观出现了，这种对科学史的不同认识自觉或不自觉地摆在了科学史学家的面前。从历史语境看，受科学哲学家的影响，科学家或科学史学家都在从不同的角度或方向对这些科学史的元理论问题进行思考，思考的学者多了，答案自然就是多种多样的了，所以不同的科学史观组成了不同的编史方案，不难理解“每一部科学史或是科学方法论著述都代表着一种科学史观和编史方法论”[③]，这充分说明了传统科学史观的多元性、特指性。从科学史的实践研究来说，以功利主义、实证主义和批判主义的科学史观为代表的传统史观，分别说明了不同时期科学史研究的不同风格，都存在一定时期的合理性，代表了不同的科学史研究进路。但是，“随着语境观念在当代思维领域中的普遍渗透，一种语境主义世界观（contextualism as a world view）逐渐显现在自然科学和社会科学各个学科的发展中”[④]。

① 李树雪. 语境论科学编史学研究. 太原：山西大学博士学位论文，2011.
② 王维东. 语境论科学史观研究. 太原：山西大学硕士学位论文，2013.
③ 伊・拉卡托斯. 科学研究纲领方法论. 兰征译. 上海：上海译文出版社，1986：161.
④ 殷杰. 语境主义世界观的特征. 哲学研究，2006，(5)：94.

因此，语境论科学史作为近年来科学编史学研究的一个分支，集合了不同时期科学史观的合理性，克服了其不足之处，是一种全新的科学史观，更体现了科学合理的编史方案，从语境分析的角度反思了传统科学史观的弊端，实现了对传统科学史观的反思与消解，显示了语境论科学史观的独特魅力。

一、功利主义科学史观有其合理性的一面，但不是合理的编史方案，只在特定的语境下是科学的

功利主义科学史观的核心主旨是主张科学史研究的实用性，或者说有用性，其目的是为科学的进一步发展做社会学与史学辩护，这是特殊时期的特定主张，有其一定的合理性。功利主义的科学史观并不是科学史研究一开始就已形成的科学史观，而是后期从不同的学科史著作中总结出来的，当时的学界并不认为是这样的，而是一种自然而然的方式，当然，其是由不同的科学家来完成的，是以学科史的形式出现的。而且到综合科学史的出现，其经历了很长的时间，历史语境和社会语境共同促进了其发展。

所以从语境论的角度讲，任何科学事件的发生与发展都是在特定语境下形成的。只有将这些科学事件写出来，才能突出科学对人类社会的进步所起到的作用，从而为科学的发展辩护，为科学的进一步发展求得政府与社会的支持，这是功利主义科学史得以发展的社会语境。培根为此而决定组织力量撰写天文学、化学等学科史。在其努力下，《自然的和实验的历史》于 1622 年成功出版，这标志着近代学科史的发端，也是第一次将科学技术是如何推动人类文明演进的表现出来，读者可以从中体会到科学技术在人类发展中的特殊力量。这部著作的出现，激发了科学家对科学史研究的兴趣，因为只有自己行动起来才有可能赢得社会对科学的尊重，科学才能发展，这是自发的。

当然了，这种自发的学科史研究，是出自不同的科学家为赢得科学职业的合法地位而进行的，于是在这种语境氛围下，科学家结合自身的科学实践而转向学科史的写作中，他们希望通过学科史来获得社会对科学的理

解和支持，这是研究学科史的唯一目的，集中体现了功利主义思想对科学史的渗透，更是特定语境下的“语用实现”。这个时期写出来的科学史，从语义分析的角度严格地看，是学科史，不是严格意义上的科学史，也就是说，对于一些具体学科是如何产生的，没有解释力。从语形上来说，其不具备解释功能，只是一种“描述”而非对科学事件的“说明”。就拿英国科学史学家斯普拉特在1667年完成的《皇家学会史》来说，它是在追溯英国皇家学会历史前身的基础上，集中表达了皇家学会对推动科学发展的社会作用，从而为新科学的发展寻求一种政策支持和社会理解。①所以说，《皇家学会史》并不是皇家学会这一科学共同体如何发展的一种描述或是叙述。由此我们可以发现，这样的科学史不是为了展示科学是如何发展的，而是为了体现其社会作用，从中不难看出当时的学科史写作的特点：对某一学科进行编年史的现状描述，让人们“通过阅读前辈的探索经历而受到激励……即使我们先前获得的知识对于科学的发展不是必需的，但它毕竟大大促进了未来的进程”②。这种功利主义的科学史观在当时当地的学科史发展中有它突出的作用，具有一定的合理性，实现了社会对科学发展的认同，尽管是不可取的，但从历史语境来讲是合乎情理的。

对于这一状况，在稍晚一点的18世纪则有所不同，特别是法国革命与英国工业革命的发生，为科学的进一步发展奠定了坚实的基础。这对于科学史来说，一个是来自外部的力量，一个是来自内部的因素，法国革命是科学发展的外部因素，英国的工业革命则是对科学内部发展的有力推动，特别是法国的化学革命导致化学论哲学重现生机，其共同突出了科学发展与社会进步，从而把科学看作是社会进步的源泉，其时已认识到没有科学的发展社会就不会进步。尤其是近代实验科学成为主流科学、实验方法成为科学研究的主要方法之后，人类才开始察觉自然哲学的研究并不是全靠

① Krage H. An Introduction to the Historiography of Science. Cambridge：Cambridge University Press. 1987：4.

② Krage H. An Introduction to the Historiography of Science. Cambridge：Cambridge University Press. 1987：3.

经验或理念来完成的，而要靠实验验证才能真正成为科学，从而极大地改变了人们对世界的认识和看法，不同的方法对认识世界的结果是不同的，这是一方面；另一方面是科学可以改变人类对世界的信念，也就是说，科学革命不仅仅是一场科学的变革，更是一种观念的更新，这样的思想在当时的学科史中会有很大篇幅的记载。科学技术在为社会提供强大的物质基础的同时，也改变了经济结构，经济结构又会引起上层建筑的巨变，这也充分说明科学技术改变了上层建筑，上层建筑的意识形态会为科学的进一步发展拓宽空间。

现在返回来看这种功利主义的科学史研究，我们会发现，从语境分析的角度讲，语境是语义、语形和语用的集合，这就要从语境分析的角度去分析当时文本的内涵。从这个角度去反思功利主义的科学史观，我们发现这种功利性很强的科学史观，在特定语境的限制下，其语形结构必然是陈述语句式的肯定，才能强调科学的功效，这样语形就会限制语义的延伸，因此其语用的实现就必然不是去考虑科学的本质是什么、科学是如何发展的、其规律是什么样的，而主要是以编年体的方式去深化科学对人类的社会发展起到的推动作用。语境主义科学史主张语境对语义的限制，因此这样的学科史就不会上升到对科学的解释和说明层次，这也是功利主义科学史观的局限性。尽管在语境论看来，其思想可以在语境下得以消解，但当时的科学史没有上升到解释和说明层次，以让后人从前人的经验中总结教训、得到某一方面的启迪，只是为科学寻求了社会建制化方面的合理性，以实现科学发展的社会认同。因此，其致命的缺陷是其是非理性主义的，是为了满足当时科学发展的需要。

二、实证主义科学史观的解构与重构

客观地讲，功利主义科学史观不仅“出于科学史之外的某种目的和需要”[①]，而且主要强调科学的社会功能，所以其在特定的语境下是合理的，

---

① 刘凤朝. 近代科学史观的历史走向. 科学技术与辩证法，1991，(6)：36.

没有这种功利主义的科学史研究，后期的实证主义科学史是不可能出现的。实证主义的科学史研究则要回归到对科学本身的实质性探究上来，其核心主旨是揭示人类知识的真正积累过程，利用自然科学的研究方法去研究科学史，让人们认识到科学知识推动了人类进步，以及科学知识是如何积累的。诚然，19世纪的自然科学取得了巨大的成就，其在研究方法、研究内容、研究理念、研究手段等诸多方面与前几个世纪的研究有了很大的不同，以前自然界中无法被认识的“迷茫”在人们面前被揭开了神秘的面纱。从宏观世界到微观世界，人们感觉到过去神秘的世界变得清晰起来，因而科学的进步不仅让人们认识到自然世界的规律，更重要的是打破了传统的思维方式和哲学理念。实证主义科学史背后的两大语境是实证主义科学哲学与当时科学技术的极大发展。

在这样的一种语境下，科学史学界逐步认识到科学史的研究绝不仅是为传统上的科学发展寻求社会支持、得到社会认可那么简单，而应该是在符合科学发展内在逻辑的情况下，借助自然科学的研究方法，严格实证，强调事实，实现在历史中认识科学是什么的目的。特别是其提倡回归到原始文献的文本中去研究科学史，这种实证主义的思想为20世纪的科学史发展奠定了良好的基础。

从历史语境看，实证主义科学史观能够想到用自然科学的方法研究自然科学本身发展的历史，这种编史方案本身有一定的进步性，较功利主义的科学史观有了很大的不同，其核心主旨是试图去掉研究者个人的爱好、主观意愿，从客观的角度去收集、分析、考证史料，从而达到对科学发展的深刻认识，书写出符合历史逻辑的科学史。这样的一种思想，其预设的语境前提是科学是可以实证的，所以似乎是“科学的”。因而萨顿对实证主义思想高度认可，认为“我们的主要目标不是简单地记录孤立的发现，而是解释科学思想的进步和人类觉悟的逐步发展，理解并扩展我们在宇宙进化中的职责的倾向”①。

---

① 乔治·萨顿. 科学的历史研究. 刘兵，陈恒六，仲维光编译. 上海：上海交通大学出版社，2007：173.

至此，可以说科学史的目的已经非常明确了，科学史的研究不再是为科学寻求社会的合法地位，而是与人类的文明紧密地结合在一起了。“我们在宇宙进化中的职责地位”与科学的发展有极大的关系，萨顿已深刻认识到科学技术对人类文明的演进具有非常大的贡献，没有科学的进步就没有人类文明的演进，透过科学技术的发展就可以表征“宇宙的进化”，由此可见科学史在萨顿心中的地位，这也足以看出为什么萨顿为了科学史的合法地位贡献了自己的一生。所以说，萨顿的这段话已深刻表明其对科学史的认识，他清楚地认识到科学史不仅仅是简单地记录科学事件的编年史，而是要去解释科学是如何在人类发展历史上起到进步作用的，其核心是第二层的工作，从而达到明确我们地位的作用。

这种思想的出发点看起来是科学的、合理的，也符合当时的语境诉求，但是从后期的研究实践来说，其又走向了材料的堆砌，无法取舍，直至走向无法自拔。因此尽管萨顿的设想很好，但是由于他的语境前提是建立在科学是系统的、实证的知识的一种限定上的，所以他的研究主要是一种基于实证的考证式研究。那么对于人类早期的科学或学科而言，其史料是有限的，而科学发展到后期特别是进入 19 世纪后，学科不断分化，原始文献越来越多，因此很难以这样的方式写下去，所以萨顿的《科学史导论》也只能写到 14 世纪就写不下去了。

虽然以这种方式没有完成这部巨著，但是人们从中已发现科学活动毕竟是特殊人物——科学家的活动，所以科学史的研究必须是有“人”参与的，于是萨顿后期的科学史研究主张“人性化”的科学史，通过人性化的科学史克服以前不是实证的内容就无法写入科学史的弊端。这就像写到牛顿的炼金术研究一样，该内容在一些科学史的著作中没有被提到，但是它作为科学事件却是存在的，将这样的内容写入科学史是对牛顿科学研究的整体反映。

从历史语境的角度讲，上述对实证主义科学史观的反思，固然有其合理性的一面，尤其是像萨顿的人性化科学史观，他的主张是科学合理的，在当时的语境下能看到科学与人文之间的融合是难能可贵的，可是从语义学的角度来分析，要实现对科学事件的语义学说明是非常困难的。比如，史料的取舍、资料的节略、科学精神与人文关怀的关系等一系列的问题，都会导致语义上的不准确性，如果不回到历史的语境中，没有当时的语境限制，就缺乏语境的洞察力，就不会产生真实的语义分析。这也是造成《科学史导论》未写完的真正原因，因为科学史毕竟不同于一般的历史，其关系到科学家与社会的发展，对同一件科学事件也有一个语境测量的问题。比如对光速的测定，不同的测量手段就是在不同的语境下完成的，那么科学史就应该对记录这一事件的不同语境的语义学进行分析。

反观实证主义科学史的发展历程，尽管到今天还有人为其辩护，主张科学史的研究离不开实证，这固然是没有错误的，因为其一些主张具有科学合理性，但其编史方案还是编年史的方式，无法将人的主体作用渗透到科学发展的历史长河中，突出人的主观能动性，没有了人的参与就没有语境的预设，也就没有了从语境的角度去设计编史方案、从语境的角度去决定材料的取舍，因而难以得到科学史发展的真正要领，这是一方面；另一方面，科学的发展与社会的关系非常紧密，与社会的互动是科技发展的核心要素，所以对科学史的研究不能忽略社会的作用，这也正是后期默顿的科学外史研究走向成功的关键之所在。萨顿人性化的科学史研究在开创科学史的研究上，充分说明特定语境下的特殊人物从事了特殊的工作，致使科学史走向了专业化的、学科化的、独立的发展之路，也为科学史学的发展奠定了基础。

三、对理性主义科学史观的语境反思

由实证主义科学史到理性主义科学史，是伴随着历史主义科学史、社会建构主义科学史、后现代主义科学史等思想的。理性主义科学史观的产生是在 20 世纪五六十年代以后，特别是随着后现代思潮在各方面的不断渗透，以及在美国职业科学史学家出现之后，人们对科学史的研究不再是从

自然科学的角度去反思，而是在汲取历史理论的基础上，去重新思考科学史的研究状况，呈现了一种多元的、综合性的发展态势。其实质性的变化发生在默顿的博士论文于 1938 年发表之后，默顿没有从科学史的内史出发去研究英国 17 世纪的科学技术，而是将其放在社会与文化的语境中去理解科学技术的发展与社会诸多因素的关系。

默顿作为萨顿的学生，他完全没有遵循导师的研究进路，而是在另一个语境下提炼了自己的科学编史学思想，他用社会学的研究方法，把当时的科学技术置于“黑箱”中，给科学史的研究框定了一个“特定”的语境——从科学发展的外部因素出发去解释科学事件的发生和发展。这是一种完全意义上的批判理性主义科学史观，在特定的语境下，对科学史的解释进行社会语义学分析，而并不仅仅停留在历史语义下进行研究。因此，默顿认为科学不但包括科学方法和运用这些方法获得的科学知识，而且包括规范科学活动的文化价值和道德。那么要真正揭示科学发展的历程，就必须考虑上述这些因素，这也正是默顿科学史研究的语义所指。

其实柯瓦雷的概念分析法与萨顿、默顿等人的科学史观完全不同，他非常注重“语境”的作用，本书在前面的论述中已经提到他在《牛顿研究》中，非常注重把牛顿的著作置于其思想和精神氛围之中，然后去理解它们。这充分说明柯瓦雷进行科学史研究的出发点是科学思想的创造性活动，然后在“语境”中去理解这种创造活动本身的历程，而且要在原作者的语境中去理解，不能根据自己的观点、思维方式或喜好去解释，这一点与科学史的反辉格式解释是完全一致的。这里需要指出的是，尽管柯瓦雷注意到了语境的使用，但是由于对科学概念的关注，他没有系统地从语境论的角度去思考科学思想史应该去研究的内容，这是其不足之处。那么如果只从科学的创造性活动来看，柯瓦雷关注的是概念和科学事件，而且受当时语境的影响，也只是把对人类有进步意义的“真理”从概念分析的角度做了诠释，而非广义的科学史研究，因此这是典型的内史研究，后期被称为“科学思想史”。尽管后期的学者认为柯瓦雷的科学史研究是严格的内史，但是他的思想已比实证的科学史研究有了很大的变化，其关注语境对一个概念、定律及理论的作用，特别是对一名科学家思想变化的影响。

所以，柯瓦雷的科学史观集中把与科学发展相关的哲学史、思想史当作了科学创造活动的语境，在这个语境前提下，进行了他的独创性研究——科学概念分析。他试图从对科学观念的演进分析中得出科学是如何发展这一实践活动的，这是他的工作之一；其工作之二就是通过分析一个概念的产生和发展，去探讨影响这一概念的社会因素，以及由这一概念的演进所造成的思想影响。其实这些“关系”从语境论的角度讲就是语境要素，要理解这些关系，只有在同一个语境下才会有共同的思想。柯瓦雷的科学史观试图在一个共同的语境（与科学观念相关的哲学史和思想史）下表明科学的发展历程，其语义学所指就是科学观念的内在演变。这种科学概念的内在演变与社会建构论有很大的不同。如原子的概念的产生与发展的合理性，我们知道原子的概念从古希腊就产生了，但是那时的原子概念与道尔顿的原子概念有很大的不同，主要是内涵发生了“颠覆”性的变化，这种变化是基于不同的语境而言的。所以说，社会语境的变化是非常重要的。

当然，社会语境是比较重要的，但是用历史主义的观点来看的话，库恩认为科学史的研究要立足于当时当地的语境才能更好地理解当时的思想。他在研究物理学史的时候，深深感觉到亚里士多德的物理学思想与当代物理学思想的差距，那么如何理解亚里士多德的思想就非常重要。所以他在《必要的张力——科学的传统和变革论文选》中这样写道：“未成为亚里士多德式的物理学家，但我却在某程度上学会像他们那样思考了。”[①]从这句话我们可以感受到，对于一位从事物理学史研究的学者来说，回归到当时当地的语境是非常重要的，这也说明了语境的重要性。

因此，不仅历史主义的主张是这样的，社会建构主义在谈到科学的发

① Kuhn T S. The Essential Tension：Selected Studies in Scientific Tradition and Change. Chicago：University of Chicago，1977：11.

展时，也很关注社会语境的作用，注重强调科学知识的社会建构性，认为科学的发展是由利益驱动而导致的，科学知识是植根于特定历史和文化中的人们协商、对话的结果，不是通过客观方法的“发现”，而是社会交往中的“发明”。这种思想似乎在批判理性主义的光环下消解了诸多主义，但却失去了人类发展的进步性、规律性。科学史是为了寻找科学的客观性、进步性和规律性的，不能忽略科学发展中主体“人”的主观性，以及科学发生与发展的内在逻辑关系。所以说这些思想都存在一定的不合理性，但是这些思想为语境论科学史观的进一步发展提供了帮助与奠定了基石。

四、对传统科学史观进行语境反思的意义

对传统科学史观进行反思与消解的目的是为语境论科学史观的提出做理论上的辩护，语境论的科学史观主张科学史的语境性、多元性、历史性与价值中立性，反对科学史研究的功利主义思想，更排斥科学史的辉格式解释，是吸纳诸多主义和思想而形成的科学合理的科学史观，因而其意义是非常明显的。

首先，对传统的科学史观进行语境反思，有助于理解科学的本质，进而认识科学史的本质。科学史的本质是以科学是什么来确定的，没有对科学的定义就难以对科学史做出一个本真的判定，那么书写它的历史就肯定是盲目的，而科学的定义与语境相关，在什么样的语境下就产生什么样的科学。这正如讨论中国古代有没有科学一样，从现代科学的定义去看中国古代，那么中国古代肯定是没有科学的，而且其他地方也没有科学，最起码没有现代意义上的实验验证。所以科学史的研究是从历史的角度去研究科学的发展，对“科学”进行定义，也要在“语境化”与“去语境化”的前提下去论述。这就是说，从语境论的角度讲，科学的概念本身就是语境的产物，亚里士多德的物理学之所以与牛顿的物理学不同，就是因为语境发生了变化，亚里士多德对物理的认识是建立在自己预设的语境中的，牛顿的物理学中的质量、长度、时间不变等规定也是一种语境的限定，超越这个语境限定的牛顿物理学是不成立的。但是不成立，也不能说它不是科学，

应该说是科学发生了语境转换，所以只有从语境的角度认识科学史才能认识到科学史的本质及其研究规范。

因此，不论是实证主义的科学史研究，还是历史主义的科学史研究，抑或其他主义的科学史研究，都是从自身对科学的理解来探讨其历史研究的，都存在一定的局限性。这些局限性或弊端，有些是主观编史思想导致的，有些则是客观性造成的。比如，柯瓦雷在对牛顿进行研究时不考虑他的炼金术的研究就是人为地对材料进行节略的结果，当然这也与他的概念分析法的局限有关系。

其次，对传统科学史观进行语境反思，有助于理解科学的发展在不同语境中的概念、定律与理论等的演进。事实上，一些科学史观的思想已经注意到了语境在科学发展中的作用，例如，柯瓦雷、库恩、科恩及阿伽西等科学史学家在不同程度上都提到了语境的概念，只是他们没有形成系统性的语境论思想，正是这些科学史学家的思想为语境论科学史观的形成与发展提供了基础性思想。在语境中理解科学及其发展的历史，从中可以更好地理解科学概念、定律与理论的发生和发展，科学理论有时可以以错误的理论代替错误的理论，有时还可以发生科学革命，只是语境不同造成了科学理论不同。所以说科学史研究中强调的语境，不同于人与人之间对话的“语境”，科学史的语境更多地表现为一种防止意义产生歧义的条件限定。这个条件限定是与历史和社会相关的，因而从认识论上讲，语境的展开也是很具体的，不是让人捉摸不透的。在15世纪之前，中国之所以能产生当时世界一流的科学技术，与中国的文明有很大的关系，科学与文明一直交织在一起，但是科学史不能替代文明史，这是由社会语境和历史语境共同决定的。西方在欧洲文艺复兴之后，科学技术取得了巨大的成就也与古希腊文明有着很大的关系，没有文明作为背景是无法产生科学的，也就是说，不同的语境为东西方科学的发展提供了不同的平台。古希腊与古代中国的文明背景不一样，科学产生的条件也是不一样的，比如，中国古代的地学、节气等研究都非常科学合理，而古希腊不是农耕文明，所以他们对节气肯定不会像古代中国一样去关注，这就是由语境决定的。

然而，在这样的发展中，诸多例子可以证明，科学并不代表正确或真理，虽然科学理论在当时当地是正确的，但在另一个语境下就可能被证明是错误的。例如托勒密的地心说，在他提出来之后，人们并没有认为其是错误的，经历了1300多年后，人们通过长期的观察，发现有好多现象并不是这种理论解释的那样，因而观察与理论形成了反差，其不得不被日心说取代，日心说成为当时的科学。然而，随着科学的发展，日心说也被证明是错误的。这样的一种错误代替错误，正是“语境变换”的最好例子，在一种语境下是科学的东西，在另一种语境下就不是科学。所以语境论的科学史研究不仅要写出文明史背景下的科学，也要解释错误理论的产生与修正过程。

这样的例子还有很多，这就是说，语境与科学的发展是休戚相关的，在不同的语境下科学会有不同的表征方式。地心说在特定的语境下流行了1300多年，人们没有说其是错误的，但是科学知识是在不断积累的，随着观察与认知的发展，人们发现日心说更科学合理地解释了一些地心说不好解释的问题，于是日心说取代了地心说，但是日心说还继承了一些地心说的思想，是一种批判性的继承。后期虽然说这是错误的理论代替错误的理论，但其已是天文学革命的起因，在科学革命史上的地位是不言而喻的。

最后，对传统的科学史观进行语境反思，有助于突破传统的研究模式，形成新的学术研究范式。自然科学需要有一定的研究方法，科学史的研究同样需要很好的方法。科学史的历史属性决定了其离不开实证的方法，到目前为止没有任何一种方法能够替代实证的方法，但实证方法不等同于实证主义，这是两回事。从对历史的理解来看，科学史的研究注定是在两个层面上展开的：一是实证，即“知其然”；二是分析，即“知其所以然”。因此，语境论的核心主张是用语境的分析方法去研究科学事件，从而达到科学史的语境重建，以建立一个科学史研究的新逻辑起点，这个逻辑起点要超越传统的科学史观，要超越传统的研究方法，在多元的、价值中立的语境前提下，形成新的研究范式。

这是由科学史的特殊使命决定的。之所以这样说，是因为科学技术发展到今天，存在很多的不确定性，科学研究从寻求确定性，发展到今天出现了确定性与不确定性并存的局面，尤其是微观世界，自从测不准原理提出以来，学界已经认识到存在许多不确定的事件。面对这样的局面和格局，科学应该向何处发展现实地摆在人们的面前。那么科学史就应该在历史的长河中深刻总结科学在不同语境下的发展状况，从中总结出在什么样的语境下发展科学才是真正造福人类的，从而为未来科学的发展指明方向。在这方面，普里高津在其《确定性的终结——时间、混沌与新自然法则》一书中指出，应该向中国古代哲学汲取智慧，尤其是中国古代的自组织系统可以为未来的科学发展提供智力支持。

这样一来，重新去理解和解读中国古代的哲学与科技就成为一种语境范式下的新的研究范式。这种新的研究范式不同于当代的西方科学史的研究模式，不仅要从历史学的理论中汲取合理的成分，而且要从对科学的认知中形成新的观点。之所以这样说，是因为人们对于中国古代有无科学一直存在争论。其实从历史语境的角度讲，不同时期人类对科学的认知活动是不一样的，不能以现代科学的标准去看待中国古代的科学，中国古代科学是在中国古代文化、古代哲学的基础上发展起来的，推动了中国文明的发展，与西方现行的科学发展模式有很大的差别，是基于不同语境的不同科学发展模式。所以说，要在大历史观下研究中国古代科技史，一方面，不能因为科学史的地位特殊就将其排除在历史之外，尤其是国内的科学史属于一级学科，更容易与历史的研究脱离关系；另一方面，也不能把科学史当作一般的历史去研究，要杜绝人们对科学史的偏见，将科学史与一般历史等同起来，用研究一般历史的方法去研究科学史。这两种方式都是片面的、不科学的，因而这种新的学术规范是历史规范下的逻辑统一，不仅停留在科学史的史学层面，还要考虑科学层面和逻辑的合理性。

第三节　阿伽西科学史观的语境分析

从事科学编史学研究40多年的约瑟夫·阿伽西，其科学编史思想得到了一些科学史学家的认可，尽管其思想没有达到一种类似“科学史方法革命”的境界，但他对科学史研究的理性思考及实践，不仅是对传统科学史研究的反思，而且是对未来科学史写作的指导。然而，学界少有人对其思想进行系统研究，这不失为一种遗憾。事实上，当科学史试图摒弃“剪刀加糨糊”的史料堆积式的研究风格而走向科学人文性、寻求文化解释的研究格局时，科学编史学的作用非常明显。从这一点出发，阿伽西所做的工作是非常理性的：他批判了科学史研究中的实证主义、归纳主义、因袭主义观点，主张科学史研究的“文学性”“人文性”“推测理性”，呼唤科学史要由“一个个迷人的”故事组成，并做适当的推测。正如库恩所言的，阿伽西似乎想在科学史学界引起一场革命，却远没有达到应有的效果，但我们站在今天科学史研究的多元化格局上，仔细检讨阿伽西的科学编史思想，可以看出，其为当今科学史的合理性研究提供了理据。现从两部分对其思想从语境论的角度进行一些科学编史学分析。

一、初期思想产生的语境分析

正因为是波普尔的学生，所以阿伽西的编史思想沿袭了波普尔证伪主义的理性内涵。他在1963年出版的《走向科学编史学》中，尝试通过科学哲学对科学史研究进行理性分析，以批判理性主义的态度评述归纳主义和因袭主义的弊端，提出科学史研究的新观点和方法，呼吁研究者不要再编写无聊的、累积重复式的科学史。他的编史思想的形成与当时的科学史语境有关，无疑对打破科学史的实证主义进路起到了积极的作用。

（一）科学史格局的转变语境

可以这样说，阿伽西初期思想形成的时间正是科学史内、外史格局发生转变的时候。从科学史的发展历程来讲，萨顿强调科学史学科的独立性是在20世纪30年代实证主义占主导地位的情况下实现的。那么，一方面，萨顿科学史观的主导思想是不可能脱离实证主义科学观的大语境以及经验主义盛行的框架而进行的；另一方面，柯瓦雷的概念分析法通过对伽利略细致入微的描述引发了学界对科学思想史的考量，他认为影响伽利略发现物理学与天文学规律的不是望远镜的发现，而是由亚里士多德的"封闭世界"所导致的思想观念的变化。柯瓦雷以人物研究为案例开创了一种新的编史学方法论，即科学的进步体现在概念的进化上，并有其内在自主的发展逻辑，这为科学编史理论提出了人物思想研究的新路径。阿伽西认为，柯瓦雷的"科学史写作打破了传统堆积框架，让科学史变得生动有趣起来"[①]，这对阿伽西提出书写"生动、有趣"的科学史的观点产生了很大的影响。但是柯瓦雷的科学思想史研究仍然禁锢在科学史的内史研究中，随着科学社会化进程的不断加快，内史研究传统不免受到外史主义者的批判与挑战，使得科学史自身出现反常。

在这一科学史的反常时期，默顿的外史进路无疑打开了科学史研究的新天地，突破了传统科学史的研究方法和解释框架，在科学史学界掀起了巨大的波澜。他以17世纪的英国文明为研究对象，对当时的社会背景、宗教、经济、军事技术以及若干社会文化因素等进行了社会学分析，"通过探讨科学作为一种不断发展的智力活动同其外围的社会和文化结构之间的互惠的关系，而得以避免当时颇为流行的倾向……即科学对社会的影响吸引了一大部分注意力，而社会对科学的影响则甚少受到注意"[②]。于是，默顿将传统科学史研究从"知其然"推向了"知其所以然"的领域，对科学与社会的互动关系进行了探讨。从此形成了科学史研究的内外史论争的局面，

① Agassi J. Towards an Historiography of Science. London：Mouton and Conpany，1963：78.

② 罗伯特·金·默顿. 十七世纪英格兰的科学、技术与社会. 范岱年，吴忠，蒋效东译. 北京：商务印书馆，2000：6.

这为科学史理论研究提供了广阔的舞台，也为阿伽西理性地思考科学史提供了语境。

（二）科学的文化语境

受科学史外史研究的影响，最后连萨顿本人也对实证主义累积式的科学史传统提出了质疑，认为这种“剪刀加糨糊”式的科学编史传统单调且缺少人文性，他开始寻求科学与人文的统一，并指出“必须找到把科学和我们的文化的其他部分结合起来的方法，而不能让科学作为一种与我们的文化无关的工具来发展。科学必须人性化，这意味着至少不能允许它任意发展，它必须成为我们的文化中的一个组成部分”[①]。他呼吁找到科学与文化相结合的叙事方法，倡导科学的人性化，关注科学参与社会人文文化，强调各文化领域与科学融合。具有“大家风范”的科学史学家萨顿的这一转变，无疑对阿伽西提出新的研究风格产生了很大的影响。然而对他影响最大的要数斯诺。

1959年，斯诺在剑桥发表了题为“两种文化和科学革命”的重要讲演，提出了科学文化与人文文化二者的对立、冲突和矛盾。[②]

> 整个西方社会的智力生活日益分裂为两个极端的集团，一极是文学知识分子，他们自视为独一无二的“知识分子”；另一极是科学家，特别是最有代表性的物理学家。两个集团存在不理解的鸿沟。他们都荒谬地歪曲对方的形象，有时（特别是在年轻人中间）还颇有敌意，互相厌恶和憎恨，不时散布大量的恶言毒语。他们看问题的态度全然不同，甚至在感情方面也难以找到共同的基础。非科学家倾向于认为科学家粗鲁、自吹自擂，怀抱一种浅薄的乐观主义，没有意识到人的处境。反过来，科学家则认为文学知识分子缺乏远见，特别不关心自己的同胞，深层意义上地反知识，热衷于把艺术和思想局限在存在的瞬间。

---

① 乔治・萨顿. 科学史和新人文主义. 陈恒六，刘兵，仲维光译. 北京：华夏出版社，1989：16.

② C. P. 斯诺. 两种文化. 纪树立译. 北京：生活・读书・新知三联书店，1994：3-4.

这段话深刻表明了长期以来的科学与人文学科的脱节，导致科学与人文学科之间存在不可逾越的鸿沟，一直以科学家为主的科学史研究，自然注意不到科学史的人文性。那么如何超越这种界限，正是科学史所要考虑的内容。这也是科学与人文融合的新科学史路径，或者说科学史需要重塑其形象。在这一点上，阿伽西的思路是在科学史叙事的“故事性”上展开的，而库恩在这方面的思考与阿伽西不同，他把这一形象的设计放在了科学的发展模式上，而不是编史传统上，因此他的思想比阿伽西的影响要大很多。库恩认为：

> 如果我们主要是寻求和考察那些从科学教科书中得出的、不合历史的旧规老套的问题的回答而继续使用历史资料的话，那么，新科学观就将不可能从历史中产生……所有这些怀疑和困难的结果是在科学研究中发生了编史学革命……科学并非像旧编史学传统著作家们所讨论的那种事业。这些历史研究至少已提示出一种新科学形象的可能性。[①]

库恩得出这样的结论完全是建立在对亚里士多德的物理学进行深入研究的基础上的，他用范式去“规划”科学史的发展过程，为科学史的研究提供了一幅科学发展的模式图景，而不是一种编史原则，这就是库恩的历史主义与阿伽西批判理性主义的不同之处。但是，阿伽西并没有对库恩的观点做出任何评判，而是坚持和发展了他的导师波普尔的一些思想，按当时当地的语境来理解，这是难能可贵的。

（三）证伪主义的哲学语境

作为卡尔·波普尔的研究生和助手，阿伽西初期对科学史研究的思考是在证伪主义科学哲学的影响下产生与发展的。在反对经验主义和归纳主义的道路上，波普尔是最先站出来的科学哲学家，他提出了证伪主义科学观，认为科学理论越批判越真实，科学史研究首先应提出猜测和假说，然

① 托马斯·库恩. 科学革命的结构. 金吾伦，胡新和译. 北京：北京大学出版社，2003：2.

后对提出的假设试错否定。科学理论发展的过程应当是“科学家面对问题，试探地提出某种解答，即理论。科学即使接受这个理论也只是暂时的。科学方法最主要的特点在于科学家全力以赴地批判并检验这一理论。批判和检验齐头并进；从许许多多不同的方面批判理论，以便找出一切可能的弱点……检验的结果如果表明理论错了，则排除这个理论；试错法本质上是排除法”[①]。因此，科学史的任务就是把这一过程描述出来。所以说，波普尔完全否认了科学理论的发现是归纳的过程，科学史也就不能是归纳过程。逻辑地讲，波普尔证伪主义的反面论证导致了科学史研究模式的根本变化，从而使得科学史的写作也要发生变化。于是，科学史变成了是在描述科学的证伪过程，而不是在叙述科学的实证历程，因而证伪的过程比证实的过程更加有趣。正是在这一思想的引导下，阿伽西认为科学史应该是由一个个迷人、生动有趣的故事组成的，而不是一件件科学事件“冰冷”的记述。

从以上语境分析可知，阿伽西科学编史思想的形成既有大科学史的语境，又有科学哲学对科学史实质影响的小语境，同时还有同期美国一批职业科学史学家兴起的影响。自萨顿科学史将科学史学科化以来，到20世纪60年代，一批非科学家出身的职业科学史学家开始反思科学史研究的新路径，试图寻求科学编史的新方法，他们的一些思想对阿伽西也产生了很大的影响，为他形成多元的新科学史观提供了对话的平台。

二、初期科学编史思想的内涵

在众多思想的影响下，阿伽西通过对传统科学史研究的剖析指出了当时科学史研究中存在的最核心的问题，认为传统科学史研究最大的弊端是归纳主义和因袭主义的影响。他在《走向科学编史学》一书的开篇就这样描述道[②]：

---

① 卡尔·波普尔. 猜想与反驳——科学知识的增长. 傅季重，纪树立，周昌忠，等译. 上海：上海译文出版社，1986：447.

② Agassi J. Towards an Historiography of Science.London：Mouton and Conpany，1963：78.

> 科学的历史是最理性的和最迷人的故事，可科学史研究却处于一种可悲的境地：这一领域的叙事常常是假学术的，且在很大程度上是不可读的。我觉得这种错误兴起的原因是科学史学家不加批判地接受了两种错误的科学哲学：一方面是归纳科学哲学，认为科学理论是在事实中呈现的；另一方面是因袭主义科学哲学，认为科学理论是对类别事实的数学分类。作为第三种科学，也即当代的理论——波普的批判科学哲学，可为科学史研究提供可行的补救措施，科学理论解释已知的史实并由新的史实来反驳。

这段话深刻表明了归纳主义和因袭主义的科学史研究只是对发现事实并对事实进行分类的过程描述，而科学活动中的动态反思没有体现，也即科学活动中的迷人一刻没有表现出来，使得对事实的表征进行陈述时缺乏理性。所以说，如果没有新事实的反驳，科学史就是阐述科学理论的累积过程，并不能发现科学史中有趣的部分，或者发现比现有的理论更优的科学理论。科学史所表征的科学进步性不能只停留在对历史资料的堆积和分类中，应该以发现新事实为目的，更重要的是打破传统的规律和哲学理念。要打破固有的模式，就应当敢于提出假设，给予历史现象不同的解释以求得到更加优化的答案。因此，阿伽西提出将波普尔证伪主义试错性的科学哲学作为新事实的发现的理论依据，旨在说明科学史的编写过程需要批判性地更新与取舍，反对一成不变的科学史编写，倡导自由地、以兴趣为中心地、有选择性地编写有趣的科学史。为此，阿伽西提出了三条原则，构成了他初期科学编史思想的核心内涵。

1. 推测与假设原则

一般来说，科学的发展存在推测与假设是可以理解的，如果说科学史也需如此，便不可理解了。因为科学史是对科学发展历程的描述，如果依据推测去写科学史，则难免会陷入失去科学内在逻辑的境地。然而，实证主义或归纳主义科学史最简单的编写方式是按时间顺序罗列数据并对其进行阐述，描述科学事件发生时周边环境或者与描述事件相关的事情。在对科学进行历史编纂的过程中，研究者遵循固定的模式，重复使用同样的史料，这就使得科学史作品单一乏味。萨顿的《科学史导论》很明显就是这种风格，事实上，科学家写出的科学史著作大多会依附于同样的模式，只是写作的内容不同、时间不同，没有考虑到科学人物的特殊性。由于忽略人物就会失去故事性、失去新事实反驳的动态性，这样写出的科学史作品是固守仪式的、乏味的作品，所以科学史需要推测或假设来突破其固有的模式。还有一个问题是在对写作题材的选择上，传统科学史更多地体现了科学发展中光鲜的一面、看似科学的一面，而对科学史上失败的一面没有展现。因此，阿伽西提出可以用推测和假设的原则书写科学史，就是要把科学史的“非科学”一面也展示出来。

在波普尔证伪主义的影响下，阿伽西对科学史推测与假设的方法进行了更深一步的推崇。波普尔提出了科学史研究试错性方法论，认为科学史研究首先应提出猜测和假说，然后对提出的假设试错否定，对理论的证伪反复试错。阿伽西也陈述了推测与假设的重要性，他认为没有假设和对研究观点的选择性，我们就始终只是在陈述一种历史，而不是在探索事件发生的其他因素。“科学史的大概轮廓应该是对主要问题进行选择的历史，融合着众多试图回答这个问题的不同研究者的想法。但是归纳主义要求我们不是对问题进行选择而是努力地观察并且快速找到事实。归纳主义无益于研究者自由选择的兴趣。”①科学的发生与发展是在不断变化的，任何在今天看来是荒谬的理论都可能是引发科学革命的新理论。归纳主义一成不变的实证累积、对事实的堆积会造成新史实发现的障碍，对假设的怀疑使得科学史研究没有新的突破。

阿伽西的猜想与假设原则，对于科学史研究注重实践记录与文献考证的内涵来说无疑是一个大胆的突破，只是在科学史学界很少有人重视这一点。事实上，科学发展的内在客观性与外在因素有机地统一在一起，但是作为“事过境迁”的科学事件绝不可能被文献记载得相当清楚而没有疑问，

① Agassi J. Towards an Historiography of Science. London：Mouton and Conpany，1963：27.

所以有些事件需要靠逻辑去推理。那么正如科学假说一样，猜测与假设就为科学史的研究提供了逻辑推理，从而通过假设得到不同的历史性解释，经过检验的猜测和假设，能够提供不同的解释从而得到更加优化的答案。虽然“从培根到拉德克利夫-布朗的许多方法论者都反对推测的历史；这些归纳主义者要么要求史学家只记录事实，要么要求他们论证他们的猜测。但他们提出的较好的要求是历史学家应该试着检验自己的假设”[①]。所以，阿伽西认为科学史学家在对科学事件进行解释时，可以先提供一种推测，然后由其他科学史学家去检验，这并不存在错误。这样就使得科学史学家可以为科学事件提供一种前提和假设，由其他人去检验或反驳，这也不失为一种新的解释进路，而且“有猜想比没有猜想要好，被检测的猜想比未被检测的要好，检测的快要比慢好”[②]。

事实上，为了践行这一想法，阿伽西在其 1971 年出版的《作为自然哲学家的法拉第》一书中表达了敢于提出假设思想的重要性，这也是阿伽西以猜想和假设提出新事实的观点书写科学史最初的案例。阿伽西分 10 个章节描写了法拉第的成长环境和法拉第在科学上的贡献，也概述了法拉第的世界观、方法论。值得注意的是，阿伽西要描写的并不是法拉第的科学成就，而是法拉第不同于其他人的哲学思想。“我是故意运用我对于法拉第的研究来阐明一种哲学思想……在我的写作中我试图遵循的主要准则是，一个枯燥单调的真相，还不如一个也许会被读到并被纠正的有趣的错误，因为前者就如同被置于已经被遗忘的墓地中的沉重的石碑。”[③]所以说，阿伽西在阐述法拉第的哲学思想时，大多是基于一种推测去进行的。因为对于大多数科学家来说，科学思想与哲学思想在当时也许并不能严格区分，随着自然科学研究的不断深入，科学与哲学才有所划分，那么对于这些变化就需要推测或假设，然后再进行检验或反驳。

---

① Agassi J. Towards an Historiography of Science. London：Mouton and Conpany，1963：75.

② Agassi J. Towards an Historiography of Science. London：Mouton and Conpany，1963：76.

③ 约瑟夫·阿伽西. 法拉第传. 鲁旭东，康立伟译. 北京：商务印书馆，2002：7.

2. 个人标准和偏见的消解原则

科学史的辉格解释无疑向学界表明科学史的研究中存在着个人标准和偏见。所以，在科学史的研究中消除个人标准与偏见是科学史研究很重要的问题。阿伽西谈到的第一种偏见是归纳主义者的偏见，即科学史学家在记录事实的过程中会按自己的方式取舍研究内容，并以自己的标准给研究客体下定论。归纳主义框架下的科学史研究往往只对作者认为是正确的、累积实证的知识进行记录，其出发点完全是依个人标准和偏见判断是非曲直，而并不是科学发展的真正历程。“归纳主义要求科学史学家无偏见地记录事实，但是却忽视了无论是开放的人还是保守封建的人，都会坚定于自己是正确的一方，都会认为自己做的是对的。”①其实，科学的发展是在“非科学”或“伪科学”等观点不断被证伪的过程中进行着的，那么在当时当地的语境下是正确的理论也许在当代看就是错误的知识，这些知识在科学史的书写中应该考虑，但是由于判断知识的标准不同就忽略了对这些知识的研究。个人偏见是认为自己提出的观点和研究的对象是正确的，固执地各持已见，认为自己所看见的和研究的就是正确的事实。正如阿伽西指出的，特别是一些具备一定资历的人、在自己的专业领域有所成就或地位的人，他们以自己的标准判断正确与错误，这就使得研究者陷入个人偏见之中，书写自以为正确的科学事件。这样写出的科学史是个人主义的或者是精英主义的。那么，对于科学知识有限的科学史学家来说，如何区分正确与错误就是一件至关重要的事，这需要制定一个史学标准，这个标准要对如何选取史料、如何节略做出规定。可是，这个标准是否真正可靠也是值得商榷的，因为这个标准会随着科学史的发展而改变，是一个动态的标准。所以说，我们并不能为真正的答案找到一个统一的标准，我们给出的答案也会随着历史的变迁而有所改变，因而个人标准将会长期存在。

可是，史学实践要求科学史不能存在这样的个人标准和偏见。那么，对待和消解个人标准或偏见便成为科学史写作要考虑的核心问题，需要从

---

① Agassi J. Towards an Historiography of Science. London：Mouton and Conpany，1963：1.

科学编史学的角度去反思。对此，阿伽西提出，应当消解偏见以发现新事实，实现科学事件的合理解释。他认为偏见分为两种：第一种是我们在第一个问题中谈到的以个人主义划分标准的偏见，这种偏见是不可取的；第二种则是与其他人观点不同的偏见，是一种试错性的偏见，是允许存在的。将阿伽西的这一思想用在科学史的研究上无疑有很大的启发作用，在科学史的研究中要取消个人标准或偏见就要回到当时当地的语境中去理解，而不能以现在的立场去考量传统的观点。这正如阿伽西谈到拉普拉斯的作品《宇宙体系论》所说的一样："这是对牛顿体系进行阐述的一部著作，拉普拉斯尽可能地以培根结构的方式对事实进行描述，即逐步地陈述事实并提出理论……但是他也许是在试图回答一个问题：如果事实如培根说的一样，为什么所谓事实上的历史与假设性的不同，两种难道是同时发生吗？在以事实为单位的历史陈述中，不是所有人都会停止猜想，他们保持着特有的偏见，他们才掌握着真实的归纳法。"①这显然是向我们说明科学史学家对待科学史的个人标准和偏见的问题可以像科学家对待科学那样去消解，消解的方式就是不同的科学史学家的试错或证伪，获得多元而合理的解释后个人标准和偏见自然会消解。另外，正是通过这样的试错或证伪过程，科学史的研究才会成为有趣而迷人的故事。

3. 科学史的批判性原则

阿伽西师承波普尔的批判理性主义，这一思想实质性地体现在其科学编史思想中，可以说批判性是阿伽西初期编史思想的中心思想，归纳主义和因袭主义没有在描述的过程中批判与反思答案的多元性。科学史的写作中存在着一种现象，就是对科学史实不加批判地吸收，有时是"以讹传讹"，从而使得科学史著作失去"活力"，发现不了科学史中生动有趣的部分，所以说科学史是乏味的。那么要克服这种现象，科学史就不能单纯地只整理史料，而应以发现新事实为目标，打破传统的规律与哲学理念，采取批判的理性主义，大胆提出新观点，使之成为解决新问题的途径和方法。"当一

① Agassi J. Towards an Historiography of Science. London：Mouton and Conpany，1963：54.

个新观点出现的时候，它往往不是第一个解决问题的答案。通常都是观点提出后的又一个观点才是更好的解决问题的办法。”①也就是说，新观点提出的过程是缓慢且需要被发现的，第一个提出的解决问题的答案并不一定是最好的解决方案，所以准确的新观点的提出是很困难的。“通常一个较为成熟的答案对于已知问题来说是更好的解决方法，因此当陈旧的解决方法和途径没有被有效批判时，新观点不会产生。要实现这一主旨，人们必须首先从一些批判性的途径入手才能更好地解决问题。”②他打了一个比方，当我们认为牛顿重力理论经得起所有考验，不需要其他多余理论时，后期有爱因斯坦的理论出现，在理论发展的一段时间内，人们不会质疑答案的可靠性，这就是新观点提出存在的障碍。当理论发展到一定阶段解决不了问题或是人们发现破绽时，才会有新的理论出现，企图替代它。所以，科学史的写作如果没有批判性的思维就会对科学事实在处理时产生“依承”思想，认为传统的就是合理的，就是对事实的真实描述，这样会失去科学史的本真。这一点正如现在对科学史研究提出的创新一样，希冀用新的方法、新的观点去分析、解决一个传统问题。

三、初期科学编史思想的特征及意义

费诺切罗将阿伽西的科学编史学视为科学编史学之方法论或科学史的批判哲学研究中的先驱。③那么，站在 21 世纪初科学史研究的实践上，反思 40 多年前阿伽西的科学编史思想，我们仍可发现其批判思想对科学史研究的实践意义。

1. 科学史的本体性

阿伽西的科学编史思想是对科学史本体性的进一步说明，阿伽西以证伪主义科学哲学为基础提出了一条批判主义科学编史学研究路径，他的科学编史思想并不是在科学哲学方面的丰富，而是把波普尔的思想运用并丰

① Agassi J. Towards an Historiography of Science. London：Mouton and Conpany，1963：54.
② Agassi J. Towards an Historiography of Science. London：Mouton and Conpany，1963：55.
③ Finochiaro M A. History of Science as Explanation. Detroit：Wayne State University Press，1973：1.

富到科学史的方法研究中，基于对归纳主义和实证主义的批判，运用这种反向论证法，他提出要敢于假设与猜想，反复验证答案和已给出的答案，并提出在此框架之上，把科学史写成生动有趣的故事性的编史方法，进一步推进了科学编史方法的理论研究。他肯定了归纳主义在观察道路上发现的事实作为基础研究的意义，即科学史的研究需要归纳主义科学哲学的基础作用，认为“培根的科学哲学是科学史研究的基础部分。合理的科学研究发展是渐进的；它应该始于观察，通向理论的阶梯也必须是不能越步的，而是一步步攀登到达的……这些是科学史的组成部分，也是科学研究的基础”①。但是，传统逻辑经验主义、归纳主义这种实证性“剪刀加糨糊”的科学编史方法需要大胆突破，阿伽西为突破一成不变的科学史提供了一条哲学研究的路径。这种批判性的哲学对今天的科学史研究仍然有深刻的借鉴意义，当下科学史研究仍然带有阿伽西陈述的固定模式和重复的问题，科学史的研究要以考证为主，要从分析史料中得出观点，但是不能仅限于“史料堆积”，这对于科学史的创新研究没有益处，因此阿伽西提出的批判性科学编史方法也应当引起当下科学编史研究的重视。

2. 科学史的可修正性

在阿伽西看来，科学史是科学理论的更替史，波普尔的批判科学哲学为科学史学家理解这部历史提供了最好的模型。阿伽西提出了批判性的、可修正性的科学史研究方法，试图为科学史的研究注入新的活力，打破传统僵硬的格局，认为科学史应该是需要被反复修正的，是被修正的历史。库恩在 1966 年谈道：“阿伽西的编史学与我的非常相近，都建议在当代科学哲学发展中倡导重大的变革。”②科学史需要变革性与可修正性，在未掌握最权威史料时应该大胆推测、假设、猜想，这样才能为新事实的发现提供可能。但是，阿伽西初期提出的批判哲学却过于概略，他提出了批判的主线，却没有针对如何批判、批判的方法提出有效的措施，这是其一大缺

① Agassi J. Towards an Historiography of Science. London：Mouton and Conpany，1963：12.

② Kuhn T S. Review of Agassi’s towards an historiography of science. British Journal for the History of Science，1966，(17)：258.

陷。所以，尼古拉斯·瑞斯彻（Nicholas Rescher）在 1965 年谈道：“不管他想把科学史中存在的错误扩展说明到什么地步，为主题辩护需要他展示所推崇的更优异的科学哲学如何系统地避免这些错误，而不是简单地小心或是机敏地推崇这种技巧。我们并没发现阿伽西建立了一种有效的、具体的途径。”[①]虽说如此，但是阿伽西指出了批判性、可修正性和假设性的科学史研究路径，具有很大的启发性，使科学史的研究像科学研究一样，可以假设与求证，只是需要在具体的策略上进行完善。

3. 研究方法的多样性

阿伽西初期的科学编史构想无疑为科学史的方法论研究提供了理性思考的空间，展示了科学研究方法要寻求多样化，不应局限于对史料的多重求证与分析。阿伽西强调：“我并不认为有意识的方法论的作用对于把科学史写成一个有趣和有价值的作品是必要的……续写令人兴奋的科学史没有固定的框架。”[②]从这一观点可以看出，阿伽西试图寻找一种可改变科学史传统研究的方法路径，以引起人们对一成不变的科学史走出新意的关注，暗示了一条科学史可以如何迷人地编纂的道路。当然，他的思想是建立在波普尔证伪主义科学哲学理论的基础上的，但他并不是要丰富这一理论，而是为科学史学家如何解决历史解释的问题、科学史资料更新的正确方式、科学史如何编写提出了一条可行的路径。事实上，“阿伽西写了一部有趣的、有用的，同时又迷人的科学史专著，他与科学编史学的两大哲学传统进行了争论，提出批判哲学作为科学编史方法的指导。他的写作非常有洞察力，他用敏锐的观察、有趣的例子进行编史。他对于最近的科学史作品广泛地阅读和思索，并且对他阅读的史料做了原始的、更有趣的阐释。对于历史或是科学哲学感兴趣或思考编史学方法问题的人，都可以从他的作品中受益。”[③]类似这样的评论在吉利斯皮 1964 年的《爱西斯》书评中也可以看到，

① Rescher N. Review：towards an historiography of science. The Philosophical Review，1965，74（1）：115.

② Agassi J. Towards an Historiography of Science. London：Mouton and Conpany，1963：78.

③ Rescher N. Review：towards an historiography of science. The Philosophical Review，1965，74（1）：117.

他认为阿伽西初期的科学编史思想具有理性作用，并期盼阿伽西根据提出的历史解释和科学哲学写出有趣的科学史故事。①

纵观阿伽西的科学编史思想，虽然他在进入 21 世纪后走向了“科学-文化”的史学路径，但其初期科学编史思想的开创性、革命性与哲学理性，仍值得今天的学界反思。一言以蔽之，阿伽西初期的编史思想由于没有对批判性的具体方法做出解释，所以没有引发科学史研究的革命，但是他促进了科学史学家与科学哲学家对科学编史方法进行分析和批判，致使 20 世纪 80 年代后期出现了科学编史学的专著，形成了科学编史学的系统研究，这与阿伽西批判性、警示性的科学编史思想是离不开的，也为编写生动和故事性的科学史点亮了一盏指路的明灯。

第四节 科学史的大数据语境分析②

科学对人类社会文明的推动作用是不容怀疑的。正因如此，科学技术便有了与人类其他社会活动完全不同的特征，从而其历史似乎也与其他学科历史的研究方式、研究内容等有所不同。特别是在我国，科学技术史作为一级学科建制而与历史学平行，这一突出地位使得科学史的学科独立性与自主性得到了充分发挥。事实上，科学史一直是作为一种“特殊的”历史去被描述的，尤其是当科学与文明交织在一起时，只有将科学置于文明的演进中去研究才有语境意义，这也正是李约瑟的成功之处。然而，科学史研究格局在 20 世纪中后期发生了内史向外史的转变，以至随着文化解释力的不断增强，有学者主张“科学是文化的重要组成部分”③，提倡从文化的角度去阐释科学史。但在具体的研究中，科学是有形的，而文化是无形的，通过文化解释科学的发展历史有一定的缺陷。因为从历史语境的角度

① Gillispie C C. Book reviews：towards an historiography of science. ISIS，1964，55（1）：99.

② 本节基于作者与诸玉峰合作发表论文而成，原文发表于《山西大学学报》（哲学社会科学版），2017 年第 1 期。

③ 约瑟夫·阿伽西. 科学与文化. 邬晓燕译. 北京：中国人民大学出版社，2006：3-5.

上讲，科学一直是特殊人物从事的特殊智力活动，内容的独特性决定了其历史的特殊性，历史的独特性造就了解释的多元性。近年来，大数据技术分析不仅在经济学、决策学、社会学等领域创新了方法，而且必将引发人文社会科学领域研究的转向。从人类社会演进来看，科学知识的获得都是建立在一定数据基础上的理论归纳，从大数据中总结规律而得到理论，理论再应用于实践。依据这一逻辑判断，不难理解科学知识大多是具有相关性而非因果性的，这种相关性体现在不同的时期数据的“量”有所不同。所以说，随着大数据时代的到来，大数据技术分析必然给科学史研究带来新的解释路径，从而成为今后研究的方法论基础。

一、大数据分析的史学优势

进入大数据时代，是信息技术发展的必然结果，早在20世纪80年代就有学者指出，人类的第三次浪潮就是从工业社会跨入信息社会，尽管这在当时看来是一件久远的事情，但没想到在计算机发展的短短几十年内，世界就发生了巨大的变化。“知识爆炸”是人类进入21世纪后的典型特征，致使复杂性思维替代简单性设计成为科学研究的主流，学科的交叉与融合产生了新的学科，例如，建立在统计基础上的生物数学，在短短的几十年时间里就发展起来，有些学者甚至声称未来是生物数学的世纪。科学也从简单学科发展为复杂科学，复杂性思维渗透到各学科中，面对复杂性问题的处理而产生了“黑箱”理论。所以说，所有横断科学的出现，其理论或学科自身都与大数据有关，几乎都是建立在一定数据分析基础上的统计规律，复杂性科学提供了新思维。但是面对一些现象，利用复杂性方法却得不到合理性解释。大数据技术分析弥补了复杂性思维的不足，成为分析事态发展、解释发生与发展的有效工具。

这种建立在大数据基础上的技术分析工具，以不同的学科大数据的不同标准来分析科学事件：对于计算机专业来讲，也许面对海量的数据才能称为大数据；对于经济学来讲，通过进行对比或统计能得出结论的“一定量”数据就可以说是大数据；对于人来说，需要借助工具而不能通过人脑处理的数据就应该是大数据。所以说，大数据是一个广义的概念，难以下一个确切的定义。目前，从狭义的字面意义来理解的话，它应该与小数据相对应，意指数据量特别巨大、多样化、复杂化、纵向化，或是从仪器、感觉、网络交易、邮件、视频、数据流等其他数据源可获得的数据集合。[①] 显然，这样的数据集合已远远超出人脑的处理能力，是必须借助计算机等工具才能进行处理的数据集合。

传统的科学史已经形成了相当数量的研究成果，这些研究成果就是一个个的数据集合，大多数据集合已超过了学者自身处理能力的范围，所以利用大数据分析技术，可以有效地分析科学史可以做什么样的研究、怎么去研究等问题；另外，还可以通过关注科学家在科研活动中的一系列数据分析，得出新的认识与理解，得出新的结论，得到新的解释路径，从而展示其独特的优势。

（一）科学事件分析的整体优势

大数据技术分析与小数据技术分析的不同之处在于对关注对象的处理方式不同。小数据时代的数据处理由于处理能力有限所以采样只能选取有代表性的样品，这样就会影响统计的准确性，这种抽样统计的分析方法带来的结果只能反映部分情况，有一定的随机性而不能反映出全貌，是一种简单性科学思想的体现，这一点就像传统的科学史研究一样。而大数据时代的数据分析是在考虑全体数据，是一种总体分析，而不是局部的，单个数据是大数据集合的元素，整体与部分是一种集合与元素的关系。

这样的思路用在科学史研究上，研究者会对科学事件做整体分析，而不是从局部去“透视”。比如，要解释“哥白尼革命”，传统的解释方法往往只是关注了地心说与日心说及其相关理论，而用大数据分析方法，就要围绕日心说提出前与发生天文学革命后不同的天文学家的观点，对其进行总体分析，然后得出结论：为什么日心说可以代替地心说成为新的天文学理论。李约瑟先生对中国古代科学史的研究正是站在中国古代文明与科学

---

① Floridi L. Big data and their epistemological challenge. Philosophy &Technology，2012，25（4）：435.

技术发展的总体框架中才能做到对中国古代科学技术史的全面理解，尽管现在有的学者对李约瑟先生的编史思想提出了质疑，认为他是基于西方科学的立场去从事中国古代科学史的研究的，因此是一种辉格式的解释；但是如果从科学的历史语境出发，则科学的发展是一定历史语境的产物，是基于长期“观察数据”的积累，比如中国古代的“天学”，完全是在长期对日月星辰运行规律观察的基础上得出的结论，也是数据的积累。从大数据的角度去看待中国古代的科学技术，便不再是一种辉格式解释。

事实上，中国古代科学技术的发展，更多呈现的是阶段性高峰的特点，正如现在史学界认可的北宋时期是一个高峰一样，但这一时期的科技是由一个个具体的科学事件组成的，没有成体系的特征。而且大多数科技成果是建立在一代代科学家长期观察、记录、研究的结果上的，这些数据记录虽然现在无法再去还原，但可以肯定地说，这正是数据发展的结果，那么如果要还原古代的科技，“还原数据分析”无疑是一种很好的方法。中国古代科技如此，西方的科学发展也是如此。牛顿的力学定律就来源于伽利略最初的实验，没有伽利略的一系列实验数据，也可能就没有了后面的力学定律，所以科学的发展实际上是建立在数据分析的基础上的，对数据进行研究正是大数据技术分析的优势。

（二）创新科学史研究方法

自然科学方法用在社会科学上，本身就是一种创新。大数据技术分析首先是在自然科学的研究上取得了成功，然后被借鉴到社会科学上。科学史已有这样的经历，计量科学史就是通过对群体的计量方法进行研究形成的科学史，但是这种计量方法与数据技术分析是有差别的。

从历史语境来看，科学史开始时是以学科史的方式进行的，而且是由不同学科的“专家”来完成的，其目的是记录当时做实验或研究时的情况。这一境况的打破是在科学史接受孔德实证主义的哲学思想后，惠威尔于1837年出版的《归纳科学史》倡导综合科学史的研究。于是科学史由传统的科学家研究局面转向了科学史学家与科学家共存的局面，这一局面到目前还在一定形式上存在，不过已出现了严重的分化：以前由科学家从事的科学史，逐步发展为职业科学史学家与科学家共存的态势，同时对科学史理论的研究在逐步深入，科学编史学也从“隐学”变成了“显学”。职业科学史学家的研究使得学科间的交叉与融合成为可能，从而使科学史出现了多元解释的新格局。

大数据技术分析无疑为这种新格局增添了新的解释方式和优势。大数据技术分析以量化的方式去探讨科学史解释的可靠性与可行性，从而得出较为确定的结论。比如，要研究古代戏台的扩声原理，传统的方法是以文献考证与现场测试的方式进行，而现在可以建立数据模型，用计算机建立3D立体模型，输入一系列的数据后就可以得出声音的传播效果。当然，这种分析方法得出的舞台音效只能说是以无限逼近的方法最大限度地“还原”当时的真实的情况，肯定不是真实的情况，但是其结论已比单纯的理论分析要可靠得多。这就是大数据分析的优势，其为科学史的开放研究提供了数据基础，其结论要比传统的定性分析可靠得多。

（三）科学史的认识论优势

传统的科学史研究，存在一定程度上的认识论偏差，这种认识论差异是由不同的科学史学家对科学史的认识不同所造成的，这也导致了科学编史学研究上的逻辑路径不同，从而形成了科学史内史与外史不同的研究风格。这种局面之所以一直存在，就是因为对科学的认知不同导致难以在内外史之间保持适当的张力，或说科学史学家在对科学的认知上存在着认识论分歧。

科学史关注的科学，与科学哲学不同，其注重的是“历史上”的科学，是具体的、实在的科学。由于不同的学科其内涵与特征不同，所以科学史在面对具体学科史时就会有不同的研究方法，简单地理解就是自然科学史有自然科学史的研究方法、社会科学史有社会科学史的研究方法，难以用相同的方法去研究不同学科的历史。然而，科学史的方法论研究却要从认识论的基底出发去寻求一种科学史统一的研究方法，这是科学编史学重要的研究内容，也是科学史哲学的核心内容，但是几十年来，显然在理论界还没有这样的方法论出现。

大数据技术分析方法的出现，无疑为科学史在背后注入了活力，而且这种活力是不可想象的。因为不论是什么时候的科学，都与数据相关，古希腊科学如此，中国古代科学亦然，近代实验科学更是如此。科学离不开数据，没有数据的更新就没有科学的发展，没有科学的发展就没有科学史，所以科学史离不开数据。只有在对数据的分析中去重新认识科学，为科学的划界提供新的理据，科学史才能出现新的视角。这样一来，大数据技术分析无疑为科学史完成认识科学的本质的任务，提供了认识论基础，从而实现科学史在历史的长河中回答科学是什么、科学是怎么发展的这一目标。

依此逻辑分析，面对大数据时代的到来，科学史传统的研究格局有可能被打破，大数据技术分析将科学的发展历程放在数据分析的基底上，重新认识传统科学史不合理的一面，将科学置于数据发展的变化更迭上，不再考虑科学发展的因素分析，以淡化和消解科学史的内外史区别与界限，从而实现科学史的新解释，体现其认识论与方法论优势。

二、大数据引发科学史的解释学转向

一般而言，在“科学”概念之前，人类对自然的探究是建立在经验与考证基础之上的，“科学”概念出现以后，科学的实证传统得到了认可。正因如此，实证主义科学哲学曾长期主导科学史的研究。这种实证主义的科学就是指人类知识的实证积累，科学史自然就成了实证科学的积累史。比如地心说与日心说之争，地心说的主张在当时盛行时，是通过长期的观察而得出的，即长期观察积累的数据，在当时来说就是一种对“大数据”进行统计的结果；那么当日心说提出时，其同样是经过长期的观察和计算得出的，类似于中国古代的科学与技术知识大多是长期积累的结果。所以说，数据是科学发展的逻辑基础，没有了数据，科学便失去了核心支柱。然而，传统科学史的内史解释、外史解释、综合史解释等都没有考虑到数据变化引发的科学发展，只是注重科学发展的内在逻辑与相关因素的影响，这正是传统研究的缺陷，而大数据技术分析方法则可以有效地弥补这一不足。

为什么大数据技术分析可以弥补传统研究的不足呢？大数据技术分析的相关性、整体性、社会性等特征，正是人文社会科学研究方法最需要的特征。科学史作为一门特殊的人文学科，不仅要从具体学科的自身发展去理解，而且要注重从学科间的相关性去阐释，更要从社会的整体性去把握。从目前及未来的发展来看，大数据不仅仅只是为了一些价值或利益，而是会越来越成为一种社会组织形态，即“数据化”科学。①其实，早在十几年前，科学界已从模拟技术开始发展数据技术。比如，以前的音箱音量调节是通过电位器改变电阻来实现的，没有量化的概念，而后来出现的数字化技术，实现了音箱音量大小的数字控制，这是最基本的数据化。未来的发展是，也许一切都可以数据化，包括我们个人信息的数据化，这是证明“你是你”的最核心数据。所以说，大数据会渗透到科学史的研究中，就像大数据进入我们的日常生活一样，会产生最合理的方法，从而引发科学史研究方法转向。

就以具体的学科为例，现在发展势头非常好的生物数学，无疑是大数据时代的产物，那么研究它的历史同样要从大数据的角度去展开。生物数学是由生物科学与数学结合而成的，在大数据统计的基础上，建立数据模型，去解决诸多以前在生物学领域无法解释的问题。因此，这一学科的产生并不是像数学在物理中的应用那么简单，所以对其进行定义也不能简单地说就是数学在生物中的应用。历史地讲，正是在对生物中的一些现象进行统计分析或建模的过程中逐步发展了生物数学，或者称应用数学，因此才在 20 世纪 70 年代正式建立了生物数学，并有可能成为下一个科学的浪潮，尤其是种群分析更是大数据的体现。

生物数学的发展是建立在大数据的基础上的，其实古代科学或近代科学大多是建立在数据基础上的，只不过当时没有计算机去处理这些数据，但是从人类智力的角度来说，当时语境下的数据就是大数据。比如，中国古代的张衡发明的浑天仪就是在对天体进行长期观察的基础上建造的，虽

① 韩晗. 论“大数据”与人文研究的转向. 晋阳学刊，2014，(3)：23.

然其现在已经失传了，但是根据文献记载，可以想象当时的数据记录情况。据考证，浑天仪的发明者是阆中人落下闳，后又被东汉天文学家张衡所改进，浑天仪的主体是几层均可运转的圆圈，最外层周长达4.87米，仪上附着两个漏壶，壶底有孔，滴水推动圆圈，圆圈按着刻度慢慢转动。于是各种天文现象便赫然展现在人们眼前。①如此复杂的结构到今天都难以复制，但是从中我们可以想见，没有一定时间的观察与记录，是不可能制造这么复杂的机器的。那么站在当时的语境来考虑，浑天仪的制造绝对是“大数据语境”的产物。

所以说，大数据技术分析方法站在科学事件的相关性、科学史解释的社会性和整体性、研究方法的数据化立场，不仅为古代科学的发展提供了解释语境，而且对现代科学的发展也具有解释力，从而引发科学史研究的转向。

三、大数据技术分析观照下的科学史

大数据技术分析与科学史研究的相关性是考察大数据语境下科学史研究转向的逻辑基础。这是因为，传统科学史观主导的科学是因果性事实，或者说“科学始于问题”，其突出特点是在对“现象”的解释中探讨其因果性关系，尤其是近代科学革命以前的科学，大多是寻找解释同一现象发生的原因，因认识角度不同而产生了不同的科学知识，尽管有些“科学”后来被证明是错误的，但至少在当时是“正确”的理论解释，比如，化学中的“燃素说”与“氧化说”的更替，都是建立在大量的实验数据基础上的。所以说，任何一门学科都是基于一定的数据而发展起来的。因此，科学始于数据也就有了理据，这便为科学的重新划界提供了一种现实可行的标准，从而引出了对科学史进行研究的另一条路径。

（一）重新理解科学

对于科学是什么的问题，可以说到目前为止还没有一个令人满意的答

① 参见 http://baike.baidu.com/link?url=pYlbT-YumlV65_Hs5kScOI654kDEAQHEYsyqZm7nLthG1pLwNS-VCHbzInkwOjm9mvzdb822JwwArj9e4X2mgq。

案，这是因为，科学在发展的过程中，不同的学科具备不同的特色，要想寻求一个统一的标准几乎是不可能的。基于这一认识，一切科学都追究现象之间的因果关系倒成了一种可以依赖的定义，因为不论什么样的学科，都是为了寻求对该领域中发生的一些现象进行解释，较为完善的解释就可被认为是“科学的”。

然而，18 世纪的英国哲学家休谟否定科学的因果性，认为因果性只不过是思想中的习惯性联想，而不是现实中的客观实在。这样的观点不仅在哲学界，而且在科学界也产生了很大的影响。因为科学就是在解释事件的因果性中发展的，没有了因果性几乎就没有了科学。直到现在科学解释还是研究，不论是演绎—规律（D-N）解释模型，还是其他一些解释模型，都有其一定的合理性。

可是这种合理性是语境相关的，在不同的语境下可能会出现不合理的一面。比如，在“氧化说”产生以前，“燃素说”长期占据着统治地位，其对燃烧现象的解释也得到了大多数人的认可，但是在“氧化说”出现后，“燃素说”便显示出不合理性，因而不能成为科学理论了。在科学史上，类似这样的例子可以说举不胜举，所以科学与非科学的界限是什么、什么样的理论才可以称为科学等一系列元理论问题，长期困扰着学界。

大数据技术分析超越了科学的因果性问题，其将重点放在了相关性上，认为科学始于对数据的分析和统计。有些学者认为，因果性诉求是小数据时代的产物，在大数据时代，科学追求的是现象间的相关性，而非因果性。相关性比因果性更重要①，这就是说，科学要从关注因果关系的研究转向相关关系的研究，我们可以不知道是“因推果”还是“果推因”，只要知道研究对象是否具有关系就可以了。这样一来，科学研究的内在逻辑性将会发生很大的变化，况且科学的划界标准变了，科学史的内容自然会发生很大的变化。

这样一来，中国古代有无科学这样一个问题，自然就在某种程度上得

---

① 冯启思. 数据统治世界：如何在数据统计中挖掘商机与做出决策. 曲玉彬译. 北京：中国人民大学出版社，2013：35.

到了解决，因为科学的划界标准不再以当代西方的科学标准为依据了，而是以现象间的相关性为特征，中国古代的数学、天文学（天学）、农学及地学等方面的知识都与当时人们的生活相关，只是在不同的时期，观察所得到的数据不同，在不断丰富的数据中，中国古代的科学技术得到了极大的发展。

（二）科学史方法的变革

实证主义框架下的科学史研究，曾一度将自然科学的研究方法引入科学史的研究中，产生了很大的影响，而且为当时科学寻求社会地位以及政府的政策支持提供了方法论和认识论基础。很多方法是来自自然科学的研究方法，比如，计量科学史的研究就是来自自然科学的统计方法。其实，计量科学史的研究已经有了科学史研究“数据化”的成功方法，只是这样的方法对于一些研究可以运用，有的学者就是在对科学史文章的统计中总结出了20世纪科学史的三次转向；还有的人依托计量的方法去研究科学发展的态势，并得出了可靠的结论。①这里只能说是可靠，因为王保红只对发表在两份杂志上的文章做了统计分析——《科学》（*Science*）和《自然》（*Nature*），那么全球近万种杂志上的其他科学类的文章没有被分析，人们对其权威性自然有一定的质疑。所以，其对象的选取值得最优化和权威化，此外，当面对中国古代科学史的时候，计量方法简直无用武之地。因此，计量方法尽管是一种数据化的研究方法，但有一定的局限性，这也是其发展受限的原因。

那么，大数据时代的科学史研究，在方法论层面的分析或在具体方法上的思考，可能会倡导突破传统的方法或彻底抛弃传统研究方法，所以大数据技术分析会强调自然科学方法在科学史研究中的应用。比如，对于古代的钟的传声研究，现行的研究方法往往是通过史料来看当时的铸造技术或声学传播方面的研究，如果用大数据分析的方法，就会采用现在的全息成像技术将研究主体进行数据采集，用计算机模拟技术建立模型，从理论

① 王保红. 20世纪科学发展的态势计量分析. 北京：科学出版社，2016.

上计算其声音的传播速度与距离，然后利用现有的声音测试技术测定钟声的波长、传播速度等，从而验证古代铜钟或铁钟的冶炼技术以及当时人们对声学原理的掌握程度。这是一种全新的研究。

所以说，大数据技术分析是针对科学史上个别的或独立的，特别是某个科学史人物的科学成果进行分析，这样，由于思考问题的出发点不同、分析过程不同，有可能会得出与以前不同的结论，这个结论有可能比以前的结论更能真实地还原科学发展的历史。

（三）科学史的分期研究

正是由于科学史与一般的历史不同，所以人们对科学史如何分期，长期以来一直争论不休，到目前也没有一个合理的方案。一般来说，科学史都是按历史的分期原则去做评判的，其实这是不合理的，因为科学的研究并不是普通人所从事的职业，而是一些特殊人物在特殊的环境中所形成的事业，这一点可以从科学家的数量所占人口的比例中得出，这是一方面；另一方面，科学知识是有地域之分的，科学的发展并不是均衡的，不同的地方产生了不同的学科或知识点，系统化的科学是后人根据不同的定理、定律而组合在一起的，最后形成了现在的教材或专业书籍。当然也有个别例子，例如，欧几里得几何在形成时，就以五个公设进行推演而形成了我们称为“平面几何”的专业知识，但是在传统的科学分类中，自然科学是不包括数学的。这就是说，科学的发展史已经向我们表明，科学的发展有其自身的内在规律，这种规律并不能以人类社会的一般规律去概括或描述。那么，科学发展有没有规律、如果有的话是什么样的规律可以被用来做分期的原则，尤其是面对中国古代的科学技术发展问题，能不能就以简单的古代、近代、现代及当代这样的时代去划分，这是值得思考的问题。这样的划分方式，存在把科学的主要特征抹杀了的倾向。

大数据技术分析无疑为科学史的划分提供了一种思路。前文已述，科学技术可以以数据的多少来标识，那么从这一点出发，就可以把科学的发展从无数据、小数据、中数据及大数据的角度来进行划分。这样的划分，使科学技术的特征很明显地表现出来。比如，中国古代的科学技术基本处于无数据或是小数据状态，中国古代的定性研究远超定量研究。这也正是中国古代科学没有走向近代科学的主要原因。对于这一点的研究和分析，此处由于篇幅的原因，留做以后的文章进行专门论述。

（四）科学史的内外史论争

科学史的内外史论争，似乎从来都没有过结论，以至于人们现在对这一争论已经熟视无睹了，因为社会建构论对科学研究的渗透使得这一问题好像得到了解决。事实上，社会建构论科学史固然有其合理性的一面，但是过分强调科学的社会建构对于科学发展的内在逻辑肯定是一种冲击，所以这并不是一剂良药。

科学史在进入 21 世纪后，从国内外发表的文章来看，科学史的研究呈多元化趋势，讨论科学史的内外史争论、辉格式解释、科学史的研究方法等问题的文章明显减少，大多文章走向了对知识点的深入挖掘，这似乎是一种好现象，是关于科学史研究的理性回归，但是从理论研究的角度来看，这并不是一件好事情。因为一个学科如果没有一定的理论支撑，则这个学科的整体发展水平不会太高。科学史更是如此，如果没有对科学史进行一些“形而上”的思考，那么对这一学科的整体建设是没有好处的。比如中国科学史的研究，第一代学人李俨和钱宝琮等所倡导的“范式”，基本解决了关于“古代科学是什么”的问题；第二代学人如吴文俊先生倡导的“范式”试图解决“古代科学怎么样”的问题，甚至还提出了“第三条道路”——为什么研究古代科学。[①]基于这样的认识逻辑我们不难理解，尽管中国科学技术史的研究没有对内外史进行过争论，但实际上已经意识到以前的中国古代科学技术史研究是一种内史式研究，现在要走向外史式研究了，但是有一个问题很明显地摆在学界面前：怎么才能知其所以然？这就是说，在动摇了传统的研究范式后，应该以哪种范式去重新审视中国古代的科学技术？

① 曲安京. 科学史的第三条道路. 北京：国际数学家大会，2002.

诚然，吴文俊先生倡导的“古证复原”的思路是非常正确的。那么要复原就要有数据，这不仅是在数学的古证复原上需要数据，要还原当时的计算过程，而且其他方面也是如此。例如，想复原一件晋式青铜器，如果没有对当时的数据进行分析，就不可能做到还原。这样一来，对数据的分析研究就成了科学技术史的主要内容。

这样，当对科学史的研究一大部分内容集中在数据是怎么产生的、当时已具备了什么样的数据、这些数据对后期研究的影响是什么时，自然就消解了科学史的内外史争论，同时也为避免科学史的辉格式解释提供了可行的方案。

（五）地方性知识的身份认同

科学史研究中的地方性知识一直是学界争论的一个领域，始终没有得到科学史学界的认可，其身份始终难以确认。比如中国的中医药知识，虽然《黄帝内经》成书的具体时间不清楚、作者是不是黄帝也没有定论，但是其中所蕴含的中医保健理论，到今天仍可运用。类似这样的知识还有很多，那么从科学史的角度来说，地方性知识有没有科学地位，一直是有争论的，所以才有学者说出“中医不是科学”的观点。

事实上，把中医药知识排除在科学之外，完全是建立在西方科学认知标准上的。西方近代实验科学的确立把科学的标准建立在理性与逻辑基础上，特别是逻辑实证主义强调理论的逻辑表述与经验的证实，科学就是经验基础上的证实，虽然波普尔的证伪主义反驳了这一认识，但是科学始于问题、观察渗透于理论还是一直盛行的。此外，人类哲学的简单性原则在中国表现为“天道崇简”；这在西方表现得也很突出，例如，还原论主张科学理论不管有多么复杂，都可以被还原到逻辑起点。物理主义认为各门学科存在还原关系，物理学是所有学科的基础，任何学科最后都可以还原到物理学。这样就使得各学科都有了最终归属。

但是，后现代哲学完全颠覆了上述有代表性的理论，其以一种批判理性的态度去反思科学，尤其是交叉科学的出现使具体学科划分越来越细。

据不完全统计，现在的科学的分支学科有 400 多种，这使得科学不再由传统的物理学、化学、生物等一些最基础的学科组成，而是交叉科学、边缘科学、横断科学等复杂性科学迅速发展起来，这样对科学的思考不能再以一种简单的方式进行，而是以强调科学知识的语境性、地方性与多样性为基础，一种新的科学世界观——复杂性范式发展起来，成为一种新的认知模式。虽然复杂性范式还没有一个统一的研究理论[①]，但是也打破了传统科学的统一性。像物理化学与化学物理这两门学科，分别是物理学与化学学科一级学科下设的二级学科，但是其又有自己学科独特的研究内涵，类似这样的二级、三级学科很多，因而科学是以复杂性方式去处理的，那么科学史也一定要以复杂性思维去思考，否则就一定会失去其研究基础。这样一来，我们会发现科学史不再是单一的，而是多元化的、非线性的，传统的固定模式不可能达到合理解释。特别是计算机出现以后，面对信息量的剧增，传统的手工方式一定会被计算机代替，大量的数据可以通过计算机去处理，这种方式的转变，就如同手工技术被机械技术代替一样，具有革命性的意义。

这种革命性的转变，使得对科学知识的认知同样发生了革命性的转变，人们会发现，科学知识是一种与地方性紧密结合而且是语境相关的知识，知识的产生与发展是一种语境理解，或者说是一种数据增长式的语境理解。比如中国的中医，这是典型的地方性知识，即使在中国，不同的地方也有不同的中医理论，这是因为中医理论主要是讲养生与健身，下策才是去病，在不同的地区由于气候与水土不同，人的体质不同，那么养生的方式也就不同，所以这些理论的获得是建立在长期积累的基础上的，这种长期积累就是一种“大数据”，这种大数据要靠几代、几十代人去积累。所以中医也是科学，其本身就是在不断地修正中发展，这与科学的本质是一致的。

诚然，大数据语境下的科学史研究远不止这些，本书列举的这些只是

---

① Morcol G. What is complexity? Postmodernist or postitivist? Emergence，2001，3（1）：104-119.

一个开始。大数据技术分析与语境分析方法相结合，会产生对科学史，进而对科学的一种全新认识，而且这种认识会逐步得到学界的认可。这是因为，大数据技术分析不仅是一种方法论，而且是一种认识论，从本质上对科学产生与发生的内在逻辑和机理进行了分析，尤其是结合“万物皆数”的思想，对思维创新、传统认知都将产生很大的影响，致使人文科学研究也会发生转向。从这一认识线索出发，不难发现大数据技术分析语境下的科学史研究，有其内在的逻辑意义与广博的方法论意义。

四、余思

将科学置于数据分析语境下去研究，会出现与传统认识路径完全不同的分析基底，传统的科学史研究的着眼点是科学史事件的合理性解释，尽管这种解释由过去的单纯线性描述发展到当代的多元文化解释，但是其对科学的认识还是基于科学哲学的分析机理。也就是说，先确定什么是科学，然后从科学的定义出发去规划科学史的研究，这正是柯瓦雷的编史特征。在经历了库恩的历史主义渗透后，科学史发生了从实证主义到历史主义，再从社会建构论到后现代主义科学史的多元文化解释的转换，这使得科学史的领域出现了不同的学术主张，造成了纷繁复杂的局面。尽快结束这种局面，使科学史回归到正确的学术轨道上来，正是科学史理论界苦苦进行的工作之一。尽管现在的文化解释似乎占据了上风，但是这种解释方式或多或少地都存在缺陷，以至存在不合理性，因为科学与文化的等同本身就存在着一定的风险性，没有深入揭示科学的“数据”本质。从这一逻辑起点出发，则大数据技术分析为科学史揭示科学的本质内涵提供了方法与认识论基底。

1. 大数据技术分析促进了科学史研究的多元化

当代科学史研究的一个显著特征就是多元化，这种多元化不仅体现为科学史内容的多元化，也体现为研究方法的多元化，还体现为认识路径的多元化。历史地看，任何一次科学或技术革命都会给人类的意识形态带来变化，虽然这种变化是在科学影响到一定程度、经过一定时期才能表现出来的，但历史上重大的科学变革对人们思想观念的影响是非常巨大的，其内涵已超越了科学事件本身。大数据技术分析不仅可以分析科学事件本身的影响，还可以从量上分析受影响的群体，以往的科学史研究很少注意到这一领域的研究，即使涉及了这方面的研究也是很宽泛的一些内容，不会专门去进行研究。然而，这方面的研究对科学的发展方向、速度与内容的影响很大，因为科学史不仅有其内在的逻辑发展，更多的是要受到外界的影响，当代的科学更是如此，也正因如此，科学事件才会从多元文化的角度去寻求多重解释，这种多重解释正是大数据技术分析解释科学史的任务，也是实现科学史价值的有效途径。

2. 大数据技术分析会更加关注时代价值与人文关怀

科学史研究的价值，很重要的一点就是时代价值，尽管萨顿当时论述到科学史的价值时，主张科学史的哲学与历史的双重价值，但随着对科学史认识的不断深入，学界不再只关注科学史本身的价值，而是从多元的角度关注科学史的时代价值与人文价值，这两种价值的体现，如果没有数据的统计分析则难以做到有理有据。如今，中国的学术界兴起了中国古代科技资源、中国古代传统文化的现代价值研究，这是时代的需要，也体现了学科内部发展的需要。这样做的目的很明显，会将科学史的研究从学科理论、定义、定理、概念等“器物”层面转向“理念”层面。就拿中国古代科技资源来说，中国古代文明在漫长的发展进程中，不仅创造了丰富的科学技术知识，关键是其中蕴含的哲学理念、发展理念、科学理念更是今天要重新去认识的战略资源。中国古代哲学中的“天人合一”“天道崇简”“比类推理”等理念，不正在今天的诸多学科的发展实践中体现出来吗？中国古代传统文化的“和”思想，正是倡导人类绿色、和谐发展的战略资源。然而，文化的无形性在某种程度上是不好体现的，只有将其附着在中国古代科技资源上，才能表现出来，这样可以通过模型化的设计，实现科学史从学科内涵研究转向对人的研究，从人与人、人与物的关系模型研究中实现科学史的人文价值。

3. 大数据技术分析实现了科学史的“模型化”

科学史的计量研究在一定的范围内是比较成功的方法，因此得到了科学史研究的认可。但是这种研究的不足之处是不能穷尽所有的数据，而且也不能通过模型化设计去做出进一步的演进分析。因此，大数据技术分析在对科学史进行“数据化”采集的基础上，通过“模型化”设计去完成对科学史的研究，这是大数据技术分析手段与传统计量科学史研究最大的不同之处。

模型化研究是自然科学研究的重要工具，在物理学、化学、生物学等诸多领域都有应用，自然科学的研究方法在科学史中经常被用到，但是在科学史中模型化的方法现在还没有涉及，这是未来的一个研究方向，也是一种研究方法。科学史的研究可以通过模型化的方法，不仅可以建立科学史内容模型，而且可以建立科学家人物模型，通过这样不同的模型设计实现一种全新的科学史研究。这也许正是未来科学史研究的创新模式。

第五节　技术史范畴的语境分析及其意义

从语境论科学编史学的角度出发去研究技术编史学的一些问题，是一种学科角度的延伸，所以本书选取了这一案例，旨在阐述语境论科学编史学的巨大魅力。我们知道，技术史观是以技术史为研究对象的技术编史学，面对纯客观事实记录和描述不断被解构、历史意义情境得到更加重视的新发展潮流，我们应从理论和实践上检讨传统的研究旨趣，努力突破传统的纯事实搜集型风格，摆脱原有的依时间展开的线性结构，从新的、后现代文化和意义语境中吸取多元化思维灵感，对技术史的学科性质、研究方法、研究疆域、研究特色等一系列理论问题进行重新解读和评价，使技术史真正成为解释技术以及给人类生活赋予特殊价值文化意境的文本。因此，技术编史学应从技术史的本体论视野回归到技术史的文化价值本质及其在特定社会历史环境中的特定含义，使技术史成为还原人类真实生活历史的一个侧面。要达到这样的目的，就必须在认识上厘清人类技术的发展有其复杂的社会文化动因和很多偶然性及不确定性，其并非由功利性或其他单一化的因素所驱动的。虽然失去线性因果关联的历史叙事，看上去可能不如编年史那般简明，但却能够还原真实的历史情境及其含义。唯有如此，技术史才能成为人的历史，而不是一连串事件的记录。所以，研究技术编史学就是在思考技术和人本身。①这样一来，技术编史学将变得不再像机械哲学那样刻板，而被赋予了具体、生动的文化和生命内涵，引导技术史逐渐成为人的历史而不是物的显现，从而融入更加广阔的社会历史文化研究疆域，引起学界更多的关注。目前国内技术编史学理论研究在这方面还处于起步阶段，本书不揣谫陋，基于后现代的文化语境与批判理性，就技术编史学的本体论、认识论和方法论及其研究疆域与意义做一些尝试性论述，以就教于国内技术史研究同行。

一、技术的语境追问

技术编史学以反思技术史为核心的基本内涵，决定了其要在本体论层面说明“什么是技术史”这一元理论问题。其实要回答这一问题，必须先厘清什么是技术。吴国盛认为，技术是人类存在的方式，是人类自我塑造的方式，是构造人和世界的环节。②吴国盛的这个定义突显了技术的人文价值内涵，强调了技术主体的本体论建构。那么，技术编史学的研究就应该从回顾技术史的历史中，借鉴技术哲学家的一些观点去反思什么是技术。艾德通（D. Edgerton）认为，一切技术都是“创造新物”（create novelty）的过程，技术是一系列“创造新物”的综合体。③这种观点有一定的合理性，但这是一种高度概括的理论抽象，太过于泛化，因而失去了解释学的内涵。

---

① Edgerton D. Innovation，technology，or history—what is the historiography of technology about. Technology and Culture，2010，51（3）：168.

② 吴国盛. 技术哲学讲演录. 北京：中国人民大学出版社，2009：2.

③ Edgerton D. Innovation，technology，or history—what is the historiography of technology about. Technology and Culture，2010，51（3）：168.

那么从技术哲学家的角度来看，对技术的反思应该从人类历史的不同发展阶段去分析不同技术的本质特征，或是从人在认识和改造自然物质世界的过程中，所形成的有关技术的概念、理论等去分析研究。所以，技术编史学研究的一个首要任务就是站在后现代批判理性的立场上，引进并分析技术哲学的一些观点，从技术概念入手，实现技术史与技术哲学的有机统一，以达到对技术史研究的本真观照。

技术的产生与科学不同，自人类诞生以来就产生了“技术”，远古时代的技术与现代技术的不同就在于其应用性不同、技术工程师的设计目的不同，因而不同的技术具有不同的特征，所以不同的技术哲学家对这一点的反思不同。马尔库塞作为技术哲学的重要代表人物、法兰克福学派的重要成员，他对技术的看法很有代表性：科学技术具有双面性，其在促进人的本质实现的同时，也在压抑人性。他的这一观点是站在人性的立场上对技术做出的评判，他认为是技术理性的发展导致了人类理性的分裂和批判理性的泯灭。马尔库塞的这一观点，无疑是站在后现代社会的基础上，对技术的双重作用进行的分析，他指出了科技对人性的压抑，实则是一种技术的异化结果。那么要克服这一点就要将科技置于理性下建立“新科学”“新技术”，以此来体现人的本质。显然，马尔库塞还是站在了科学技术一体化的角度去分析问题，而从技术编史学的角度来看，科学应该是中性的，但技术则不然，所以首先不能将科学与技术混在一起；其次，现代技术是现代社会的推动者，科学技术具有了意识形态的功能，具有了双面性，而古代技术则不一定是这样的。现在的一些学者呼吁的回归技术本真，其实具有了回归“传统手工技术”的意蕴，就是说技术的发展要规避对人有害的一面，以达到体现人的本质的一面，一切技术都应该向善的一面发展。

与马尔库塞的观点有所不同的是海德格尔对于技术的追问，这更体现了后现代对技术的反思。他认为“技术这个名称本质上应被理解成‘完成了的形而上学'”[1]。海德格尔之所以得出这样的结论，是因为他在深刻反思第二次世界大战后的技术发展态势后，看到了技术本是人类实现某种目的的方式或手段，但由于技术在应用时的错位，有时却成了人类无法控制或反受其控制的力量，在技术为人类提供物质文化基础的同时，人类生存的家园却屡遭破坏，所以技术的中立性必然受到质疑。基于这一认识，海德格尔展开了对技术的多方面反思。他认为，技术在本质上已成为一种“框架”（gestell）内的“限定”，传统技术与现代的不同在于，现代技术是其框架内的一个“订造”（bestellen），从而技术成为束缚人的自由与思想的框架，人们只从事技术的制造和生产活动，而不关注技术给人们带来的负面影响。因而在某种意义上说，技术失去了原有的人类认识世界的方式，反受其制约和束缚。这正如人们在研究某种杀虫剂的时候，只考虑到了把虫子杀死，而没有考虑到人在吃了喷洒杀虫剂的蔬菜或粮食后会造成一定程度的危害一样。所以说，海德格尔的技术观是站在人本主义的立场上反思人类的技术发展应该向何处去的。

在此分析这两位有代表性的人物的思想，旨在说明技术编史学要从技术哲学家那里吸收相应的观点，用于对技术及技术史的研究和分析。诚然，还有许多技术哲学家对技术的本质做了大量的反思，比如，贝尔的后现代社会理论、技术决定论、技术工具论等，以及特纳的“技术的报复”思想，等等，在此不一一列举。对他们的观点进行分析研究是技术编史学不可或缺的内容。那么从技术编史学的角度讲，要达到对技术史本质的认识，就要让技术编史学建立在对人与技术关系的认识和反思上，要从考察技术发展的人文性入手。不难理解，人类自诞生以来就通过改造各种工具来改善自己的生存和生活方式，是不同的技术主体智能的体现。正是由于技术发展存在偶然性与不确定性，技术在应用过程中才出现了偏差，这是技术异化的根本原因。另外，从旧石器时代、新石器时代到青铜器时代，再从铁器时代到经验技术时代，直到科学技术时代，技术的发展无不体现着多样

① Heidegger M. Overcoming metaphysics. Stambaugh J（trans.）//Wollin R. In the Heidegger Controversy，a Cirtical Reader. Boston：MIT Press，1993：75.

性的总体特征。这种多样性实现了由粗放技术到精细技术的转变，也体现了不同时代，技术的主体不一样，所应用的手段、工具、方式等不一样。因此，技术史强调的是不论什么时代的技术，其社会价值都要与当时的文化价值紧密地联系在一起。那么，对这种技术多样性的探求已不仅仅是对任何技术合理定义的超越，更是将技术的主体与技术的使用者结合起来。从这一点不难看出，技术史最能证明人类认识与改造自然物质世界的“智识”发展史和文明史。

二、技术史的语境认识

从理论上讲，技术编史学的一个重要任务就是在理论上反思和认识技术史的本质内涵。基于文化认知的技术发展，技术史的研究不能像传统技术史一样，只是对技术过程的一种搜集、整理的线性罗列，而是要对技术对人类社会发展的贡献做多元解释，其目的在于对后期技术的研发方向、内容有所规范。纵观技术史的发展历程，不同的技术史家给出了对技术史发展的不同解释，这样的解释也是基于对技术发展不同阶段的理解形成的。

尼尔·波斯曼（Neil Postman，1931—2003）作为媒体文化研究者和批评家，虽然不是技术史家，但是他的思想对于认识技术与技术史研究有很大的启发。基于他对后工业社会时代技术的洞察力，他在《技术垄断：文化向技术投降》[①]一书中，规划了人类技术发展的三个阶段：工具使用、技术统治和技术垄断。这三个阶段也对应了人类文化发展的三种类型：工具使用文化、技术统治文化和技术垄断文化。通过对这三个发展阶段与三种文化形态的分析，他认为，在不同的阶段，文化与技术的地位是不一样的，技术逐渐由服务于社会和文化发展到垄断文化，从而导致了传统世界观的消失，体现了集权主义的技术统治。事实上，他的研究揭示了一个基本认知：技术和人的关系原本是“友好关系”，发展到后来变成了“敌友关系”。这样的思想无疑为我们理解技术与技术史提供了一个广阔的思路，技术的发展必须站在人类生存与发展的高度，要化人与技术的“敌友关系”为“友

① 尼尔·波斯曼. 技术垄断：文化向技术投降. 何道宽译. 北京：北京大学出版社，2007：1-138.

好关系”，技术史的研究要使公众达到这样一种认知，从而使技术向人类友好的方向发展。

与波斯曼的技术史分期不同的芒福德，是人文主义技术哲学的早期代表人物，也是一位知名的技术史家，他的技术史思想对技术史的研究和认识产生了很大的影响。无独有偶，他的思想也是从人文主义的角度，分析了技术的产生和发展的各种条件，将技术史划分为始技术时期、古技术时期和新技术时期。他认为，始技术时期是从 1000 年到 1750 年，当时水和风力是动力的基础，而木材是主要的工业材料，这一时期人与技术的关系是和谐的，技术是向着有利于人类的方向发展的；1751～1900 年的古技术时期以煤与铁的综合利用和采矿工业发展为主，人与技术的关系基本是协调的；但是进入 20 世纪以后就是新技术时期，人类逐渐破坏了以往人与自然有机的、和平的原则，新技术的应用有时不仅没有让我们的生活变得更好，反而让我们的生活变得更加疲惫，从而使我们对技术的未来发展表现出很大的担忧，出现技术的悲观主义。在分析这三个发展时期时，芒福德突出强调了人的主体性，主张技术与人的协调发展，倡导技术要为人所用，以达到为人造福的目的。这一点充分体现了技术史是人的历史的核心主旨。

上述两位学者的观点虽然有所不同，但其实质都是人、技术与文化的高度统一，还有其他一些学者的观点也是基于人文主义的关怀的，这里由于篇幅的关系不能全部分析。这里引入这两位学者的观点的原因在于，要认识技术史，就要深刻分析技术的发展史。另外，从技术编史学学理的角度讲，还要分析技术史的历史。特别是技术史的历史，现在学界对这一问题还没有太多关注。事实上，研究技术史的历史更可以看出传统技术史研究的弊端与不合理性，从而深刻认识到技术史应该如何被研究，所以这些内容是技术编史学研究必须考虑的域面。除这两方面外，对技术史的认识还要基于对下面一些关系的认知。

（1）技术史与科学史的关系。技术与科学的不同直接导致了技术史与科学史的不同，尽管现在大多著作都是将科学与技术混合在一起来写的，但从认识论的角度讲，这样的处理是一种惯性思维方式导致的结果，而非合理性的安置。与科学不同的是，技术要比科学的出现早得多，技术重在其应用性和目的性，科学不能与之相比。因而科学史与技术史的关系问题比科学与技术的关系问题更让人耗尽精力去争辩①，这种争辩体现在双方在材料的取舍方面存在截然不同的视角，以及科学解释与技术解释之间存在的“鸿沟”，所以，在一定程度上，科学可以按照现在的理论进行推断式的还原，而技术却难以做到这一点，技术的还原要比科学的还原复杂得多。比如张衡的浑天仪，虽然现在我们看不到当时的设备，但从认识论的角度不难理解：浑天仪的原理是个科学问题，如何演示天体的运行状况也是个科学问题，而怎么做成浑天仪则是技术问题，到目前为止这一技术也难以还原。再如青铜剑的技术还原等，类似这样的例子在技术发展史上有很多，这足以说明技术史有其独特的学科特征，因而区别于科学史，不能在从事史学研究时将其混为一谈，不论在实践研究还是理论研究中，技术史与科学史都应该被分开研究。

（2）技术史与政治的关系。从认识论的角度讲，恩格斯早已探讨过社会需要与技术进步的关系，人类的社会需要是推动技术发展的决定性力量，这种关系在当代比古代显得更紧密，这种社会需要的背后就是政治背景。不同时代的技术发展与政治的贴合度是不一样的。从实践的角度讲，技术史的写作必须考虑到政治环境的变化。比如，战争时期的军事技术在当时是绝不可能公开的，但战争后会逐步社会化进而公开，公开后才会有人研究其历史。所以，在技术的发展过程中有一个不得不承认的事实是技术的保密性，这是由技术的价值论决定的，与科学的“无国界性”截然不同，这是由政治环境决定的。那么在保密的情况下，这部分技术史就无法写作，或者说在当时无法写作，只有在一个国家或地区对某项技术解密以后，我们才可以将这部分历史写出来，并做出解释。所以说，政治环境的变化决

---

① Hong S. Historiographical layers in the relationship between science and technology. History and Technology，1999，15（4）：289.

定了技术史的可修正性。

（3）技术史与文化史的关系。自“多元文化”的解释方式渗透到自然科学以来，一些学者不断地发出科技文化的呼声，认为要把“科技”当作一种“亚文化”去研究，主张“新文化史”的技术史研究，以淡化技术间的区别，统一在文化领域来研究。其实，这只是从不同的角度看待同一个问题而已[①]，是技术解释的多元文化性的体现。为此，劳斯等学者在批判建构论技术史的基础上，力图主张技术史的文化研究，国内的盛晓明等学者也是这一主张的倡导者，陈玉林的博士论文《技术史研究的“文化转向”》也对此做了深入的论述。事实上，这样的主张从技术发生学的角度来讲，有其深刻的合理性。但是目前还需要技术编史学从技术史的实践研究中去反思这一方法的操作性，因为在一个更加宽泛的观念下，技术史应该特别坚持将文化史的价值应用到技术[②]，技术确实不仅改变了人类的生活方式，而且改变了人类的思维方式，思维方式影响了社会结构，社会结构改变了文化观念，这种层层的逻辑关系深刻揭示了技术与文化不可分割的关系，因此技术史的研究转向“新文化史”的确是技术编史学值得深思的一个重要方面。

（4）技术史与技术革命的关系。由技术到技术革命本身就是个发生学的问题。从逻辑上讲，对技术革命的研究是技术史无法绕过的命题：历史上存不存在技术革命？如何认定技术革命？技术革命能否成为技术史分期的主要理据？这一系列问题使得技术革命像科学革命一样是认识技术史的核心命题。目前可以说，国内外对于技术革命的理论与实践研究还是远远不够的，不论从宏观领域还是从微观领域，都没有对技术革命展开全方位的研究，这也是技术史的一大遗憾。那么，在反思技术史的基础上，技术的发展与人文价值的关怀非常密切，尤其是当技术发展到需要科学支持的

① Pickering A. The Mangle of Practice：Time，Agency，and Science. Chicago：The University of Chicago Press，1995：216.

② Pursell C. Technologies as cultural practice and production. Technology and Culture，2010，51（3）：721.

时候，技术问题不断地向科学提出诉求，而且科学发现也一直促进技术的发展。因为技术是人类的事业，很显然，在个体与社会价值方面它们关系非常紧密，我们必须意识到不能认为对一代或一套技术的概括就为技术编史学提供了满意的解释基础。[①]所以说，对如何进行技术革命的研究，是技术编史学的当代命题。

三、技术史研究的语境分析

不同的方法论研究纲领，决定了技术史研究内容的不同取舍。内史论、外史论、综合论、社会建构论等方法论的引入，使技术史的研究大致经历了单纯的线性描述、“与境”进路以及“新文化史”进路。尤其是技术史的新文化史进路，尽管目前从“新文化史”角度研究技术史的著作为数不多，但至少在理论和实践上已在探讨其可行性。那么面对技术史研究的一系列转向，采取什么方法研究技术史现实地拷问着学界。我们知道，历史存在于语境解释之中，技术史同样存在于语境解释之中，任何技术都依赖于人，有其赖以存在的语境，离开特定语境就无从谈及技术的发生与发展。从技术编史学讲，不论是何种研究进路，只要能使技术史回归其本真，真正撰写解释技术发展给予人类生存与生活影响的文本，就是符合历史的、逻辑的技术史。从技术编史学的角度来讲，技术史的方法论研究绝不能独立地论断某种方法的合理性与弊端，应该立体地、全方位地剖析各种方法的优劣。从这一线索来看，技术史研究方法的语境化趋势是历史的、逻辑的必然，任何研究方法都要实现以下三方面的综合。

1. 文化语境化

人类发展的文化趋同性，是由人性决定的。笔者赞同技术史研究的“新文化史”转向，因为这是实现技术史人文解释的有效通道，但是怎样实现技术史的文化转向，这是值得以后深入研究的内容。笔者认为，要实现这一点，就要从技术史的文化语境入手：一是要厘清技术产生的文化语境，

---

① Burke C. Comment：the complex nature of explanations in the historiography of technology. Technology and Culture，1970，11（1）：26.

这是外围语境；二是将技术看作一种“亚文化”，超越其本身的内在逻辑性，这是内在语境。将这两者充分结合去分析技术创新产生的真值条件，揭示任何一项技术从设计、研发、创新到应用这一系列过程产生的语境条件，其中最重要的是要了解技术家的真实想法，这样才有可能达到技术的文化解释，才能还原技术史是“人的历史”而不是“物的历史”。事实上，对技术发展历程的考察要以多元的、立体的、网状的方式去实现，那么将技术置于人类发展的历史中，任何技术的发明与创造，尤其是技术革命，都会引发人们观念的变化，观念的更新会引发意识形态的变化，意识形态的变化会影响经济基础，经济基础的变革会刺激社会需要，社会需要会激发技术的不断“创新”，提出新的发明，这个“闭合循环”就是文化语境化过程，也是海德格尔所谓的“完成了的形而上学”，只是在这个文化语境中，第一次的技术发明与后期的技术发明存在着发展的层次差异，对这个差异的文化解释就是技术的文化解释。所以说，技术史的文化语境化是完全合理的。

2. 科学语境化

传统的方法论一直是将科学与技术的发展在文明语境下做统一研究，但这已是 20 世纪 60 年代以前经典、固定的研究传统。外史论与建构论的兴起将人们的视线引入社会因素中，同时也引发了学界对科学与技术关系的深度探讨，技术成为促进科学发展的必要条件，科学成为技术发展的依赖语境，技术与科学间的主要变化不再简单地体现在技术家技术水平的提高与科学知识的增长的关系上，而是技术发展的本质发生了变化，技术家采用了科学家用实验研究和数学分析来研究技术问题的研究方法。[①]这一方法的产生是在技术由经验技术发展到科学技术之后的事情。因此，从人类技术发展的角度看，在科学没有取得重大突破之前，传统技术或经验技术与人类的生活密切相关；但是在出现“科学”技术以后，技术的发展越来越远离人们的经验，而成为技术家的一类特殊职业，那么技术史的研究就

① Gardner P. The relationship between technology and science：some historical and philosophical reflections（Part Ⅱ）. International Journal of Technology and Design Education，1995，5（1）：15.

不得不考虑技术的科学理论支撑，所以技术史的研究一定是一种多元的方法研究而不可能是统一的方法论研究，面对不同的技术发展应该用不同的方法去研究。应从技术发展的角度倡导技术如何为人类服务，而不是有害于人类，从而使技术向着有利于人类生存与生活的方向发展，这是技术编史学必须考虑的内容。

3. 社会语境化

技术的社会化解释自 20 世纪 60 年代以来，随着科学社会学和社会建构论的兴起，取得了长足的发展，学界对技术的社会化研究日趋激烈。对技术的定义也开始从社会学角度去讨论，就如技术决定论并不是从技术出发的，而是从社会学出发的一样，表面上看好像是从技术本身出发的，给人一种误解，所以一些学者批评技术决定论是“将死的马”（fast-dying horse），要么从来没活过，长期地死掉，要么是在兽医科学的年鉴中最慢将死的马。[①]从这点可以看出，技术的社会化尽管可以为技术决定论提供一些合理性的解释，但存在很大的缺陷。因此，技术编史学更多关注的不应当是寻求技术史研究的普遍规律或是对技术定义的精准描述，而是应将其定位于如何对人与技术关系的发展做出合理解释。从理论上看，技术史的研究要逐渐摆脱原有认识论的局限，要与普遍的技术生产、技术实践、社会需要和人文观念等一些广泛的论题结合起来，去全新地解释技术发展的路径。

总之，从技术史的研究方法来看，技术史从不排除传统的文献法、考证法、比较法、还原法等具体有效的方法，但是不论使用什么样的研究方法，都不能离开技术发生与发展的文化、社会语境。所以，技术史研究的语境化，就是要利用语境的分析方法去审视传统的技术史研究，特别是已经形成的技术史文本，或是科学技术史文本中的技术史部分，将一些有争议的技术事件从当时当地语境的角度进行重新评判、解读、阐释等，使其在最大程度上“还原”当时技术研发的本真，还原技术对人类发展的作用，

① Gordin M G. A modernization of “peerless homogeneity”: the creation of Russian smokeless gunpowder. Technology and Culture，2003，44（4）：677.

同时必须研究“技术家”的作用，因为只有“主体人”才能构成其独特的语境，离开技术主体，也就失去了语境。

四、意义

明确技术编史学的研究域面，从技术史自身理性的发展来统一技术史的研究范畴和逻辑体系，把一些思想和流派整合到“技术史是人的历史而不是物的再现”这一认识基底上来，从而实现“技术—文化”史的研究目的，以此引领技术史研究，不失为一种有效的策略，其中蕴含了非常明显的时代特征和实践意义。

其一，进行技术编史学研究，有助于厘清技术史的发展脉络，把握主流思想的逻辑路径。技术史的文本研究无法去关注其本身的发展历程及存在的问题，需要技术编史学去进行分析研究，这是技术编史学存在的基础。从目前来看，学界几乎对技术编史学的研究没有达到足够的重视，因而技术编史学处于一种“冷”学科的地位。对技术编史学忽略就是对技术史研究的理论深度不重视，从而造成将科学史和技术史放在一起研究的局面，虽然有些著作在行文时对技术史进行了分述，但是技术史还是没有独立的学科地位，从而失去了在技术创新中对真值条件的解释。人类社会的发展进步，在某种意义上说，技术的现实作用要比科学的“大”。而且即使一个人不懂科学，他也可以掌握一门很好的技术。只有将技术史从科学技术史中“解放”出来，反思技术史的发展历史，分析传统思想、传统方法对技术史研究的影响，总结传统技术史研究的不足和缺陷，掌握技术史研究的逻辑路径，用多元文化的语境分析方法重新审视技术史的研究，才有可能达到技术史的理性重建。

其二，进行技术编史学研究，有助于规范技术史的学科发展，取得学科发展的合理地位。从科技史的例证来看，一些技术应用于生产实践时所造成的各种问题和矛盾日益加剧，使得有关反思科学技术的理论层出不穷，科学学、科技伦理学、科学社会学、科学技术学等交叉学科相继出现，使科技史成了这些理论的“注脚”和案例研究。不过，也正是对这些理论的渗透与反思，才使得技术史逐渐从科学技术史中脱离出来，使技术史回归到其本真研究，取得其合法的学科地位，只有这样才能规范其学科发展，打破传统科学技术史研究的格局，从技术史研究的本体论、认识论与方法论方面去深刻反思技术史的研究特征、风格，立足于技术编史学科的内在需求，形成有鲜明特色的技术史研究。

其三，进行技术编史学研究，有助于增强技术史自身的发展逻辑，实现技术史的跨文化研究。当今技术研发与社会需要的高度结合，出现了技术的“社会化”和社会的“技术化”，可以说，离开技术的研发，社会发展将受到极大的影响，而且这些特征日益明显。但是技术史如果从属于传统的“广义科学史”研究，不仅技术史的元理论研究被长期忽视，而且技术史自身的发展逻辑也会被置于广义科学史的研究之下，从而失去其自身的发展逻辑，这非常不利于对后期技术研发的启发与影响。这样的格局，无疑是无法达到“技术史是人的历史”这样一种局面的，更谈不上技术发展的多元文化解释。所以，技术编史学的研究尤为迫切，中国当代的技术史研究更应该对理论研究“高看一眼”。中国历来重视技术的发展，古代技术不仅推动了社会的进步，而且形成了优秀的传统文化，我们从中更可以看出技术对于文化建构的重要作用。特别是现实地看中国的技术史研究，主要还是专注于具体的技术发展研究，不论是对古代的技术史研究还是对当代的技术研究，都很少从新文化史的角度去构建技术史研究的格局。另外，积极倡导依技术发展的自身逻辑，整合“描述的技术史”与“解释的技术史”于一体，探讨技术编史学的理论研究，使之统一在技术的人文价值与社会价值这一认识基底，有利于技术史研究新格局和新风格的产生与出现。

总之，借鉴技术哲学和技术文化研究的相关理论，结合技术史研究的实践，对于解构传统的、线性描述的技术史研究风格，尤其是打破“纯搜集型”的技术史研究套路，从而构建技术史研究新的格局，实现技术史研究的合理重建有很大的意义，值得引起学界的关注。

结束语
构建语境论科学史的研究纲领

综合全书，当我们站在 21 世纪的开端去重新审视 20 世纪科学史的发展的时候，我们不无惊奇地发现，20 世纪是科学史发展史上最辉煌的一个世纪：自 20 世纪初期学科取得自主化到 60 年代出现科学史的分野，再到目前科学史出现了缤纷繁杂的局面，这说明科学史的研究在取得长足的发展的同时，其本身已走向了多元化，科学史由一个世纪前的非自主学科，变为独立的、自主的学科，而且呈现出职业化的局面。之所以出现这样的局面，这是与科学史的基础理论研究分不开的，在理论的指导下，科学史研究才有了质的提升。但从另一个角度来说，也正是因为有了不同理论的反思，才使得当代科学史的研究面临三个“引导性难题”：其一，重铸科学史研究新的逻辑起点，这个起点要超越内史论、外史论、历史主义与社会建构论的研究范式，在新的范式下统领科学史的研究；其二，构建各个科学编史学学派间论争的新平台，这个平台要给各学派提供一个相互交流、对话、渗透与融合的机会和场合；其三，探索各种科学编史方法相互交叉、相互补充的新的生长点，这个增长点要面对科学史理论研究的必需，同时要有一个长远的发展模式，这个模式也是和科学史实践研究紧密地结合在一起的。

语境论的科学编史学针对以上三个引导性难题，创新性地从本体论、认识论、方法论的角度出发，通过构建语境论的科学编史学来构建语境论的科学史研究纲领，这一纲领要统率科学史研究的主流。

一、基本结论

本书在对传统科学编史学评述的基础上，对以下几个问题进一步进行了说明。

第一，著作从实现语境论科学观的编史学意义的角度，着重建立一种语境论的科学编史方法，这种方法是融入科学编史学的研究中的，但是不提倡把科学史的合理重建与描述科学史和说明科学史对立起来，事实上应该是科学史的理性重建，就是要建立一种合理的科学编史方法，将描述和说明的科学史研究结合起来。

第二，语境论的科学编史学并不排除更为合理的编史方案，因为科学编史学也是在发展着的，一个编史理论也有其自身的语境性，离开了这个语境，它也将变得不再合理，同时，本书也认为相关的科学编史方法可以相互借鉴、交流，语境就是这样的一个交流平台。

第三，语境论科学编史学主张要重新回到已写就的科学史著作中，也就是说要回到科学史的文本中，从文本中找到不合理的地方，站在当时的语境下，引入丰富的文献进行修正，这是非常可取的。科学编史学在某种意义上说就是科学史哲学，科学史的写作受到科学编史学的指导是历史发展的必然，这也是科学编史学由隐学转向显学的主要原因，因为一个学科要发展，如果没有理论的支撑，这个学科是走不远的，科学史的研究也是如此。正如拉卡托斯所说的——一切科学史永远都是编造实例的哲学，这就是说，科学史的发展与科学哲学的发展是紧密相关的，虽然现在从学科发展的角度看，两者的关系是一种难以厘清的关系，也许借助语境论，最终会实现两者的联姻。

也正是基于上述三个方面，本书面对科学史的困境，从语境论科学观与科学史观入手，全面阐述了语境论科学编史学构建的必然性、可行性和合理性，构建了语境论科学编史学的研究纲领，得出如下结论。

1. 语境论科学观是科学合理的科学观

语境论科学观为科学的理解给出了新的认识论框架，将以前科学的绝对真理理解为科学是对客观世界的描述与表征，科学是在理解人类所认识的世界，而不是人类的终极真理。科学理论与实在之间存在着理解与描述的差异，科学理论是人类对认知世界的实在的理解。语境论科学观为科学理论的可修正性与可错性提供了理解的平台，科学理论是可错的，所以为科学史研究中错误的理论代替错误的理论提供了理据。

2. 语境论科学史观的建立是基于语境论的科学观的

语境论科学观的编史学意义是建立语境论科学史观，沟通科学哲学与科学史的微观联系，这是架设科学史与科学哲学关系的桥梁；深层次的意义是建立语境论科学编史学，进而实现科学史的合理性重建。科学史观离不开科学观的指导，因为没有对科学的定义与规范，就不可能从事科学史的研究，对于从事科学哲学研究的学者来说，这是科学哲学最好的实际应用，具有理论与实践意义。

3. 科学编史学就是批判发展的史学

综合全书的论述不难看出，不论外史论编史方法对内史论编史方法的批判，还是人文主义编史方法对历史主义编史方法的批判，都是在对传统编史方法深刻反思的基础上做出的新的论断，语境论的科学编史方法也是如此。语境论的本体论、方法论、认识论无不是在新的理念下对科学史研究的反思，是对传统编史方法的批判基础上的继承。这种反思和批判体现了科学史研究一个鲜明的特色，那就是科学史研究的批判精神。没有这种精神，就没有科学史研究的进步，没有前面科学史学家的理论研究，也就没有后期科学史理论的延伸。因此可以说，科学史基础理论的批判精神也代表了科学史的批判式的研究风格，这与语境的修正功能是一致的，科学史就是批判的历史，在不断总结前人的基础上更新与发展。

4. 语境论科学史观的构建是合理的

语境论科学史观的构建是语境论科学编史方法的核心，有什么样的科学史观就会有什么样的编史方法，这是科学史学界的共识。语境论科学史观以语境论科学观为基底，在对传统科学史观进行批判性分析的基础上，构建一种全新的科学史观。旨在基于语境论的立场，归纳语境论科学史观的优势，力争为科学史的合理性重建指明进路。因此，语境论把“语境中的行动”作为根隐喻，在这个框架下描述和表征科学事件的变化与发展，不对世界的构成或本原做任何假定，只对科学事件在其语境下做意义的评述，因而是合理的。科学史的研究与科学的研究不一样，科学研究可以从假设开始，而科学史的研究不能从假设开始，科学史的研究是从人类认识世界的真实程度开始的，面对人类对世界进行认识的过程中的不断变化的事实，只有将人类活动置于意义与关系的语境中，科学史的研究才有价值，这也正是语境论的核心之所在。

任何科学事件的发生与发展，都是一个历史实在，过去怎么发生的，我们无法去还原，只能在最大程度上对其复原，还其本来面貌。但我们对一个科学事件的认识，却是边界开放的，也是在不断变化的，过去对一个事件的看法，经过新文献的补充，也许会彻底地改变过去得出的结论，因此说科学史的结论也是可以改变的，是受语境制约的，在新的语境下，可以对以前得出的结论进行修正，这也是语境论的科学史学的合理性表现之一。

5. 语境分析方法引入科学史研究是可行的

语境分析方法作为语境论最核心的研究方法，是语形、语义与语用的集合体。它淡化了内史与外史的分析方法，对于任何科学事件，都可以以语形——逻辑结构、语义——认识言说对象、语用——事件的意义这三种方式展开，不仅考察科学事件的主体，也分析世界的认识客体；不仅从科学事件的“有理性”去论证，也从它的“有理由”的角度去分析，因此，这种分析方法是可行的。

诚然，把语境分析方法引入科学史，用于求解目前科学史面临的各种理论与实践难题，得出与传统分析方法不同的结论，这是构建语境论科学编史学的基点，也是其能否立足的关键。本书从科学史的学科属性、科学史的分期等出发，通过语境的分析方法，提出了与传统结论不同的理念。在此基础上，今后还可以对自然科学理论和社会科学理论的演进进行语境分析，使以自然科学史为主流的科学史，逐步向社会科学史渗透。

6. 语境论科学编史研究纲领的构建是当代科学史研究的必然

构建语境论的科学编史学研究纲领是当代科学史研究历史的、逻辑的必然。该研究纲领将会使目前的科学史摆脱各种困境，走向新的逻辑起点。这就是，在本体论上，超越科学史研究的静态图景，走向语境实在的动态分析；在认识论上，站在整体与可修正的立场上，在事实、意义与关系的网络中，合理理解科学发展的真实内涵，揭示真正意义上的科学的发展；

在方法论上，走向通史的研究方法，目前科学史的编史方案，对通史的研究都有不同程度的偏颇，只有通过语境论的编史方法才有可能获得彼此联系、相互补充和内在的统一体，以达到通史的目的。

语境论科学编史的研究纲领具有非常明显的优势：其一，在语境中理解科学事件，不仅要将这一事件放在对其特性与意义的描述上，而且要强调当时性与相对性，这就是说，要理解过去的事件就要站在当时的立场去理解，从多重语境及其相关关系中去理解科学事件的真实内涵；其二，人们在一个确定的语境内，可以通过特有的约定形式对科学事件的意义进行说明和重构，由于解释者的意向不同，可能这种说明和重构会引起争论，那么在语境的平台下，这种争论正是为了修正真实的事件意义而设定的，只有在争论中才会达到意义理解的一致性；其三，在认识论意义上，语境论的科学史很容易理解过去认为是科学的东西，其在当时起到了积极的作用，但到了现在却是错误的，原因就是语境论认为科学是人类对世界认识程度的表征，不同的时代对世界的认识程度不同，就会导致这种现象的出现。

由此，我们可以构建语境论的科学史研究纲领，这是语境论引入科学史研究的最大成功，只有这个研究纲领建立起来，才能使本书的后期价值最大地体现，这也是今后研究的主要内容。这个纲领的核心及意义，下文会做出简要的论述。

二、纲领的核心及意义

基于以上结论，我们可以构建语境论科学史的研究纲领。语境论的科学史研究纲领的核心理论是由以下三个方面组成的。

第一，逼真度。这是语境论科学史研究纲领的“硬核”。科学是人类认识世界不同程度的表征，这个程度表征可以用“逼真度”来表示。这就是说，科学只是人们在一定的语境下对客观世界的认知程度，它不一定是终极真理，语境论的科学观认为科学只是在谈论世界，它要受到当时各种条件的限制，因而它对世界的认识只能是无限接近的，接近的程度就是逼真度。因此，逼真度反映了科学在不同发展时期的不同内涵，科学史就是对科学的逼真度演进过程的真实描述。

第二，语境论科学史观是核心方法论与认识论，这是语境论科学史的理论基础。语境论科学史观是建立在语境论科学观基础上的，这是在语境基底上形成的新的科学史观。本书在第三章构建了语境论科学史观的基本框架，也对其核心内容进行了论述，今后的工作就是在科学史的研究实践中，不断地完善这一全新的科学史观，使之更趋于合理，以达到科学史的合理性重建。

第三，语境分析方法。这是语境论科学史的核心研究方法。科学史的研究实践证明，不论什么样的研究方法，都有其合理性的一面，都对科学史的写作有一定的指导意义。将语境分析方法引入科学史的研究中，并将其作为核心研究方法，并不排除合理取舍其他方法的优势，语境论是一个开放的系统，具有高度的包容性。因此，将语境分析方法引入科学史的研究中，将会对科学史在写作中原材料的取舍、文献的分析、事件意义的分析、科学史元理论问题等一系列的问题提出全新的观点，这也正是今后科学史研究工作的重点之所在。

从分析语境论科学编史学的原则、依据、内涵和特征出发，深刻论证语境论科学编史学所具有的优势，区别其与传统科学编史学的本质不同，将极大地丰富科学史的研究方法，拓宽科学史的研究视域。本书论述了语境论科学史观在科学实践中体现的历史的、社会的、文化的和心理的要素，超越了逻辑经验主义所奠定的僵化的研究进路，从理论上建构了全新的科学史观和科学编史方法，架起了科学主义与人文主义、理性主义与非理性主义、绝对主义与相对主义沟通的桥梁，因而能合理地理解和反映科学的真实发展历程，以达到科学史的合理性重建，其理论意义与实践意义相当明显。

首先，本书有助于深化国内学界对相关问题的研究，进而推动国内科学史研究的整体发展。整体地看，建立在传统科学史观影响下的科学编史学思想，由于科学史观的不同主张，难以在科学编史方法上有一个统一的、合理的理论，这导致其对科学的认识和理解产生了很大的缺陷与不合理性。只有语境论科学史观才能克服上述编史方法的种种不合理性，从方法论上对科学史的实践研究做出理论指导。

其次，本书有助于解决科学史理论研究中的核心问题，形成新的思路，为科学史研究提供新的分析视角和方法，从而进一步丰富、完善、发展国内的科学史研究。语境论科学编史学将语境分析方法作为核心的分析方法，可以杜绝传统的二值逻辑思维方式的不合理性，达到主客观的统一，从而突破传统的编史方法，创新科学史的研究方法。

最后，本书有助于拓宽科学史的研究疆域，形成科学史新的增长点。传统科学史观把科学史看成是普遍的、抽象的、客观的、价值中立的记录科学活动的历史，语境论科学史观认为科学理论不是描述世界，而是谈论世界，理论模型是对世界的模拟，科学的客观性与真理性是人类认识世界的表征程度，而不再是主客观相符合的关系属性。这样必然引起对传统科学观与科学史观的反思，极大地拓宽科学史研究的理论与实践域面。

总之，以语境论的科学史观为核心构建语境论的科学编史方法，进而形成语境论的科学编史学，确立语境论的科学史研究纲领，这不仅是科学史基础理论研究的必然选择，而且是当代科学史理性重建的必然要求，语境论科学史与语境论科学哲学一样，必有强大的生命力，以构筑 21 世纪科学史的学术大厦。

三、不足之处

本书从语境论科学观的研究角度出发，对科学史的一些元理论问题进行了分析和整合，提出了语境论的科学编史学理论，提供了一种对当代科学史研究来说较为合理的、可供选择的基础理论。但是，任何一种科学编史方法，都不可能是十全十美的，必然存在一定程度上的弊端，语境论科学编史学也是如此，其只是相对合理一些。在收笔之际，笔者也深感本书存在一些不足之处，这也是今后需要进一步研究的内容和方向。

第一，本书在论述不同思想的科学编史学内容时，因篇幅的关系，没有穷尽各种思想的科学编史学内涵。比如，关于约定主义、工具主义、归纳主义等的科学编史学思想，本书没有过多地涉及，今后在这些方面还可以做进一步的工作。

第二，本书在构建语境论科学编史学纲领方面，虽然从理论基底、框架、特征和意义上做了较为系统的分析研究，但还可以更加深入地进行研究，在基本内容上还可以做进一步的完善与细化，论证还可以进一步加强，使这一理论更成熟。

第三，在今后的研究中可以用语境论的分析方法进行科学史元理论问题分析，本书虽然已对科学史研究中的一些元理论问题的核心论题做了简要的分析研究，但没有对所有的元理论问题进行研究，以后还可以对其他一些元理论问题进行全面的研究，并结合本书的研究，形成科学史哲学。

参 考 文 献

本刊记者. 语境论的科学哲学研究纲领——访郭贵春教授与成素梅教授. 哲学动态，2008，(5)：5-10.

布伦尼斯洛·马林诺夫斯基，赵肖为，黄涛. 原始语言中的意义问题. 温州大学学报(社会科学版)，2013，(2)：11-31.

陈嘉映. 从希腊天学到哥白尼革命(下篇). 云南大学学报(社会科学版)，2007，6(2)：3-14.

成素梅. 语境论的科学观. 学术月刊，2009，(5)：53-59.

杜严勇，吴红. 社会建构主义与科学史. 科学技术与辩证法，2005，(6)：84-87.

冯启思. 数据统治世界：如何在数据统计中挖掘商机与做出决策. 曲玉彬译. 北京：中国人民大学出版社，2013.

哥白尼. 天体运行论（第一卷）. 叶式辉译. 西安：陕西人民出版社，2003.

郭贵春. 科学史学的若干元理论问题. 科学技术与辩证法，1992，(3)：6-13.

郭贵春. 论语境. 哲学研究，1997，(4)：48.

郭贵春. 语境分析的方法论意义. 山西大学学报（哲学社会科学版)，2000，(3)：1-6.

郭贵春. “语境”研究纲领与科学哲学的发展. 中国社会科学，2006，(5)：28-32.

哈里·科林斯，特雷弗·平奇. 人人应知的科学. 潘非，何永刚译. 南京：江苏人民出版社，2000.

韩晗. 论“大数据”与人文研究的转向. 晋阳学刊，2014，(3)：22-25.

郝新鸿. 吴文俊数学史研究方法论及启示. 淮阴师范学院学报（哲学社会科学版)，2009，(3)：290-294.

何超兰. 语境制约与语义理解. 安徽工业大学学报（社会科学版)，2005，(1)：78-80.

赫尔奇·克拉夫. 科学史学导论. 任定成译. 北京：北京大学出版社，2005.

黄家裕. 对库恩科学观的两个批评. 科学技术哲学研究，2005，(5)：56-58.

黄瑞雄. 萨顿“人性化的”科学史观评析. 科学技术与辩证法，2002，(6)：44-49.

江晓原. 试论科学与正确之关系——以托勒密与哥白尼学说为例. 上海交通大学学报（哲学社会科学版)，2005，(4)：27-30.

杰里米·里夫金，特德·霍华德. 熵：一种新的世界观. 吕明，袁舟译. 上海：上海译文出版社，1987.

金志成. 简论后现代科学观. 科教文汇，2006，(3)：70-71.

卡尔・波普尔. 猜想与反驳——科学知识的增长. 傅季重，纪树立，周昌忠，等译. 上海：上海译文出版社，1986.
卡特赖特. 斑杂的世界：科学边界研究. 王巍，王娜译. 上海：上海科技教育出版社，2006.
凯瑞・帕罗内. 昆廷・斯金纳思想研究. 李宏图，胡传胜译. 上海：华东师范大学出版社，2005.
柯瓦雷：我的研究倾向与规划. 孙永平译//吴国盛. 科学思想史指南. 成都：四川教育出版社，1994：131.
科恩. 科学中的革命. 鲁旭东，赵培杰，宋振山译. 北京：商务印书馆，1998.
托马斯・库恩. 必要的张力——科学的传统和变革论文选. 范岱年，纪树立，等译. 北京：北京大学出版社，2004.
劳丹. 进步及其问题. 刘新民译. 北京：华夏出版社，1999.
劳丹. 进步及其问题——科学增长理论刍议. 方在庆译. 上海：上海译文出版社，1991.
李东. 语境与意义. 自然辩证法研究，1993，(2)：17.
李树雪，杨小明. 科学史学的理论域面及意义. 自然辩证法研究，2010，(3)：89.
李树雪. 论语境论科学史学的合理性. 科学技术哲学研究，2014，(6)：70-74.
李树雪. 山西史前石器制造技术及其社会功能. 科学技术与辩证法，2005，(3)：94-96.
李树雪. 语境论科学编史思想初探. 科学技术哲学研究，2009，(4)：78-83.
李树雪. 语境论科学编史学研究. 太原：山西大学博士学位论文，2011.
李醒民. 科学编史学的"四维空时"及其"张力". 自然辩证法通讯，2002，(3)：64-71.
李醒民. 略论迪昂的编史学纲领. 自然辩证法通讯，1997，(2)：38-47.
李振华，杨广育. 最新牛津现代高级英汉双解词典. 太原：山西人民出版社，1989.
刘凤朝. 近代科学史观的历史走向. 科学技术与辩证法，1991，(6)：33-38.
刘凤朝. 劳丹科学编史学思想析要. 自然辩证法研究，1994，(5)：4.
刘凤朝. 20世纪的科学编史学：文化背景和思想脉络. 科学技术与辩证法，1995，(1)：40-43.
刘凤朝. 科学编史学的思想源流与现代走向. 自然辩证法研究，1993，(12)：31-35.
刘凤朝. 科学史的层次划分及其编史学意义. 自然辩证法研究，2002，(1)：34-37.
刘永谋. 后现代主义科学观：渊源、特征与评析. 江苏工业学院学报，2006，(4)：4-7.
罗伯特・金・默顿. 十七世纪英格兰的科学、技术与社会. 范岱年，吴忠，蒋效东译. 北京：商务印书馆，2000.
苗力田. 亚里士多德全集（第九卷）. 北京：中国人民大学出版社，1994.
尼尔・波斯曼. 技术垄断：文化向技术投降. 何道宽译. 北京：北京大学出版社，2007：1-138.

皮亚杰. 发生认识论原理. 王宪钿译. 北京：商务印书馆，1981.
乔治·萨顿. 科学的革命. 刘珺珺译. 北京：商务印书馆，1987.
秦允豪. 普通物理学教程热学（第三版）. 北京：高等教育出版社，2011.
曲安京. 科学史的第三条道路. 北京：国际数学家大会，2002.
乔治·萨顿. 科学的历史研究. 刘兵，陈恒六，仲维光编译. 上海：上海交通大学出版社，2007.
乔治·萨顿. 科学的生命. 刘珺珺译. 上海：上海交通大学出版社，2007.
乔治·萨顿. 科学史与新人文主义. 陈恒六，刘兵，仲维光译. 上海：上海交通大学出版社，2007.
盛晓明. 巴黎学派与实验室研究. 自然辩证法通讯，2005，(3)：64-70，111.
史蒂芬·霍金. 时间简史. 许明贤，吴忠超译. 长沙：湖南科学技术出版社，2009.
史蒂文·夏平. 真理的社会史. 赵万里，等译. 南昌：江西教育出版社，2002.
宋正海. 科学编史学是提高科学史整体水平的重要途径之一——读《克丽奥眼中的科学》. 自然辩证法研究，1997，(8)：69-71.
苏勇. 质疑"真实的语境". 涪陵师范学院学报，2006，(5)：55-59.
孙永平. 柯瓦雷：科学思想史研究方向与规划. 自然辩证法研究，1991，(12)：63-65.
托马斯·库恩. 科学革命的结构. 金吾伦，胡新和译. 北京：北京大学出版社，2003.
王保红. 20 世纪科学发展的态势计量分析. 北京：科学出版社，2016.
王大明，郭继贤. 走向开放的科学史研究——关于科学史学科性质的思考. 自然辩证法研究，2002，(12)：33-35.
王海琴. "哥白尼革命"的另一种解读——从数学哲学的角度看. 自然辩证法研究，2009，(5)：18-22.
王杰文. "语境主义者"重返"文本". 青海社会科学，2013，(3)：189-196.
王维东. 语境论科学史观研究. 太原：山西大学硕士学位论文，2013.
韦妙才. 权力·知识·生产力——福柯话语解读. 钦州师范高等专科学校学报，2000，(4)：27-29.
魏屹东. 20 世纪科学史的三次转向. 自然辩证法通讯，1999，(3)：3-4.
魏屹东. 科学史研究的语境分析方法. 科学技术与辩证法，2002，(5)：62-65.
魏屹东. 科学史研究为什么从内史转向外史. 自然辩证法研究，1995，(11)：27-28.
魏屹东. 世界观及其互补对科学认知的意义. 齐鲁学刊，2004，(2)：64-69.
吴国盛. 反思的科学. 北京：新世界出版社，2004.
吴国盛. 技术哲学讲演录. 北京：中国人民大学出版社，2009.
夏平. 科学革命——综合性的批判. 徐国强，袁江洋，孙小淳译. 上海：上海科技教育出版社. 2004.

萧莎. 德里达的文学论与耶鲁学派的解构批评. 外国文学评论，2002，(4)：135-147.
邢润川，郭贵春. 历史语义分析方法在科学史研究中的重要作用. 科学技术与辩证法，1990，(4)：26-31.
邢润川，孔宪毅. 关于科学史分期理论的探讨. 科学技术与辩证法，1991，(2)：44-49.
邢润川. 自然科学史基础理论研究的意义. 科学技术与辩证法，2003，(1)：72-75.
亚历山大・柯瓦雷. 牛顿研究. 张卜天译. 北京：北京大学出版社，2003.
伊・拉卡托斯. 科学研究纲领方法论. 上海：上海译文出版社，1986.
殷杰. 语境主义世界观的特征. 哲学研究，2006，(5)：94-99.
袁江洋. 科学史：走向新的综合. 自然辩证法通讯，1996，(1)：52-55.
袁江洋. 科学史编史思想的发展线索——兼论科学编史学学术结构. 自然辩证法研究，1997，(12)：34-41.
约瑟夫・阿伽西. 法拉第传. 鲁旭东，康立伟译. 北京：商务印书馆，2002.
约瑟夫・阿伽西. 科学与文化. 邬晓燕译. 北京：中国人民大学出版社，2006.
张明雯，孙忠艳. 米库林斯基与科学编史学. 自然辩证法研究，2005，(4)：105-108.
赵万里，赵玉泉. 多重视角中的科学主义及其编史学问题. 科学技术与辩证法，1998，(5)：35-40.
赵万里. 科学的社会建构——科学知识社会学的理论与实践. 天津：天津人民出版社，2002.
赵万里. 科学知识的社会史——夏平的建构主义科学编史学述评. 科学文化评论，2004，(3)：42-54.
C. P. 斯诺. 两种文化. 纪树立译. 北京：生活・读书・新知三联书店，1994.
N. C. 季莫费耶夫. 模型化作为科学史研究的一种方法. 马约(署叶平)译. 科学史译丛，1988，(4)：50-57.
Agassi J. Science and Its History—A Reassessment of Historiography of Science. Toronto：Tel-Aviv University and York University Press，2008.
Agassi J. The place of metaphysics in the historiography of science. Foundations of Physics，1996，26 (4)：483-499.
Agassi J. Towards an Historiography of Science. London：Mouton and Company，1963.
Andrew P. Constructing Quarks：A Sociological History of Particle Physics. Chicago：University of Chicago Press，1984.
Burke C. Comment：the complex nature of explanations in the historiography of technology. Technology and Culture，1970，11 (1)：22-26.
Bynum W F. Dictionary of the History of Science. Princeton University Press，1981.
Cohen I B. Present status and needs of the history of science. Proceedings of the American

Philosohyical Society，1955，99（5）：343.
Edgerton D. Innovation，technology，or history—what is the historiography of technology about. Technology and Culture，2010，51（3）：168.
Finochiaro M A. History of Science as Explanation. Detroit：Wayne State University Press，1973.
Firth J R. Papers in Lingustics，1934—1951. London：Oxford University Press，1957.
Floridi L. Big data and their epistemological challenge. Philosophy &Technology，2012，25（4）：435-437.
Freitas R S D. What happened to the historiography of science? Philosophy of the Social Sciences，2002，32（1）：92-106.
Gardner P. The relationship between technology and science：some historical and philosophical reflections（Part II）. International Journal of Technology and Design Education，1995，5（1）：1-33.
Geison G L. Research schools and new directions in the historiography of science. Osiris，1993，8（1）：226-238.
Gillispie C C. Book reviews：towards an historiography of science. ISIS，1964，55（1）：99.
Golinski J. Making Natural Knowledge：Constructivism and History of Science. Cambridge：Cambridge University Press，1998.
Gordin M G. A modernization of "peerless homogeneity"：the creation of Russian smokeless gunpowder. Technology and Culture，2003，44（4）：677-702.
Graham P. Hypercapitalism：language，new media and social perceptions of value. Discourse &Society，2002，13（2）：227-249.
Heidegger M. Overcoming metaphysics. Stambaugh J（trans.）// Wollin R. In The Heidegger Controversy，a Cirtical Reader. Boston：MIT Press，1993：75.
Hong S. Historiographical layers in the relationship between science and technology. History and Technology，1999，15（4）：289-311.
Hookway C. Questions of context，proceedings of the Aristotelian society. New Series，1996，96（1）：1-16.
Jones R. The Historiography of Science：Retrospect and Future Challenge，M. Shortland and A.Warwick eds. Teaching the History of Science，Basil Blackwell：British Society for the History of Science，1989：80-99.
Jones R. The historiography of science：retrospect and future challenge：in teaching the history of science. British Society for the History of Science，1989：80-99.
King P. Historical contextualism：the new historicism. History of European Ideas，1995，21

后　记

“路漫漫其修远兮，吾将上下而求索”，这句话写出了一个千古不变的道理——不论是学业还是工作，我们都应该以一种不断求真的态度去对待，才会有所获、有所得。在此，笔者很想说一点研究感受，也是为本书做一说明与解读吧。

做任何一项研究，思想前行是至关重要的，没有了自己的思想，其结果只能是一种拼凑。笔者从事科学编史学的研究是基于对科学史理论研究的热爱，之所以有一种热爱是因为觉得国内从事科学史理论研究的学者不多。为何不多？也许是因为研究有难度，也许是因为没兴趣，也许是觉得没意义，总之有很多个也许，在此笔者不敢多加猜测，只是自己已然走进了这片领域。

先是博士论文的研究，笔者毅然选择了“语境论科学编史学研究”作为自己的研究题目，之所以选择这个题目，是因为山西大学科学技术哲学研究中心正在进行语境论科学哲学的系列研究，通过语境论物理学哲学、语境论数学哲学、语境论生物哲学等具体的科学哲学研究，构建语境论科学哲学的大厦。正是受这些思想的启发，笔者觉得科学史同样需要语境论，失去语境的科学事件是无意义的。那么如何通过语境分析来还原科学事件的真相，不正是语境论科学编史学的研究内容吗？于是按照这样的逻辑思路，笔者开始了自己的研究，五年后完成了博士论文。

答辩委员会通过了笔者的博士论文答辩。博士论文基于语境论的一些主张，结合科学史的实践困境，创造性地提出了语境论科学史观，进而设定了语境论科学编史研究纲领，以实现科学史的合理性重建。在博士论文写作快结束时，结合博士论文的研究论证了国家社会科学基金课题——语境论科学观的编史学意义研究，在2011年获批（同年进行博士论文答辩）。可以说，博士论文与国家社会科学基金项目具有相关性，但也有很大的差